基礎會計學

主　編　○ 杜　娟
副主編　○ 胡華平、戴　建、朱　燕

前　言

「基礎會計學」是會計學科基礎入門課程，是對會計基本原理的闡述，是學習財務會計和會計實務課程的基礎。從事經濟管理工作的人，想成為合格的管理者，必須掌握紮實的財務知識。目前已有的《基礎會計學》教材多是按照「會計憑證—會計帳簿—會計報表」的主線安排篇章結構。這樣的結構僅僅解決了會計在實際工作中的運用問題，並沒有突出會計專門方法的學習與運用。

本書吸納了會計最新的研究成果，繼承了傳統教材的科學內涵和精華，借鑑了國外同類教材的先進經驗，按照「基本問題—基本理論—基本方法—方法運用」的邏輯來編排全書內容，更有利於完整掌握會計方法及其在具體企業中的運用和在會計實際工作中的運用。

本書每篇前設有學習目標、重點與難點，章節中穿插思考問題，篇章後附有作業與思考，幫助學生加強對知識點的理解、掌握與應用。通過內容與形式的有機結合，增強本書的可讀性，提高學生學習的興趣。

本書共4篇18章，由杜娟擔任主編，負責統稿和總撰

編寫分工如下：杜娟編寫了第1篇（第1、2、3、4、5、6章），第2篇（第7、8、9章），第3篇（第10、11、13章），第4篇（第18章）；胡華平編寫了第3篇（第12、16章），第4篇（第17章）；戴建編寫了第3篇（第15章）；朱燕編寫了第3篇(第14章)。

本書適合會計學、財務管理等財會專業本專科學生作為專業入門教材使用，也可以作為管理學、經濟學等各專業學生學習會計學課程的參考教材。

雖然我們一直在努力，但由於時間有限，加之編者水平和經驗有限，書中難免有不足之處，懇請廣大讀者批評指正。

編　者

目　錄

第 1 篇　會計基本問題

第 1 章　會計的產生與發展 ……………………………………………（3）
第 1 節　會計的產生 …………………………………………………（3）
第 2 節　會計的發展 …………………………………………………（3）

第 2 章　會計的含義與職能 ……………………………………………（6）
第 1 節　會計的含義 …………………………………………………（6）
第 2 節　會計的職能 …………………………………………………（7）

第 3 章　會計的對象與特徵 ……………………………………………（9）
第 1 節　會計的對象 …………………………………………………（9）
第 2 節　會計的目標 …………………………………………………（10）
第 3 節　會計的特徵 …………………………………………………（11）

第 4 章　會計信息使用者與質量要求 …………………………………（13）
第 1 節　會計信息使用者 ……………………………………………（13）
第 2 節　會計信息質量要求 …………………………………………（14）

第 5 章　企業的性質與類型 ……………………………………………（18）
第 1 節　不同性質的企業 ……………………………………………（18）
第 2 節　企業的組織類型 ……………………………………………（20）

第 6 章　會計法規與工作組織 …………………………………………（22）
第 1 節　會計法規 ……………………………………………………（22）
第 2 節　會計工作組織 ………………………………………………（25）

第 2 篇　會計基本理論結構

第 7 章　會計要素與會計等式 (35)
第 1 節　會計要素 (35)
第 2 節　會計等式 (41)

第 8 章　會計基本假設 (50)
第 1 節　會計基本假設的概念 (50)
第 2 節　會計基本假設的內容 (50)

第 9 章　會計基礎 (56)
第 1 節　會計基礎的含義 (56)
第 2 節　會計基礎的內容 (56)

第 3 篇　會計基本方法

第 10 章　設置會計科目和帳戶 (65)
第 1 節　會計科目 (65)
第 2 節　會計帳戶 (70)

第 11 章　復式記帳法 (77)
第 1 節　記帳方法 (77)
第 2 節　借貸記帳法 (78)

第 12 章　成本計算 (89)
第 1 節　產品成本的含義與費用的分類 (89)
第 2 節　成本計算的含義及要求 (90)
第 3 節　成本計算的一般程序 (93)
第 4 節　工業企業經營過程中的成本計算 (93)

第 13 章　會計憑證 (98)
第 1 節　會計憑證概述 (98)
第 2 節　會計憑證的傳遞和保管 (106)

第 14 章　會計帳簿 (112)
第 1 節　會計帳簿概述 (112)

第 2 節　會計帳簿的啟用和登記規則 ………………………………（115）
　　第 3 節　會計帳簿的更換和保管 ……………………………………（117）

第 15 章　財產清查 ………………………………………………………（121）
　　第 1 節　財產清查概述 ………………………………………………（121）
　　第 2 節　財產清查的方法 ……………………………………………（123）
　　第 3 節　財產清查結果的處理 ………………………………………（127）

第 16 章　財務會計報告 …………………………………………………（133）
　　第 1 節　財務會計報告概述 …………………………………………（133）
　　第 2 節　資產負債表 …………………………………………………（137）
　　第 3 節　利潤表 ………………………………………………………（140）
　　第 4 節　現金流量表 …………………………………………………（141）
　　第 5 節　所有者權益（或股東權益）變動表 ………………………（144）
　　第 6 節　會計報表附註 ………………………………………………（145）

第 4 篇　會計方法的運用

第 17 章　工業企業中的會計運用 ………………………………………（151）
　　第 1 節　工業企業的資金運動過程 …………………………………（151）
　　第 2 節　資金籌集業務的核算 ………………………………………（153）
　　第 3 節　生產準備業務的核算 ………………………………………（161）
　　第 4 節　生產業務的核算 ……………………………………………（172）
　　第 5 節　產品銷售業務的核算 ………………………………………（184）
　　第 6 節　其他業務的核算 ……………………………………………（193）
　　第 7 節　財務成果的形成和利潤分配業務的核算 …………………（196）

第 18 章　會計實際工作 …………………………………………………（207）
　　第 1 節　填製與審核憑證 ……………………………………………（207）
　　第 2 節　登記帳簿 ……………………………………………………（222）
　　第 3 節　編製報表 ……………………………………………………（233）

第1篇　會計基本問題

學習目標

　　本章闡述了會計的基本問題，需要學生瞭解會計的產生和發展的過程，正確認識會計的含義與職能，深刻理解會計的對象和特徵，掌握會計信息質量的要求，瞭解企業的性質與類型，瞭解會計法規與工作組織。

重點與難點

- 會計的含義與職能
- 會計的對象與特徵
- 會計信息質量的要求

第 1 章
會計的產生與發展

本章闡述了會計產生的原因及發展的過程。通過本章的學習，學生應瞭解會計並不是天生就有的，會計的產生是有原因的，會計在不斷發展、日益完善。

第 1 節　會計的產生

會計並不是從來就有的，而是人類社會發展到一定歷史階段的產物。會計是隨著社會生產的發展和對社會生產進行記錄的需要而產生、發展並不斷完善起來的。在生產活動中，為了獲得一定的勞動成果，必然要耗費一定的人力、財力、物力。人們一方面關心勞動成果的多少，另一方面也注重勞動耗費的高低。因此，人們在不斷革新生產技術的同時，對勞動耗費和勞動成果進行記錄、計算，並加以比較和分析，從而有效地組織和管理生產。

中國、埃及、印度及希臘等文明古國都曾留下了對會計活動的記載。在人類社會的早期，人們只是憑藉頭腦來記憶經濟活動過程中的所得和所費。隨著生產活動的日益紛繁、複雜，大腦記憶已經無法滿足上述需求，於是便產生了專門記錄和計算經濟活動過程中的收入和開支的會計。

實踐證明，經濟越發展，會計越重要。加強會計工作，規範會計行為，保證會計資料真實、完整，對於加強經濟管理和財務管理、提高經濟效益、維護市場經濟秩序、加速我國現代化建設具有十分重要的意義。

第 2 節　會計的發展

會計是為適應經濟發展而產生並逐步發展起來的。隨著經濟的發展，會計經歷了一個由簡到繁、由低級到高級的演進過程，會計方法日趨完備、會計內容日益豐富。會計的發展可以分為以下幾個階段：

一、人類社會早期——沒有會計

在人類社會早期，人們只是憑藉頭腦來記憶經濟活動中的所得和所費。隨著生產活動的日益紛繁、複雜，大腦記憶已無法滿足上述需要，於是便產生了專門記錄和計算經濟活動過程中所得和所費的會計。因此，會計產生的根本原因是人們反應和管理生產的需要。

二、原始社會——會計是生產職能的附帶部分

在原始社會，會計處於萌芽時期，人們只是在生產的同時運用結繩記事、刻契記數方法記錄生產活動和成果。

三、私有制出現——會計發展為獨立職能

隨著私有制的出現，人們用貨幣計量、記錄經濟活動過程，會計從生產職能中分離出來，發展為獨立職能。當社會生產發展到了一定水平，出現了私人佔有財產以後，人們為了保護私有權和不斷擴大其私有財產，生產過程便逐步過渡到用貨幣形式進行計量和記錄，並使會計逐漸從生產職能中分離出來，成為獨立的職能。在我國，早在原始社會末期，便有「結繩記事」「刻契記數」等原始計算、記錄的方法，這是會計的萌芽階段。

四、我國西周時期——官廳會計發展

在我國西周時期，官廳會計得以發展，有嚴格的會計機構，設立專職官員掌管錢糧稅賦會計事務，建立「日成」「月要」「歲會」報告制度。西周時期才有了「會計」的命名和較為嚴格的會計機構，並開始把會計提高到管理社會經濟的地位上來認識，由此「會計」的意義也隨之明確。根據西周官廳會計核算的具體情況考察，「會計」兩字在西周時代開始運用，其基本含義是既有日常的零星核算，又有歲終的總和核算，通過日積月累到歲終的核算，達到正確考核王朝財政經濟收支的目的。此時，西周王朝也建立了較為嚴格的會計機構，設立了專管錢糧賦稅的官員，並建立「日成」「月要」和「歲會」等報告文書，初步具備了旬報、月報、年報等會計報表的作用。我國會計命名的出現，是我國會計理論產生、發展的一種表現，而如此完備的會計機構的出現也是我國會計發展史上的一個里程碑。

五、機器大工業時期——成本會計產生並發展

機器大工業時期，生產規模空前擴張，競爭日趨激烈，隨著企業將經營管理的重點轉移到產品的生產上來，對生產過程消耗的管理使得成本會計應運而生並不斷發展。隨著商品經濟的發展，貨幣交換日益社會化，對會計也提出了更新、更高的要求，會計理論不斷豐富，會計服務領域不斷拓寬。會計已從採用實物單位進行計量，發展到

以貨幣作為統一的計量單位進行綜合全面計量。會計已從主要服務於企業的業主，發展到服務於社會。會計信息使用也從原來主要的業主使用，發展到既為企業的投資者所使用，也為整個社會經濟管理所使用。特別是 18 世紀以來，產業革命的發展，機器大工業取代手工作坊生產，成本會計的產生推動了成本計算方法的發展。在激烈的市場競爭中，產品生產的實際成本成為企業生產決策和經營決策不可缺少的重要信息，會計也從僅僅提供反應經濟活動的信息，發展到提供信息的同時運用會計信息參與管理和決策。量本利分析、存貨管理、責任會計、決策會計、預測會計等一系列方法也被逐步引進和運用到會計領域。相應地，適應企業內部成本控制的需要，標準成本會計也從萌芽狀態逐步走向成熟，發展成為日常成本管理和控制的重要方法之一。第二次世界大戰以來，隨著跨國公司的發展和國際經濟交往的頻繁，協調不同國家的會計制度和會計準則成為各國會計界關注的焦點，國際會計問題成為會計研究與會計實務的新領域。

六、會計電算化時期——會計核算手段變革

隨著電子技術的發展，會計核算手段也從手工操作階段發展到今天的電子化階段。隨著科學技術的進步，會計手工操作在一些國家、一些企業已逐步被會計電算化所取代。我國的會計技術也正從手工操作向會計電算化過渡，電子計算機已經開始大規模地進入企業，一些企業已經完全實現了會計電算化。

社會經濟環境制約和影響著會計，但會計也並不是被動的，會計對社會經濟環境也存在著反作用。會計通過自身的核算和監督活動，也對其所處的社會經濟環境產生一定的影響，在一定程度上促進和推動著社會經濟環境的發展。

第 2 章
會計的含義與職能

本章闡述古代會計的含義、對現代會計的含義的不同理解；會計發展作用的功能很多，本章著重闡述會計基本職能。通過本章的學習，學生應理解會計核算和監督的職能。

第 1 節　會計的含義

中式會計中「會計」一詞最早出現在西周奴隸社會。這一時期的青銅器銘文已經出現「會」和「計」這些形狀的字體，而且其含義已基本定型。「會」字上有「合」，下有「曾（古時是『增』的通假字）」，故其有增加、聚合和匯總之意。「計」字左為「言」，右為「十」。古時直言曰「言」，難言曰「語」，故「計」字包含務必要求準確、不虛假亂造之意。「十」字，由代表東西的「—」和代表南北的「丨」組成。古時以所在的部落為中心，人們沿著東西南北的方向分別外出狩獵，歸時將獵物一起放於中央，匯合加總，進行計算。根據西周的具體情況，「會計」在此時的含義就是既有零星的核算，又有年終的歲總合算。

在記載周朝典章制度的《周禮》一書中最早出現了「會計」一詞。清朝數學家焦循說，在西周，人們對「會計」的認識是「零星算之為計，總合算之為會」。意思就是會計既要連續個別核算，又要把個別核算加以集合，進行系統、全面、綜合的核算。

現代對於會計的理解可以是一種職業、一種商業語言、一個經濟信息系統、一項管理活動。會計已由簡單的記錄和計算，逐漸發展成為以貨幣單位來綜合核算和監督經濟活動過程的一種價值管理運動。會計是以貨幣為主要計量單位，以憑證為依據，並運用專門的方法和程序，對企業和行政、事業單位的經濟活動進行全面、綜合、連續、系統的核算和監督，並向有關方面提供會計信息的一種經濟管理活動。

由此可見，會計是一項經濟管理活動，這種管理活動主要是以貨幣為計量單位，並利用專門的方法和程序對各個單位的經濟活動進行完整、連續、系統的反應和監督，其宗旨就是提供經濟信息和提高經濟效益，是企業經濟管理的重要組成部分。

第 2 節　會計的職能

　　會計在經濟管理工作中所具有的功能或能夠發揮的作用，即會計的職能，包括核算、監督、預測、參與決策等。隨著經濟的發展和管理要求的提高，會計職能是不斷變化的，並且彼此聯繫。會計的基本職能是進行核算和實行監督。

一、核算職能

　　會計核算職能又稱為會計反應職能，會計核算職能是會計首要（最基本）的職能。會計核算是對大量的經濟業務，通過記帳、算帳和報帳，全面、完整、綜合地反應經濟活動的過程和結果，並為企業的經濟管理活動提供有用的信息。其中，記帳是指對特定對象的經濟活動採用一定的記帳方法，在帳簿中進行登記。算帳是指在記帳的基礎上，對企業一定時期的收入、費用（成本）、利潤和一定日期的資產、負債、所有者權益進行計算。報帳是指在算帳的基礎上，對企業的財務狀況、經營成果和現金流通情況，以會計報表的形式向有關方面報告。

二、監督職能

　　會計監督職能又稱會計控制職能，是會計的另一個重要功能。

　　會計監督主要是指會計人員以國家財經法規、政策、制度為依據，對企業已經發生的經濟活動進行合法性、合理性的監督和審查。合法性審查是指保證企業的各項經濟業務符合國家法律法規及有關財務會計制度的各項規定。合理性審查是指檢查各項財務收支是否符合特定會計主體的財務收支計劃，是否有利於預算目標的實現，是否有違背內部控制制度要求等現象，為提高企業經濟效益嚴格把關。會計監督是會計工作的重要組成部分，貫穿於企業經濟活動的全過程。不僅在經濟活動開展之前需要圍繞會計主體的行為進行的監督檢查，事中也要加強會計管理，事後則要以事先制定的目標、標準和要求為準繩，利用會計核算取得的資料，對已進行的經濟活動進行考核和評價。

　　會計監督主要是通過價值量指標來進行監督的。由於會計主體進行的經濟活動，同時都伴隨著價值運動，表現為價值量的增減和價值形態的轉化，因此會計通過價值指標可以全面、及時、有效地控制各個單位的經濟活動。

三、核算職能與監督職能的關係

　　會計核算與會計監督兩項基本職能相輔相成、辯證統一。會計核算是會計監督的基礎，沒有會計核算提供的各種信息，會計監督就失去了依據；會計監督又是會計核算質量的保障，如果只有會計核算而沒有會計監督，就難以保證會計核算提供的信息

的真實性和可靠性。

　　隨著社會生產實踐的發展，傳統的會計是以貨幣為主要的計量手段，對經濟業務進行全面、連續、系統、綜合地記錄、計算、分析和檢查，並定期以財務報表形式反應財務狀況、經營成果和現金流量。隨著經濟的發展，會計除了核算和監督職能之外，還通過預測、決策、計劃、控制和分析等手段謀求經濟效益。特別是隨著現代科學技術的發展，會計在經濟管理方面的作用也日益顯著。

第 3 章
會計的對象與特徵

本章闡述了會計的對象——再生產過程資金的運動,特別是工業企業會計對象的具體表現以及會計作為管理活動區別於其他管理活動的特徵。通過本章的學習,學生應瞭解會計目標是為內外部信息使用人提供財務信息。

第 1 節 會計的對象

會計的對象是指會計核算和監督的內容,宏觀上是再生產過程中的資金運動,微觀上是一個單位能夠用貨幣表現的經濟活動。

以貨幣表現的經濟活動通常又稱為價值運動或資金運動。其在會計實務中表現為會計要素。由於各單位的性質不同,經濟活動的內容有所不同,因此會計對象的具體內容也不盡相同。下面以工業企業為例,說明工業企業會計對象的具體內容。

對工業企業經營資金運動進行分析,可將其總結為三個過程。資金運動的三個過程是資金的投入、資金的使用、資金的退出。

一、資金的投入

工業企業要進行生產經營,必須擁有一定的資金,這些資金的來源包括所有者投入的資金和債權人投入的資金兩部分,前者屬於企業所有者權益,后者屬於企業債權人權益。投入企業的資金要用於購買機器設備和原材料並支付職工的工資等。這樣投入的資金最終構成企業流動資產、非流動資產和費用。

二、資金的使用

工業企業的經營過程包括供應、生產、銷售三個階段。在供應過程中,企業要購買原材料等勞動對象,發生材料買入價、運輸費、裝卸費等材料採購成本,與供應單位發生貨款的結算關係。在生產過程中,勞動者借助於勞動手段將勞動對象加工成特定的產品,同時發生原材料消耗、固定資產磨損的折舊費、生產工人勞動耗費的人工費,使企業與職工之間發生工資結算關係、有關單位之間發生勞務結算關係等。在銷售過程中,企業要將生產的產品銷售出去,發生支付銷售費用、收回貨款、繳納稅金等

業務活動,並同購貨單位發生貨款結算關係、同稅務機關發生稅務計算關係。綜上所述,資金的使用就是從貨幣資金開始依次轉化為儲備資金、生產資金、產品資金以及最后又回到貨幣資金的過程,資金周而復始地循環稱為資金的循環。

三、資金的退出

資金經過一輪的生產經營活動,有一部分資金會退出企業,包括償還債務、上繳各項稅金、向所有者分配利潤等。這部分資金離開企業,退出企業的資金循環與週轉。

上述資金運用的三階段是相互支持、相互制約的統一體,沒有資金的投入,就沒有資金的循環與週轉,就不會有債務的償還、稅金的上繳和利潤的分配等;沒有資金的退出,就不會有新一輪的資金投入,就不會有企業的發展。

工業企業的資金運動的具體過程如圖 3-1 所示:

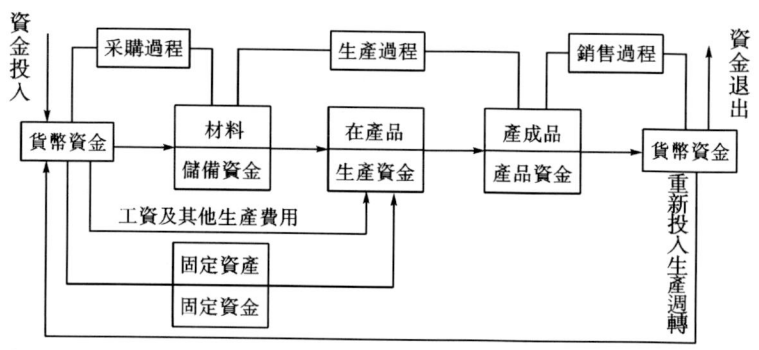

圖 3-1　工業企業的資金運動

第 2 節　會計的目標

會計以貨幣為主要計量單位,反應和監督一個企業的生產經營活動。會計的目標是指在一定的歷史條件下,人們通過會計所要實現的目的或達到的最終結果。由於會計是整個經濟管理過程的重要組成部分,在將提高經濟效益作為會計終極目標的前提下,我們還需要研究會計核算的目標,即向誰提供信息、為何提供信息和提供何種信息。

根據會計的定義,我們可以得知會計核算的目標是向有關各方提供會計信息,以幫助決策。會計的目標,決定於會計資料使用者的要求,也受到會計對象、會計職能的制約。我國《企業會計準則——基本準則》對於會計核算的目標做了明確規定:會計的目標是向財務會計報告使用者提供與企業財務狀況、經營成果和現金流量等有關的會計信息,反應企業管理層受託責任履行情況,有助於財務會計報告使用者制定經濟決策。可以看出,我國的會計目標可以細分為以下兩個部分:

一、會計信息應當符合外部信息使用者的需要

（一）會計信息應當符合外部國家宏觀經濟管理的需要

會計信息是經濟決策的依據，也是國家宏觀經濟管理部門制定財政經濟政策、開展宏觀調控的依據。會計信息應當保證國家執行管理監督和宏觀調控的需要。有關政府部門通過會計信息不僅可以瞭解企業履行義務的情況，如企業繳納稅金的情況、企業是否遵守各項法規、企業向政府部門提供的各種報告是否正確等，而且還要依據這些信息進行必要的宏觀調控和財經監督。

（二）會計信息應當滿足外部關係人瞭解企業財務狀況和經營成果的需要

企業處於一定的社會經濟環境中，與其他各個方面有著密切的聯繫，會計要為企業外部各有關方面瞭解其財務狀況、經營成果和現金流量提供信息。通過企業提供的會計信息，這些外部關係人才可能做出決策。具體來說，企業的外部關係人主要有投資人、債權人、政府部門、企業的客戶和社會公眾等。

二、會計信息應當滿足企業加強內部經營管理的需要

財務報告有關企業財務狀況、經營成果和現金流量的信息是企業內部經營管理的直接信息來源。在經營活動中，企業內部經營管理人員必須對經營過程中所遇到的重大問題做出正確的判斷和決策，如籌資決策、投資決策等，而會計信息是這些正確決策的基礎。

會計的目標是會計管理運行的出發點和最終要求。會計的目標決定和制約著會計管理活動的方向，在會計理論結構中處於最高層次。同時，在會計實踐活動中，會計目標又決定著會計管理活動的方向。隨著社會生產力水平的提高、科學技術的進步、管理水平的改進以及人們對會計認識的深化，會計目標會強烈地隨著社會經濟環境的變化而變化。

第 3 節　會計的特徵

會計是以提供會計信息和提高經濟效益為目標，以貨幣作為主要計量單位，運用專門的程序和方法，對會計主體的經濟活動和經濟行為進行連續、系統、全面、綜合的反應和監督的價值管理活動。會計的特徵主要如下：

一、會計以貨幣為主要計量單位

會計以貨幣為主要計量單位是指會計計量的尺度有多種，如重量、體積、數量、時間等。這些計量尺度無法綜合匯總，因此會計除上述計量單位以外，主要以貨幣為計量單位。貨幣是交換的媒介和尺度，具有綜合性。

二、會計以憑證為依據，具有嚴格的規範性

會計以憑證為依據，具有嚴格的規範性是指會計以國家規定使用的、具有法律效力的合法憑證為依據。

三、會計核算具有全面性、連續性、系統性、綜合性的特點

全面性是指凡屬於會計核算對象的，不得遺漏地進行反應和監督。連續性是指對已經發生的交易和事項，按其發生時間的先後順序不間斷地進行反應和監督。系統性是指將抽象的會計對象內容具體化，並做出科學的分類。例如，會計對象劃分為六項要素，即資產、負債、所有者權益、收入、費用、利潤，對此進行確認、計量、記錄、計算和報告。綜合性是指會計以貨幣為計量尺度，綜合核算和監督社會再生產過程中的資金運動，總括提供會計信息。

四、會計有兩個基本職能——核算職能和監督職能

核算職能能把經濟業務變成會計信息，監督職能能夠監督經濟業務是否合理、正確、合法。核算職能是監督職能的基礎，監督職能是核算職能的保證。

五、會計擁有一系列專門方法

為了完成反應和監督的職能，會計上設計並運用了許多專門的方法和程序，包括會計的核算方法，如填製和審核憑證、復式記帳方法、設置和運用帳戶、成本計算等；會計的分析方法，如通過核算分析償債能力、獲利能利及經營效率；會計的檢查方法，通俗地講就是核對、對帳，保證真實性和實物安全。

第 4 章
會計信息使用者與質量要求

本章闡述了會計信息使用者和提供會計信息應達到的質量要求。通過本章的學習，學生應重點掌握會計信息質量的要求，使會計信息更有利於滿足管理的需要。

第 1 節　會計信息使用者

會計信息使用者通常包括所有者、經營管理者、員工、債權人和政府相關部門。

一、所有者

所有者將資本投入到企業中，其目的就是為了保證自己的資本能夠保值、增值，因此其利益很明顯地與企業經營的好壞直接相關。大多數所有者希望能從投資中收回盡可能多的收益，因此只要企業是盈利的，所有者就可能分享企業的利潤。同時，所有者還可能在一定時間決定出售投資，而出售投資的總體經濟價值也與所有者的利益息息相關，其中的經濟價值既反應企業過去的經營業績，也反應對未來經營業績的預期。

二、經營管理者

現代企業的所有權和經營權是相分離的。經營管理者是所有者授權其經營管理企業的個人或組織，經營管理者能夠根據企業的經營業績得到相應的報酬。企業經營業績也是所有者對經營管理者進行評價和考核的依據，經營業績的好壞也影響到經營管理者是否會繼續被所有者聘用。

三、員工

員工向企業提供勞務並獲得工資回報。企業經營業績好就可能給員工更多的工資和更好的福利待遇，而企業也通常以業績較差為理由降低員工的工資或拒絕員工提高工資的要求。如果企業瀕臨倒閉，往往就會解雇員工。

四、債權人

債權人通過信貸等方式將資本投入到企業，他們與所有者一樣也關心企業的經營狀況。債權人的目的與所有者的區別在於債權人只希望能保證收回本金，並按時收到相應的利息。

五、政府相關部門

政府是經濟的宏觀管理部門，而稅收是政府收入的重要來源。任何級別的政府稅收部門都可以根據法律賦予的權限從企業獲得稅收。企業經營業績越好，政府收到的稅金就越多。除此之外，如果企業經營得好還能幫助政府解決失業問題。

除上述信息使用者外，企業還可能有的利益相關者包括顧客、財務分析師、供應商及社會公眾等。

第 2 節　會計信息質量要求

財政部於 2006 年 2 月 15 日頒布了新的《企業會計準則》，並於 2007 年 1 月 1 日正式實施。在會計準則中規定的會計核算應遵循的基本原則是今後處理交易或事項的依據。新的《企業會計準則》對會計信息質量原則要求變更為 8 個原則，包括可靠性原則、相關性原則、可理解性原則、可比性原則、實質重於形式原則、重要性原則、謹慎性原則和及時性原則。

一、可靠性原則

可靠性原則又稱客觀性原則，是指會計核算必須以實際發生的經濟業務及證明經濟業務發生的合法憑證為依據，如實反應財務狀況和經營成果，做到內容真實、數據準確、資料可靠。可靠性原則在會計信息質量要求中居於首要地位。

可靠性是對會計核算工作的基本要求，包括下面三層含義：一是會計核算應當真實反應企業的財務狀況和經營成果，保證會計信息的真實性；二是會計核算應當準確反應企業的財務情況，保證會計信息的準確性；三是會計核算應當具有可檢驗性，使會計信息具有可驗證性的特徵。

二、相關性原則

相關性原則又稱決策有用原則，是指企業提供的會計信息應當與財務會計報告使用者的經濟決策需要相關，有助於財務會計報告使用者對企業過去、現在或者未來的情況做出評價或者預測。

新的《企業會計準則》強調了企業提供的會計信息必須對使用者「決策有用」，能夠起到幫助使用者對企業的情況進行正確、客觀的評價或者實現預測的目的。這裡「財務會計報告使用者」的提法更為廣泛，符合社會主義市場經濟條件下會計信息使用者多方面的要求。財務會計報告的目標是向財務會計報告使用者提供與企業財務狀況、經營成果和現金流量等有關的會計信息，反應企業管理層受託責任履行情況，有助於財務會計報告使用者制定經濟決策。企業所提供的會計信息不僅僅是滿足國家管理的需要，而且要滿足多方利益相關者決策的需要。多方利益相關者包括企業的投資者、債權人、政府有關部門、職工、其他利益主體乃至社會公眾，這些信息使用者之間的關係是平等的，沒有重點和非重點之分。

三、可理解性原則

可理解性原則是指提供會計信息的目的在於使用。要使用會計信息，就要求企業提供的會計信息應當清晰明瞭，對經濟業務應該用規範的圖表和文字加以表達，便於使用者理解、檢查和利用。

會計信息的價值在於對決策有用。每一個會計信息都應當讓信息使用者理解它的含義和用途，懂得怎樣加以利用。要讓使用者理解和利用會計信息，就要讓使用者知曉會計信息所涵蓋的內容，瞭解會計信息的構成。這就要求會計信息確認、計量、報告的全過程清晰、簡明、通俗易懂，容易為使用者理解和利用。

四、可比性原則

可比性原則是指信息使用者的決策往往需要在多個對象中進行選擇或者對多個時期進行評價，因此企業提供的會計信息應當具有可比性，既包括橫向可比也包括縱向可比。橫向可比是指不同企業發生的相同或類似的交易或事項應當採用規定的會計政策，確保會計信息口徑一致相互可比。縱向可比是指同一企業不同時期發生的相同或者相似的交易或事項應當採用一致的會計政策。可比性原則是以可靠性原則為基礎的。

五、實質重於形式原則

實質重於形式原則是指經濟實質重於具體表現形式，即要求企業應當按照交易或事項的經濟實質進行會計確認、計量和報告，不應僅以交易或者事項的法律形式為依據。實質重於形式原則體現了對經濟實質的尊重，能夠保證會計核算信息與客觀經濟事實相符。

隨著經濟的發展，經濟事項越來越複雜，在實際工作中，交易或事項的外在法律形式或人為形式並不總能完全反應其實質內容，會計必須根據交易或事項的實質和經濟現實，而不能僅僅根據它們的法律形式進行核算和反應。如果企業將商品出售給客戶，商品所有權或實物在形式上已經交付，但附於商品所有權上的主要風險和報酬

（如售出商品需要安裝、售出商品按合同規定可退貨等）並未發生實質性轉移，則企業售出商品時不應作為收入實現。如果企業的會計核算僅僅按照交易或事項的法律形式或人為形式進行，而其法律形式或人為形式又沒有反應其經濟實質和經濟現實，那麼最終結果將會誤導會計信息使用者的決策。

六、重要性原則

重要性原則指企業提供的會計信息應當反應與企業財務狀況、經營成果和現金流量等有關的所有重要交易或者事項。

新的《企業會計準則》進一步強化了重要性原則，要求企業提供所有重要交易或者事項有關的會計信息，體現了相關性原則的要求，也更符合財務會計報告的目標要求。財務會計報告的使用者涉及投資者、債權人和社會公眾等，不同的使用者所需要的重要性信息不同，企業只有提供了所有的重要的會計信息，才能滿足各方的使用者對信息的需要。

七、謹慎性原則

謹慎性原則又稱保守性原則、穩健性原則或審慎性原則，是企業對交易或者事項進行會計確認、計量和報告應當保持應有的謹慎，不應高估資產或者收益、低估負債或者費用。

謹慎性原則能幫助企業合理估計存在的風險，在一定程度上降低管理當局對企業通常過於樂觀的態度所可能導致的危險，有利於保護投資者和債權人的利益，提高企業的市場競爭力。但是謹慎性原則在運用時可能會和可靠性、可比性、相關性等原則發生衝突，如謹慎性原則在維護出資者和企業利益方面的傾向性十分明顯，有時企業採取謹慎的行為來達到既定的目的就會失去可靠的立場。新的《企業會計準則》指出企業在核算交易或事項時應保持應有的謹慎。也就是說，當謹慎性原則和其他原則發生衝突時，首先要合理確定各項會計原則的優先使用順序。例如，可靠性原則在會計原則中居於首要地位，謹慎性原則必須在維護可靠性原則的基礎上加以貫徹和運用。新的《企業會計準則》中明確指出不應高估資產或者收益、低估負債或者費用，這種規定對謹慎性原則的應用進行了必要的約束，要求會計人員減少操作上的隨意性和主觀性，禁止企業隨意變更會計核算方法，高估收入或低估損失，歪曲真實的經營成果，把謹慎性原則當成成本、利潤的調節器。

八、及時性原則

及時性原則指會計核算要講求實效，應當及時進行會計確認、計量和報告，不得提前或延后。

及時性原則一是要求及時傳遞會計信息；二是要求及時記錄會計信息，對發生的

經濟業務及時進行會計處理；三是在每一會計期末將會計報表及時報出。及時性是由會計信息的時效性決定的。任何信息的價值都有其時間性，並且在某種程序上信息越及時其價值越高。過時的信息只能作為歷史資料，對決策毫無用處。因此，及時性原則是相關性的保證，沒有及時性也就談不上相關性。

第 5 章
企業的性質與類型

本章闡述了本書重點講述的企業的性質和類型，需要區分不同性質的企業。企業的組織類型不同管理的要求也不一致。通過本章的學習，學生應掌握公司制企業的特徵和管理的要求。

世界上絕大部分的工作都是通過各個組織來完成的，這些組織是由為實現一個或多個目標而一起工作的人們組成的團體。組織可以大致分為兩大類——營利性組織和非營利性組織。營利性組織就是通常所說的企業，其主要目標是賺取利潤；非營利性組織則有其他的目標，如管理、提供社會服務或從事教育等。本書所講的組織是企業。

我們身邊有許多企業，有大型企業，如可口可樂公司、波音公司、中國移動通信公司、中國銀行等；也有一些小企業，如雜貨店、飯館、會計師事務所或診所等。這些企業都有一個共同的特點，即要運用各種資源，如將勞動力、原材料、房屋以及機器設備投入到工作中。因此，企業是組合和處理諸如原材料和勞動力等資源投入以向顧客提供產品或服務的組織。

企業的目標是實現利潤最大化。利潤是企業向顧客收取的服務或商品的價值與企業提供這些服務或商品所投入的價值之間的差額。企業就是利用這種方式來使自己的資本增值以達到自己的目標。

第 1 節　不同性質的企業

企業就是按照市場需求自主組織生產經營，以提高勞動效率和經濟效益為目的的社會經濟組織。企業可以根據其性質分為三種，即製造企業、商品流通企業和服務業企業，而每一種類別的企業都有其特徵。

一、製造企業

製造企業是從事工業生產經營活動或提供工業性勞務的經濟組織。製造企業是將原始的材料轉變為可以銷售給消費者的產品的組織。表 5-1 是一些製造企業及其生產的產品的例子。

表 5-1　　　　　　　　　一些製造企業及其生產的產品舉例

製造企業	產品
通用汽車公司	汽車
波音公司	飛機
可口可樂公司	飲料
耐克公司	運動鞋、運動服
諾基亞公司	手機、通信產品

二、商品流通企業

商品流通企業是獨立從事商品流通活動的企業單位。商品流通企業是向顧客銷售商品，但自身並不生產產品，而是向其他企業購買產品再銷售給顧客的企業單位。商品流通企業將產品和顧客緊密聯繫起來。表 5-2 是一些商品流通企業及其經營的產品的例子。

表 5-2　　　　　　　　一些商品流通企業及其經營的產品舉例

商品流通企業	經營的產品
沃爾瑪公司	大型超市、日用百貨
亞馬遜公司	圖書、影碟的日常用品網上銷售
國美公司	家用電器

三、服務業企業

服務業企業生產的是服務產品，服務產品具有非實物性、不可存儲性、生產與消費同時性的特徵。服務業企業向顧客提供服務而不提供產品。表 5-3 是一些服務業企業及其提供的服務的例子。

表 5-3　　　　　　　　　一些服務業企業及其提供的服務舉例

服務業企業	服務
迪斯尼公司	娛樂
中國國際航空公司	航空運輸
畢馬威公司	審計與諮詢

其實在日常生活中，也有許多與這些大型企業性質一樣的小型企業。比如，生產雪糕的小加工廠是製造企業，馬路邊或居民小區裡的小賣店是商品流通企業，街邊的修鞋鋪、洗衣店是服務業企業。我們的生活與這些企業息息相關。

第 2 節　企業的組織類型

企業的組織類型通常有以下三種：獨資企業、合夥企業和公司制企業。

一、獨資企業

獨資企業是只有一個出資者，而且出資者是自然人。個人獨資企業的全部財產為投資者個人所有，出資人對企業的債務承擔無限責任。常見的小餐館、洗衣店、維修鋪、小賣店等都屬於獨資企業。

二、合夥企業

當獨資企業規模逐漸擴大，需要更多資源時，就可以吸收更多的人加入到這個企業，這就可能成為合夥企業。合夥企業是指根據《中華人民共和國合夥企業法》的規定，在中國境內設立的，由各合夥人訂立合夥協議，共同出資、合夥經營、共享收益、共擔風險，並對合夥企業債務承擔無限責任。出資是合夥人的基本義務，也是其取得合夥人資格的前提條件；合夥人必須參與合夥企業的經營活動，從事具有經濟利益的營業行為；合夥人既可以按其對合夥企業的出資比例分享合夥利潤，也可以按其他辦法分配合夥利潤。當合夥企業財產不足以清償合夥債務時，合夥人需要以其個人財產清償債務，即承擔無限連帶責任，並且任何一個合夥人都有義務清償全部合夥債務。一般來說，汽車維修企業、會計師事務所、醫療診所、律師事務所、小型服裝店等都可以以合夥企業的形式存在。

三、公司制企業

公司制企業與獨資企業和合夥企業不同，它是法人組織，具有所有權與經營權分離的特徵，投資者可受有限責任保護。公司制企業是根據國家有關法律法規設立的獨立法人，通常包括兩種形式即有限責任公司和股份有限公司。兩類企業的差別在於以下幾點：

（一）籌資能力不同

股份有限公司股東人數無限制，有限責任公司股東人數有限制。一般情況下，股份有限公司的籌資能力強於有限責任公司。

（二）規模不同

一般來說，股份有限公司規模較大，而有限責任公司規模較小。

（三）出資的表現形式不同

股份有限公司將其資本劃分為等額股份，以發行股票來表現；有限責任公司以股東出資占公司的出資比例來表現其責任，不發行股票。

（四）轉讓出資條件不同

股份有限公司股票流動性較強，易於轉讓變現；有限責任公司轉讓出資受較多的限制。

（五）公開程度不同

股份有限公司投資者眾多，公開程度較高，有較多的公開義務；有限責任公司則相對封閉。

大多數大型企業都以公司制的形式存在。例如，前面所舉的通用汽車公司、可口可樂公司以及中國移動通信公司等。

第 6 章
會計法規與工作組織

通過本章的學習，學生應掌握會計工作組織的意義和要求，瞭解會計機構的設置，瞭解會計崗位的設置及分工，熟悉會計檔案的相關要求。

第 1 節　會計法規

會計法規是組織和從事會計工作必須遵守的規範，是經濟法規的重要組成部分。目前，我國會計法規體系主要由《中華人民共和國會計法》《企業會計準則》《企業會計制度》《行業會計制度》構成。其中，第一層次是《會計法》；第二層次的是《企業會計準則》與《企業會計制度》；第三層次的是單位內部會計制度。

一、《會計法》

《中華人民共和國會計法》是由全國人民代表大會常務委員會依照法定程序制定，並以國家強制力保障實施的基本法。《中華人民共和國會計法》是我國會計工作的基本依據。

（一）頒布

1985 年 1 月 21 日，在第六屆全國人民代表大會常務委員會第九次會議上，《中華人民共和國會計法》審議通過並正式頒布，同年 5 月 1 日起施行。這是中國會計界的第一部法律，具有劃時代的意義。1993 年 12 月 29 日第八屆全國人民代表大會常務委員會第五次會議和 1999 年 10 月 31 日第九屆全國人民代表大會常務委員會第十二次會議兩次對《中華人民共和國會計法》進行了修訂，目前實施的是 1999 年修訂後重新發布的《中華人民共和國會計法》（以下簡稱《會計法》）。

（二）內容

現行的《會計法》共 7 章，52 條，包括總則，會計核算，公司、企業會計核算的特別規定，會計監督，會計機構和會計人員，法律責任，附則。

《會計法》具體內容如下：

第一章「總則」對一些有共性的或者重要的事項進行規定，規定了立法宗旨、調整範圍和對會計工作總的要求。

第二章「會計核算」對會計核算事項和會計核算的流程進行規範。各單位必須根據實際發生的經濟業務事項進行會計核算。按規定填製會計憑證，登記會計帳簿，編製財務會計報告。

第三章「公司、企業會計核算的特別規定」對會計主體在會計核算中必須作為和不應該作為做了明確的規定。

第四章「會計監督」規定單位必須建立內部監督制度，並對單位內部會計監督制度提出了要求。從單位負責人、會計機構及人員、註冊會計師、財政、審計、稅務、人民銀行、證券監管、保險監管等部門角度對會計監督做出了規定。

第五章「會計機構和會計人員」對會計機構的設置、人員的職責與權限、職業道德、專業技術職務等問題做出了規定。

第六章「法律責任」主要對違反《會計法》的機構、人員應承擔的法律責任做出了規定。

第七章「附則」對「單位負責人」「國家統一的會計制度」給出了含義，並規定了《會計法》實施的時間。

二、《企業會計準則》

我國的《企業會計準則》是會計法規體系的重要組成部分，該準則是會計工作的規範，是對經濟業務的會計處理方法和程序所制定的規定，包括基本準則和具體準則兩個層次。

（一）基本準則

基本準則於 2014 年修訂，共 11 章 50 條，包括總則、會計信息質量要求、資產、負債、所有者權益、收入、費用、利潤、會計計量、財務會計報告及附則。其主要內容可概括如下：

1. 會計核算的基本前提

該準則首次規定了會計核算的基本前提，即會計核算面對變化不定的社會經濟環境，根據客觀正常情況或發展趨勢所做的合乎情理的判斷和假定，有時也稱為會計假設。會計假設是會計核算工作賴以存在的前提條件。只有規定了會計核算的前提條件，會計核算才能正常順利地進行。會計核算的基本前提包括會計主體、持續經營、會計分期和貨幣計量。

2. 會計信息質量要求

會計信息質量要求是對企業財務報告中所提供會計信息質量的基本要求，是使財務報告中所提供會計信息對投資者等使用者決策有用應具備的基本特徵。根據我國的《企業會計準則》的規定，對會計信息質量提出了八項要求，包括可靠性、相關性、可理解性、可比性、實質重於形式、重要性、謹慎性、及時性。

3. 會計要素準則

會計要素準則是指企業在會計核算中對六大會計要素，即資產、負債、所有者權

益、收入、費用和利潤進行確認、計量、記錄和報告時應當遵循的基本要求。

4. 財務報告準則

財務報告準則對全國範圍的企業會計報表做了統一規定，規定企業對外報送的會計報表主要包括資產負債表、損益表和現金流量表三種。這種報表體系符合國際慣例，有利於提供符合國際慣例的會計信息。

(二) 具體準則

具體準則是依據基本準則對會計核算的基本業務和特殊業務的會計處理方法做出的規定。

三、《企業會計制度》

(一)《企業會計制度》的頒布

財政部總結1993年以來會計改革的經驗，在《企業會計準則》的基礎上，於2000年12月頒布了企業通用、統一的《企業會計制度》。《企業會計制度》的實施將進一步規範我國的資本市場，提高會計信息質量，建立和完善現代企業制度，促進社會主義市場經濟的健康發展。新的《企業會計制度》自2001年1月1日起暫在股份有限公司範圍內行實施。

(二)《企業會計制度》的內容

已經發布的《企業會計制度》是以《股份有限公司會計制度》及其補充規定和具體會計準則為基礎加以制定的。其結構和內容如下：

1. 企業會計制度的一般規定

這一部分以條款的形式對會計要素和重要經濟業務事項的確認、計量、報告等做了原則性規定。

2. 會計科目的規定

這一部分首先規定了企業處理經濟業務事項應當設置的會計科目，並對科目的使用進行了說明。

3. 財務會計報告的規定

《企業會計制度》規定了企業應當對外編報的財務會計報告的種類、格式，並說明了上述報表的編製方法。

四、單位內部會計制度

單位內部會計制度是在《會計法》《企業會計準則》《企業會計制度》及其他相關制度的指導下，根據單位的特點和自身的經營管理的需要而制定的適用於企業內部的會計工作的規範和管理制度。

第 2 節　會計工作組織

一、會計工作組織的意義

會計工作是經濟管理的重要組成部分，為了保證會計工作的順利進行，不斷提高會計工作的質量，科學地組織會計工作具有十分重要的意義。

（一）科學地組織會計工作，有利於維護國家財經法紀的嚴肅性

會計工作是一項政策性、原則性、制度性很強的工作，並且許多問題都涉及國家的財經紀律。會計機構及人員必須對企業的經濟活動實施監督，認真貫徹執行國家的方針政策、法律法規及制度，敢於同一切違法亂紀、貪污浪費的不良行為做鬥爭，維護國家財經法紀的嚴肅性。

（二）科學地組織會計工作，有利於保證會計工作的順利進行

會計是一種經濟管理活動，會計工作是經濟管理工作的重要組成部分，既有獨立的職能，又同其他經濟管理工作存在十分密切的聯繫，並且相互影響、相互制約、相互促進。因此，必須設置專門的會計機構、配備專職的會計人員，並遵循一定的會計工作規範，把會計工作組織起來，才能使會計工作有條不紊地順利進行，也才能使會計工作同其他經濟管理工作既分工又協作，達到相互配合、相互制約的效果。

（三）科學地組織會計工作，有利於提高會計信息的質量

會計核算的直接目標是向有關的會計信息使用者提供會計信息。要想會計信息真實正確、對信息使用人決策又是有用的，必須科學組織會計工作。任何一個會計主體每天都會發生頻繁的、錯綜複雜的經濟業務，把這些經濟業務從憑證到帳簿、從帳簿再到報表生成能夠滿足會計信息使用者需要的真實的會計信息，需要通過一系列的程序和手續，而且各個程序之間、各種手續之間、各個數字之間一環扣一環，存在緊密的聯繫。在實際工作中往往因一個數字的差錯、一個手續的疏忽、一道工作程序的脫節，就會使全部核算結果發生錯誤。因此，必須設置專門的會計機構、配備專職的會計人員，並遵循一定的會計工作規範，才能更好地實現會計的目標。

二、會計工作組織的要求

為了順利地開展會計工作、確保會計信息質量，必須按照下列要求科學地組織會計工作：

（一）必須嚴格按照國家統一規定

只有按國家對會計工作的統一要求來組織會計工作，才能使會計提供的信息既滿足國家宏觀管理的需要，又滿足企業內部管理者、債權人、投資者及其他有關方面的需要。

（二）必須適應本單位經營管理的特點和要求

不同的單位在組織會計工作時，既要符合國家統一的規定，又要依據本單位的實際情況和經營管理的具體要求，做出恰當的安排，以滿足經營管理的需要。因此，會計機構的大小、會計人員的多少、採用何種成本計算方法、採用何種帳務處理程序、設置和運用哪些會計科目以及在國家規定的報表之外還應編製哪些滿足內部管理需要的報表等方面，都必須結合本單位的實際情況，做出具體恰當的安排。

（三）必須在保證工作質量的前提下，以精簡節約為原則

在組織會計工作時，必須以保證工作質量為前提，提供的會計信息必須正確、完整、及時；實行會計監督，必須做到合理、合法、有效。同時，在組織會計工作時也要以精簡節約為原則，講求工作效率。會計機構的設置，會計人員工作的安排，各種憑證、帳簿、報表的設計，各項會計手續、程序的規定等都必須遵守這一原則。

三、會計機構

會計機構是各單位貫徹執行財經法規，制定和執行會計制度，組織領導和辦理會計事務的職能機構。建立和健全會計機構是保證會計工作順利進行的重要條件。

（一）會計機構的設置

《會計法》第三十六條規定：「各單位應當根據會計業務的需要，設置會計機構，或者在有關機構中設置會計人員並指定會計主管人員。」為了正確地組織會計工作，企業、機關、事業單位等一般都應當設置會計機構。由於會計工作與財務工作都是綜合性經濟管理工作，它們之間有著密切的聯繫，因此目前我國許多單位把會計工作和財務工作合併在一起，設置一個財務會計機構來統一辦理財務會計工作。例如，在基層單位，有的稱為財務處、財務科、財務室，有的稱為會計處、會計科、會計室，其實質都是組織領導和從事會計工作的部門。

（二）會計崗位責任制

會計崗位責任制是指在會計機構內部按照會計工作的內容和會計人員的配備情況，將會計機構的工作劃分為若干個崗位，並按崗位規定職責進行考核的責任制度。

1. 會計崗位設置的基本要求

會計崗位設置應符合內部牽制制度的要求，出納人員不得兼管稽核和會計檔案保管、收入和費用、債權和債務帳目的登記工作。會計工作崗位可以一人一崗，也可以一人多崗或一崗多人，並進行有計劃的輪換。

為了很好地完成會計工作，首先應該對會計工作進行分解，對會計機構進行合理分工，確定合適的會計崗位，使每個會計崗位都有明確的職責，建立健全會計人員的崗位責任制。一般來說，會計工作崗位可以分為機構負責人或會計主管、出納、財產物資核算、工資核算、成本費用核算、財務成果核算、資金核算、往來結算、總帳報表、稽核和會計檔案管理等。

2. 各會計工作崗位的職責分工

(1) 會計機構負責人或會計主管崗位：負責領導本企業的會計工作，對本單位的會計工作全面負責；負責組織制定本企業的各項財務會計制度，並督促貫徹執行；參加生產經營管理會議，參與經營決策；審查或參與擬訂經濟合同、協議及其他有關經濟文件；負責審查對外提供的會計報告；組織會計人員的理論學習和業務技術培訓等。

(2) 出納崗位：按照國家有關現金管理和銀行結算制度的規定，辦理銀行結算和現金收付業務；管理庫存現金和各種有價證券；登記現金日記帳和銀行存款日記帳；保管用於現金和銀行存款收付業務的各種印章；保管各種尚未使用的空白支票、空白收據和其他重要的空白單據。

(3) 財產物資核算崗位：負責協同會計部門擬定財產物資管理與核算辦法，並組織實施；負責審查財產供應計劃和合同，編製採購用款計劃；辦理有關固定資產的構建、調撥、內部轉移、盤點和報廢清理等會計手續；核算採購成本；審查存貨的入庫、出庫憑證，編製收發結存報表；負責各項財產物資的明細核算；計提固定資產折舊；參與財產物資的清查盤點工作。

(4) 工資核算崗位：負責辦理工資、獎金等的計算；負責工資的分配，並編製工資分配表；負責計提與工資總額相關的職工薪酬；負責工資的明細核算。

(5) 成本費用核算崗位：負責擬定成本費用管理與核算辦法，會同有關部門建立健全各種原始記錄和定額資料；正確歸集、分配和計算成本、費用；登記各種成本、費用明細帳；編製有關成本、費用類的內部會計報表；負責成本、費用分析；進行成本、費用預測；會同有關部門編製成本、費用計劃並監督執行。

(6) 財務成果核算崗位：負責擬定財務成果核算辦法；辦理銷售款的結算和各環節稅費的解繳；負責財務成果的明細核算；編製利潤表；負責收入、利潤的分析、預測和計劃。

(7) 資金核算崗位：負責擬定貨幣資金收支管理和核算辦法；按有關規定審核和批准貨幣資金收付業務；定期與不定期對現金出納業務進行核對和檢查；負責編製流動資金計劃、外部籌資計劃和內部資金劃撥計劃；會同有關部門核定流動資金定額；負責登記貨幣資金明細帳；負責編製資金使用表。

(8) 往來結算崗位：負責辦理各項應收款項、應付款項、預收款項、預付款項、其他應收和其他應付款項的往來結算業務；負責內部備用金的管理和核算；負責債權債務和備用金的明細核算。

(9) 總帳報表崗位：負責登記總分類帳簿；按期編製試算平衡表和工作底稿；按期編製資產負債表、利潤表等對外報送的會計報表。

(10) 稽核崗位：負責審查復核各項憑證、帳簿和報表；在不設置內部審計機構的企業，代為行使內部審計的職權。

(11) 會計檔案管理崗位：負責進行會計檔案的保管工作；辦理會計檔案的調閱手續；負責對保管期滿的會計檔案進行銷毀；辦理關、停、並、轉企業會計檔案的清理、

移交工作。

四、會計人員

會計機構是搞好會計工作的組織保證，而會計人員則是搞好會計工作的決定因素。因此，各級會計機構都應當根據實際需要配備一定數量的會計人員，執行各項會計工作。

(一) 會計人員的職責與工作權限

1. 會計人員的職責

(1) 進行會計核算。會計人員必須按照《會計法》《企業會計準則》和《企業會計制度》及其他有關財務、會計制度的規定，做好記帳、算帳、報帳工作，如實反應經濟活動情況，提供真實可靠的會計信息。

(2) 實行會計監督。會計人員通過會計工作對本單位各項經濟業務的合法性、合理性、有效性進行監督，維護國家財經紀律。

(3) 擬定本單位辦理會計事務的具體辦法。會計人員要根據國家和上級主管部門制定的法規、制度，結合本單位的特點和需要，建立健全適合本單位具體情況的會計制度、經濟業務處理辦法、帳務處理程序等。

(4) 參與擬訂經濟計劃、業務計劃，考核分析預算和財務計劃的執行情況。

(5) 辦理其他會計事務。其他會計事務是上述各項尚未提到的其他會計業務，比如協助單位其他管理部門做好基礎工作，堅持業務學習，逐步提高自身的思想和業務水平等。

2. 會計人員的工作權限

為了保障會計人員能夠順利地履行自己的職責，國家賦予會計人員必要的工作權限。

(1) 會計人員有權要求本單位有關部門、人員認真遵守國家財經紀律和財務會計規章制度；對違反經紀紀律和會計制度的行為，會計人員有權拒絕辦理，並向本單位負責人報告。

(2) 會計人員有權參與本單位編製計劃、制定定額、簽訂經濟合同以及參與有關生產、經營管理會議。

(3) 會計人員有權監督、檢查本單位有關部門的財務收支、資金使用以及財產保管、收發、計量、檢驗等情況，有關部門要提供資料，如實反應情況。

會計人員的職責是考核會計人員是否盡職盡責做好會計工作的標準；會計人員的權限則是會計人員履行職責的重要保證。

(二) 會計人員的職業道德

會計人員在會計工作中應當遵守職業道德，樹立良好的職業品質、嚴謹的工作作風，嚴守工作紀律，努力提高工作效率和工作質量。按照財政部發布的《會計基礎工作規範》(以下簡稱《規範》) 的規定，會計人員的職業道德的內容如下：

1. 愛崗敬業

《規範》第十八條規定：「會計人員應當熱愛本職工作，努力鑽研業務，使自己的知識和技能適應所從事工作的要求。」

2. 熟悉法規

《規範》第十九條規定：「會計人員應當熟悉財經法律、法規、規章和國家統一會計制度，並結合會計工作進行廣泛宣傳。」

3. 依法辦事

《規範》第二十條規定：「會計人員應當按照會計法律、法規和國家統一會計制度規定的程序和要求進行會計工作，保證所提供的會計信息合法、真實、準確、及時、完整。」

4. 客觀公正

《規範》第二十一條規定：「會計人員辦理會計事務應當實事求是、客觀公正。」從事會計工作，不僅要有高的業務素質，而且要有實事求是的精神和客觀公正的作風，這樣才能提高會計信息質量。

5. 做好服務

《規範》第二十二條規定：「會計人員應當熟悉本單位的生產經營和業務管理情況，運用掌握的會計信息和會計方法，為改善單位內部管理、提高經濟效益服務。」

6. 保守秘密

《規範》第二十三條規定：「會計人員應當保守本單位的商業秘密。除法律規定和單位領導人同意外，不能私自向外界提供或者洩露單位的會計信息。」

(三) 會計人員的從業資格與專業技術職務

1. 會計人員的從業資格

《會計法》第三十八條規定：「從事會計工作的人員，必須取得會計從業資格證書。」會計從業資格證是具備會計從業資格的基本的證明文件。為了保證會計工作的質量，會計人員必須有財政部門頒發的會計從業資格證，才能從事會計專業工作。

2. 會計人員的專業技術職務

為了明確不同工作能力的會計人員的工作職責、權限和應享有的經濟待遇，充分調動每個會計人員的工作積極性和創造性，應當按照工作需要和本人的條件，分別聘任具有一定的專業技術職務的會計人員。會計人員的專業技術職務分為會計員、助理會計師、會計師和高級會計師四個級別，每個級別的會計人員應具備相應的基本條件。

(1) 會計員的基本條件。會計員最先決條件是取得會計從業資格證書。會計從業資格證書是具有一定會計專業知識和技能的人員從事會計工作的資格證書，是從事會計工作必須具備的最低要求和前提條件，是證明能夠從事會計工作的唯一合法憑證，是進入會計崗位的准入證，是從事會計工作的必經之路。由於會計是一項政策性、專業性很強的技術工作，會計人員的專業知識水平和業務能力如何，直接影響會計工作的質量，從事會計工作的人員必須具備必要的專業知識，因此凡是從事會計工作的會

計人員必須取得會計從業資格證書才能從事會計工作。

同時，需要初步掌握財務會計知識和技能，熟悉並能遵循有關會計法規和財務會計制度，能勝任一個崗位的財務會計工作。

大學專科或中等專業學校畢業，在財務會計工作崗位上見習一年期滿。

（2）助理會計師的基本條件。掌握財務會計基礎理論和專業知識，熟悉並能正確執行有關的財經方針、政策和財務會計法規、制度，能勝任一個方面或某個重要崗位的財務會計工作，並通過全國統一的助理會計師專業技術職稱資格考試。

助理會計師專業技術職稱資格考試的報考要求如下：

①基本條件：堅持原則，具備良好的職業道德品質；認真執行《會計法》和國家統一的會計制度，以及有關財經法律、法規、規章制度，無嚴重違反財經紀律的行為；履行崗位職責，熱愛本職工作；具備會計從業資格，持有會計從業資格證書。

②報名參加會計專業技術初級資格考試的，除具備基本條件外，還必須具備教育部門認可的高中畢業以上學歷。

（3）會計師的基本條件。系統地掌握財務會計基礎理論和專業知識，掌握並能正確貫徹執行有關的財經方針、政策和財務會計法規、制度，具有一定的財務會計工作經驗，能勝任一個單位或管理一個地區、一個部門或一個系統某個方面的財務會計工作，並通過全國統一的會計師專業技術職稱資格考試（會計專業技術中級資格考試）。

報名參加會計專業技術中級資格考試的人員，除具備基本條件外，還應具備下列條件之一：

①取得大學專科學歷，從事會計工作滿 5 年；
②取得大學本科學歷，從事業會計工作滿 4 年；
③取得雙學士學位或研究生班畢業，從事會計工作滿 2 年；
④取得碩士學位，從事會計工作滿 1 年；
⑤取得博士學位。

（4）高級會計師的基本條件。系統地掌握經濟、財務會計理論和專業知識，具有較高的政策水平和豐富的財務會計工作經驗，能擔負一個地區、一個部門或一個系統的財務會計管理工作。

確定或晉升會計人員的技術職務，應由本人申請，參加會計專業技術資格考試，考試通過確認資格后，再由有關部門聘任。

凡申報高級會計師資格的人員，必須遵守《中華人民共和國憲法》和法律，具備良好的職業道德和敬業精神。

學歷、資歷條件符合下列條件之一者，可申報高級會計師資格：

①獲得博士學位，擔任會計師職務二年以上；
②獲得碩士學位，擔任會計師職務四年以上；
③大學本科畢業，擔任會計師職務五年以上；
④擔任會計師職務五年以上，參加會計師資格考試合格。

作業與思考

一、單項選擇題

1. 會計的基本職能是（　　）。
   A. 反應與分析　　B. 核算與監督　　C. 反應與核算　　D. 控制與監督
2. 會計的對象是指（　　）。
   A. 資金的投入與退出
   B. 企業的各項經濟活動
   C. 社會再生產過程中能用貨幣表現的經濟活動
   D. 預算資金運動
3. 會計對各單位經濟活動進行核算時，選作統一計量標準的是（　　）。
   A. 勞動量度　　B. 貨幣量度　　C. 實物量度　　D. 其他量度
4. 會計方法體系中，最基本的環節是（　　）。
   A. 會計預測方法　　　　　　B. 會計分析方法
   C. 會計監督方法　　　　　　D. 會計核算方法
5. 下列各項中，不屬於會計信息質量要求的是（　　）。
   A. 會計政策一經確定不得隨意變更
   B. 會計處理應當注意經濟交易或事項的經濟實質
   C. 會計處理應當以實際發生的交易或事項為依據
   D. 提供會計信息應當反應與企業財務狀況、經營成果、現金流量有關重要的交易和事項

二、多項選擇題

1. 下列各項中，不屬於會計基本職能的有（　　）。
   A. 進行會計核算　　B. 預測經濟前景　　C. 評價未來業績　　D. 實施會計監督
2. 會計的目標就是為有關方面提供有用的信息，針對企業來說，會計提供的信息應當（　　）。
   A. 符合國家宏觀經濟管理的要求
   B. 滿足各方瞭解企業財務狀況和經營成果的需要
   C. 滿足企業內部經營管理的需要
   D. 提供企業成本核算資料

三、判斷題

1. 會計是天生就存在的。　　　　　　　　　　　　　　　　　　　　（　　）

2. 會計是一種價值管理活動。　　　　　　　　　　　　　　　　（　）
3. 會計的對象是能夠用貨幣計量的企業的經驗活動。　　　　　　（　）
4. 沃爾瑪超市屬於大型製造企業。　　　　　　　　　　　　　　（　）
5. 管理會計是對外會計，財務會計是對內會計。　　　　　　　　（　）
6. 為了滿足可靠性要求，企業必須將所有對使用者做出決策有用的信息納入相應的財務報表。　　　　　　　　　　　　　　　　　　　　　　　　　　　　（　）
7. 重要性要求會計人員從經濟業務或會計事項的性質上判斷其重要程度，並進行不同的會計處理，對於經濟業務或會計事項的金額則無須考慮。　　（　）

四、簡答題

1. 會計產生發展的根源與動力是什麼？
2. 我國的會計規範體系主要包括哪些內容？它們之間存在怎樣的關係？

第 2 篇　會計基本理論結構

學習目標

　　本章闡述了會計的基本理論，目的是使初學者對會計要素與會計等式、會計基本假設、會計核算的基礎等基礎知識有所瞭解。使初學者通過學習本章對會計基本理論有比較準確地把握。

重點與難點

- 深刻認識各個會計要素的聯繫與區別
- 理解會計基本假設的含義與意義
- 理解收付實現制與權責發生制確認收入與費用的不同

第 7 章
會計要素與會計等式

本章闡述了會計要素的概念和內容以及不同會計要素的區別。會計要素又是有聯繫的，可以用會計等式的形式來表現。通過本章的學習，學生應重點掌握各個會計要素的含義、特徵和內容以及靜態會計等式、動態會計等式和綜合會計等式。

第 1 節　會計要素

一、會計要素的概念

因為管理的需要，需要對會計核算和監督的內容進行分類。會計要素是對會計對象進行的基本分類，是對會計核算對象（資金運動）的具體化。合理劃分會計要素，有利於清晰地反應產權關係和其他經濟關係。企業會計要素分為六大類，即資產、負債、所有者權益、收入、費用、利潤。其中，資產、負債和所有者權益三項會計要素表現資金運動的相對靜止狀態，即反應企業的財務狀況；收入、費用和利潤三項會計要素表現資金運動的顯著變動狀態，即反應企業的經營成果。

在相對靜止狀態，企業的資金表現為資金占用和資金來源兩方面，其中資金占用的具體表現形式就是企業的資產，資金來源又可分為企業所有者投入資金和債權人投入資金兩類。債權人對投入資產的求償權稱為債權人權益，表現為企業的負債；企業所有者對淨資產（資產與負債的差額）的所有權稱為所有者權益。從一定期間這一相對靜止狀態來看，資產總額與負債和所有者權益的合計必然相等，由此分離出資產、負債及所有者權益三項表現資金運動靜止狀態的會計要素。企業的各項資產需要營運，為了生產一定會發生耗費，生產出特定種類和數量的產品，產品銷售後獲得收入，收支相抵後確認出當期損益，由此分離出收入、費用及利潤三項表現資金運動顯著變動狀態的會計要素。資產、負債及所有者權益構成資產負債表的基本框架，收入、費用及利潤構成利潤表的基本框架，因此這六項會計要素又稱為財務報表要素。

二、會計要素的內容

(一) 資產

1. 資產的概念

資產是企業過去的交易或者事項形成的,由企業擁有或者控制的,預期會給企業帶來經濟利益的資源。

2. 資產的特徵

(1) 只有過去的交易或者事項才能產生資產,企業預期在未來發生的交易或者事項不形成資產(會計不核算未來)。例如,企業有購買某存貨的意願或者計劃,但是購買行為尚未發生,就不符合資產的定義,不能因此而確認存貨資產。

(2) 資產作為一項資源,應當由企業擁有或者控制,具體是指企業享有某項資源的所有權,公司購買的材料用於生產產品、機器設備。或者企業雖然不享有某項資源的所有權,但該資源能被企業所控制。比如融資租賃,承租人並不擁有其法定產權,儘管企業並不擁有其所有權,但是如果租賃合同規定的租賃期相當長,接近於該資產的使用壽命,表明企業控制了該資產的使用及其所能帶來的經濟利益,應當將其作為固定資產予以確認、計量和報告。

(3) 資產是預期能給企業帶來經濟利益的經濟資源。資產預期會給企業帶來經濟利益是指資產直接或者間接導致現金或現金等價物流入企業的潛力。盤虧的固定資產,即這個固定資產已經沒有了,預期不會給企業帶來經濟利益。籌建期間開辦費也不會帶來預期經濟利益,直接計入當期管理費用。某項無形資產已被其他新技術等所替代並且該項無形資產已無使用價值和轉讓價值,應當將該項無形資產的帳面價值全部轉入當期損益(營業外支出)。

3. 資產的分類

資產按變現能力的長短不同,分為流動資產和非流動資產。

流動資產是指可以在一年內或者超過一年的一個營業週期內變現或耗用的資產。營業週期一般為 1 年,某些特殊行業(如輪船、飛機製造業)可能以超過 1 年的單件產品的生產週期為一個營業週期。

流動資產包括:

(1) 貨幣資金,包括庫存現金、銀行存款和其他貨幣資金。

(2) 交易性金融資產,即企業為了近期內出售而持有的金融資產。

(3) 存貨,包括產成品、在產品、半成品、商品以及各種原材料、燃料、包裝物和低值易耗品等。

非流動資產是指不能在一年內或者超過一年的一個營業週期內變現或耗用的資產,是除了流動資產以外的資產。非流動資產包括:

(1) 無形資產,包括專利權、非專利技術、商標權、著作權和土地使用權等。

(2) 長期投資,即不準備在一年內變現的投資,包括股權投資、持有至到期的債

券和其他投資。

【思考問題7-1】甲企業擁有兩臺設備，其中甲設備陳舊，乙設備投入使用後，甲設備一直閒置；乙設備是甲設備的替代產品，目前承擔全部生產任務。甲、乙設備是否都是企業的資產？

甲設備不應確認為該企業的資產。該企業原有的甲設備已長期閒置不用，不能給企業帶來經濟利益，因此不應將其作為資產反應在資產負債表中。

資產是為企業所擁有的，或者即使不為企業所擁有，也是企業所控制的。一項資源要作為企業資產予以確認，企業應該擁有此項資源的所有權，可以按照其意願使用或處置資產。

【思考問題7-2】甲企業資金短缺，生產所必需的A設備是從乙企業融資租入獲得的，B設備系從丙企業以經營租入方式獲得的，目前兩臺設備均投入使用。A、B設備是否為甲企業的資產？

這裡要注意經營租入與融資租入的區別。企業經營租入的B設備是臨時的，短期的租入既沒有所有權也沒有控制權，因此B設備不應確認為企業的資產。而企業對融資租入的A設備雖然沒有所有權，但是租期長至整個使用年限，享有與所有權相關的風險和報酬的權利，即擁有實際控制權，因此應將A設備確認為企業的資產。

資產是由過去的交易或事項形成的。也就是說，資產是過去已經發生的交易或事項所產生的結果，資產必須是現實的資產，而不能是預期的資產。未來交易或事項可能產生的結果不能作為資產確認。

【思考問題7-3】企業計劃在年底購買一批機器設備，10月份與銷售方簽訂了購買合同，但實際購買行為發生在12月份，則企業不能在10月份將該批設備確認為資產。

（二）負債

1. 負債的概念

負債是企業過去的交易或事項形成的，預期會導致經濟利益流出企業的現時義務。現時義務是指企業在現行條件下已承擔的義務。未來發生的交易或者事項形成的義務，不屬於現時義務，不應當確認為負債。

2. 負債的特徵

（1）負債應當由企業過去的交易或者事項所形成。換句話說，只有過去的交易或者事項才形成負債，企業將在未來發生的承諾、簽訂的合同等交易或者事項，不形成負債。

（2）負債是企業承擔的現時義務。企業從銀行取得借款1,000萬元，以後要還本金和利息，能確認為負債。

（3）義務的履行必然會導致經濟利益流出企業。預期會導致經濟利益流出企業也是負債的一個本質特徵，只有企業在履行義務時會導致經濟利益流出企業的，才符合負債的定義，如果不會導致企業經濟利益流出，就不符合負債的定義。

3. 負債的分類

負債按流動性不同,可分為流動負債和非流動負債。

流動負債是在一年內或者超過一年的一個營業週期內需要償還的債務。流動負債主要包括短期借款、應付票據、應付帳款、預收款項、應付職工薪酬、應交稅費、應付利息、應付股利、其他應付款等。

非流動負債是在一年內或者超過一年的一個營業週期內需要償還的債務。非流動負債主要包括長期借款、應付債券等。

(三) 所有者權益

1. 所有者權益的概念

所有者權益是指企業資產扣除負債后,由所有者享有的剩余權益,即淨資產。企業的所有者權益又稱為股東權益。

2. 所有者權益和負債的比較

雖然同屬於權益,都體現企業資金的來源,但兩者之間卻有本質的不同。

(1) 負債是企業對債權人所承擔的經濟責任,企業負有償還的義務;所有者權益是企業對投資人所承擔的經濟責任,除非發生減資、清算或分派現金股利,一般情況下,企業不需要償還投資者。

(2) 在企業清算的時,負債擁有優先求償權;只有在企業清償了所有的債務后,才可以把剩余的資產分給所有者。

(3) 債權人只享有按期收回利息和借款本金的權利,而無權參與企業的利潤分配;投資者既能夠參與利潤分配,也可以參與企業的經營管理。

3. 所有者權益的內容

所有者權益按其來源主要包括所有者投入的資本、直接計入所有者權益的利得和損失、留存收益等。

(1) 所有者投入的資本是指所有者投入企業的資本部分,既包括構成企業註冊資本或者股本部分的金額,也包括投入資本超過註冊資本或者股本部分的金額,即資本公積(資本溢價或者股本溢價)。

(2) 直接計入所有者權益的利得和損失是指不應計入當期損益、會導致所有者權益發生增減變動的、與所有者投入資本或者向所有者分配利潤無關的利得或者損失。其中,利得是指由企業非日常活動所形成的、會導致所有者權益增加的、與所有者投入資本無關的經濟利益的流入;損失是指由企業非日常活動所發生的、會導致所有者權益減少的、與向所有者分配利潤無關的經濟利益的流出。

(3) 留存收益是企業歷年實現的淨利潤留存於企業的部分,主要包括計提的盈余公積和未分配利潤。

(四) 收入

1. 收入的概念

收入是指企業在日常活動中形成的、會導致所有者權益增加的、除了所有者投入

資本以外的經濟利益的總流入。

2. 收入的特徵

（1）收入是企業在日常活動中形成的。日常活動是指企業為完成其經營目標所從事的經常性活動以及與之相關的活動。例如，工業企業的日常活動就是買材料、生產產品、賣出產品；流通企業購進商品再賣出商品。

明確界定日常活動是為了將收入與利得相區分，日常活動是確認收入的重要判斷標準，凡是日常活動所形成的經濟利益的流入應當確認為收入；反之，非日常活動所形成的經濟利益的流入不能確認為收入，而應當計入利得。

（2）收入可能表現為增加資產、減少負債、增加所有者權益。與收入相關的經濟利益的流入應當會導致所有者權益的增加，不會導致所有者權益增加的經濟利益的流入不符合收入的定義，不應確認為收入。

（3）本企業的收入只包括本企業經濟利益的流入，而不包括為第三方或客戶代收的款項，如增值稅、代收利息等。

3. 收入的分類

（1）收入按性質不同，可分為銷售商品收入、提供勞務收入和讓渡資產使用權收入（提供勞務收入，如提供旅遊、運輸、飲食等活動所取得的收入；讓渡資產使用權收入，如出租固定資產、包裝物等取得的收入）。

（2）收入按企業經營業務的主次，可分為主營業務收入和其他業務收入（實際工作中一般按照營業執照上的主營業務和兼營業務區分。營業外收入不屬於會計要素中的收入的範疇）。

①主營業務收入是指企業的主要經營活動帶來的收入，如銷售商品、提供勞務收入及讓渡資產使用權等日常活動中所形成的經濟利益的流入。主要日常活動所產生的收入較穩定，占收入比重大。

②其他業務收入是指企業除了主營業務收入以外的其他經營活動形成的經濟利益的流入，如材料物資及包裝物銷售、無形資產轉讓、固定資產出租、包裝物出租等。

【思考問題7-4】企業出售和出租固定資產、無形資產的收入以及出售不需要的材料的收入是否應確認為企業的收入？

出售固定資產、無形資產並非企業的日常活動，這種不是經常發生的收入不應確認為收入，而應作為營業外收入確認。出租固定資產、無形資產在實質上屬於讓渡資產使用權，出售不需要的材料的收入也屬於企業日常活動中的收入，因此應確認為企業的收入，具體確認為其他業務收入。

（五）費用

1. 費用的概念

費用是指企業在日常活動中發生的、會導致所有者權益減少的、與向所有者分配利潤不同的經濟利益的總流出。

2. 費用的特徵

（1）費用是企業在日常活動中形成的。非日常活動形成的不是費用，費用必須是企業在其日常活動中所形成的，這些日常活動的界定與收入定義中涉及的日常活動的界定相一致。將費用界定為日常活動所形成的，目的是為了將其與損失相區分。企業非日常活動所形成的經濟利益的流出不能確認為費用，而應當計入損失。

（2）費用可以表現為企業資產的減少，也可以表現為企業負債的增加，但不一定會導致資金的流出。

（3）由於費用會減少利潤，因此最終會減少所有者權益。

3. 費用的分類

工業企業一定時期的費用按其經濟用途可以分為生產費用和期間費用。產品生產費用按照與產品之間的關係可以分成直接費用和間接費用。期間費用由銷售費用、管理費用、財務費用構成（見圖7-1）。

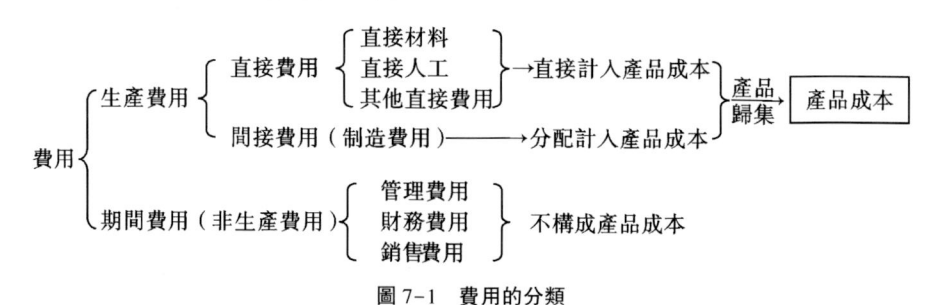

```
                    ┌ 直接材料
         ┌ 直接費用 ┤ 直接人工    → 直接計入產品成本  ┐
         │         └ 其他直接費用                    │ 產品
生產費用 ┤                                          ├ 歸集 → 產品成本
         └ 間接費用（制造費用） ─── → 分配計入產品成本 ┘

                              ┌ 管理費用
期間費用（非生產費用） ┤ 財務費用 ├ 不構成產品成本
                              └ 銷售費用
```

圖7-1　費用的分類

【思考問題7-5】企業處置固定資產發生的淨損失，是否確認為企業的費用？

處置固定資產而發生的損失，雖然會導致所有者權益減少和經濟利益的總流出，但不屬於企業的日常活動，因此不應確認為企業的費用，而應確認為營業外支出。

（六）利潤

1. 利潤的概念

利潤是指企業在一定會計期間的經營成果。利潤包括收入減去費用後的淨額和直接計入當期利潤的利得和損失等。利潤往往是評價企業管理層業績的一項重要指標，也是投資者等會計信息使用者進行決策的重要參考因素。

利得是指由企業非日常活動所形成的、會導致所有者權益增加的、與所有者投入資本無關的經濟利益的流入。損失是指由企業非日常活動所發生的、會導致所有者權益減少的、與向所有者分配利潤無關的經濟利益的流出。

2. 利潤的構成

（1）營業利潤是營業活動實現的利潤。

營業利潤＝營業收入−營業成本−營業稅金及附加−銷售費用−管理費用−財務費用

營業收入是指企業經營業務所確認的收入總額，包括主營業務收入和其他業務收入。

營業成本是指企業經營業務所發生的實際成本總額，包括主營業務成本和其他業務成本。

（2）利潤總額是企業在生產經營過程中扣除各種耗費后的盈余。

$$利潤總額＝營業利潤＋營業外收入－營業外支出$$

（3）淨利潤是企業利潤總額減去所得稅費用以後的余額，即企業的稅后利潤。

$$淨利潤＝利潤總額－所得稅費用$$

【思考問題7-6】企業當期確認的處置固定資產等發生的利得或損失，均屬於直接計入當期利潤的利得和損失。

以上是企業會計要素的確認，行政事業單位會計確認的基礎是收付實現制而不是權責發生制，由此導致行政事業單位會計要素的設置及其定義與企業有所區別。行政事業單位為資產負債表和收入支出表（類似企業的利潤表）設置了五項會計要素，包括資產、負債、淨資產、收入和支出。在會計要素的定義上，以事業單位會計要素的定義為例，資產是指事業單位佔有或者使用的能以貨幣計量的經濟資源，包括各種財產、債權和其他權利；負債是指事業單位所承擔的能以貨幣計量、需要以資產或者勞務償付的債務，包括借入款項、應付款項、應繳款項等；淨資產是指事業單位的資產減去負債后的差額，包括事業基金、固定基金、專用基金、事業結余和經營結余等；收入是指事業單位為開展業務活動，依法取得的非償還性資金，包括補助收入、事業收入、經營收入及其他收入；支出是指事業單位為開展業務活動和其他活動所發生的各項資金耗費及損失以及用於基本建設項目的開支，包括撥出經費、事業支出、經營支出等。

同時，在具體的會計確認和計量原則上，行政事業單位與企業還有些區別。例如，行政事業單位的固定資產不計提折舊；行政事業單位不採用公允價值計量屬性；等等。

第 2 節　會計等式

一、會計等式的概念

六個會計要素反應了資金運動的靜態和動態兩個方面，具有緊密的相關性，它們在數量上存在著特定的平衡關係，會計等式是揭示會計要素之間內在聯繫的數學表達式。會計等式反應了會計要素之間平衡關係。會計等式有效地將資產、負債、所有者權益、收入、費用、利潤聯繫在一起，是編製會計報表的基礎。

二、會計等式的分類

會計等式可分為靜態的會計等式、動態的會計等式和綜合的會計等式。

（一）資產負債表要素——靜態的會計等式

靜態的會計等式是由靜態會計要素組合而成的反應企業一定時點的財務狀況的等

式。靜態的會計等式表達為：
$$資產＝負債＋所有者權益$$
該等式表現出企業在經營過程中的某一時點的資產、負債、所有者權益的對等關係。這個基本等式也是編製資產負債表的基本依據。

1. 對靜態的會計等式的理解

第一，靜態的會計等式體現了同一資金的兩個不同側面：資金存在形態與資金來源渠道。資產表示的是企業擁有和控制的能夠帶來經濟利益的資源，通俗地說就是指企業的各種財產物資，包括庫存現金、銀行存款、原材料、固定資產、各種債權（應收款）等，表現為各種存在形態。而負債和所有者權益表示的就是企業各種資金的來源。換句話說，企業的資金存在形態（各種財產物資），從其資金來源上講不外乎兩種情況，一種是來自於企業所有者的投入（即所有者權益），另一種是來自於對外的借款和欠款（即負債）。也就是說，會計等式（資產＝負債＋所有者權益）的兩邊實際上指的是同一樣東西，等式左邊的「資產」是從存在和分佈形態上表示企業擁有和控制的經濟資源，等式右邊的「負債＋所有者權益」是從其資金來源角度表示企業擁有和控制的經濟資源，是同一事物的兩個不同方面，因此其必然相等。

第二，以貨幣計量時，會計等式雙方數額相等。

第三，資產會隨負債、所有者權益增減而成正比例變化。資產隨著負債、所有者權益的增加而增加，資產隨著負債、所有者權益的減少而減少。

資產來源於所有者的投入資本和債權人的借入資金以及企業在生產經營中所產生效益的累積，分別歸屬於所有者和債權人。歸屬於所有者的部分形成所有者權益，歸屬於債權人的部分形成債權人權益（即企業的負債）。資產和權益（包括所有者權益和債權人權益）實際是企業所擁有的經濟資源在同一時點上所表現的不同形式。資產表明的是資源在企業存在、分佈的形態，而權益則表明了資源取得和形成的渠道。資產來源於權益，資產與權益必然相等。資產與權益之間的數量關係可以表達為：
$$資產＝權益$$

2. 經濟業務對會計恆等式的影響

企業在生產經營過程中，每天都會發生多種多樣錯綜複雜的經濟業務，從而引起各會計要素的增減變動，但並不影響資產與權益的恆等關係。下面通過分析企業發生的各類經濟業務，說明資產與權益的恆等關係。資產與權益的恆等關係是復式記帳法的理論基礎，也是編製資產負債表的依據。

（1）經濟業務。經濟業務是應辦理會計手續、能運用會計方法反應的經濟活動。經濟業務又稱會計事項。

（2）經濟業務對會計等式的影響可以總結為四種情況。

第一類業務：會計等式左邊的兩個要素項目一增一減，變動後等式仍然保持平衡。

一項資產增加另一項資產減少，引起等式左邊即資產內部的項目此增彼減，增減金額相同，變動後資產總額不變，等式仍然保持平衡。

【例 7-1】某企業購入一臺設備，買價 60,000 元，款項用銀行存款支付。

這項經濟業務使資產固定資產增加 60,000 元，但同時資產銀行存款減少 60,000 元。

$$資產 = 負債+所有者權益$$
$$+60,000-60,000 = 0$$

第二類業務：會計等式右邊的兩個要素項目一增一減，變動後等式仍然保持平衡。這又包括以下四種情況：

①一項負債增加，另一項負債減少，引起等式右邊即負債內部的項目此增彼減，增減金額相同，變動後負債總額不變，等式仍然保持平衡。

【例 7-2】某企業從銀行借入 6 個月借款 2,000,000 元，直接用於歸還欠甲單位貨款。

這項經濟業務使負債短期借款增加 2,000,000 元，負債應付帳款減少 2,000,000 元。

$$資產 = 負債 + 所有者權益$$
$$0 = +2,000,000-2,000,000$$

②一項所有者權益增加，另一項所有者權益減少，引起等式右邊即所有者權益內部的項目此增彼減，增減金額相同，變動後所有者權益總額不變，等式仍然保持平衡。

【例 7-3】某企業股東大會決議將盈余公積 9,000,000 元轉增實收資本。

這項經濟業務使所有者權益實收資本增加 9,000,000 元，所有者權益盈余公積減少 9,000,000 元。

$$資產 = 負債+所有者權益$$
$$0 = +9,000,000-9,000,000$$

③一項負債增加，一項所有者權益減少，引起等式右邊即負債、所有者權益此增彼減，增減金額相同，變動後等式仍然保持平衡。

【例 7-4】某企業董事會決議，向投資者分配利潤 800,000 元。

這項經濟業務使負債應付股利增加 800,000 元，所有者權益未分配利潤減少 800,000 元。

$$資產 = 負債+所有者權益$$
$$0 = +800,000-800,000$$

④一項負債減少，一項所有者權益增加，引起等式右邊即負債、所有者權益此減彼增，增減金額相同，變動后等式仍然保持平衡。

【例 7-5】經批准，企業已經發行的債券 500,000 元轉為實收資本。

這項經濟業務使負債應付債券減少 500,000 元，所有者權益實收資本增加 500,000 元。

$$資產 = 負債+所有者權益$$
$$0 = -500,000 +500,000$$

第三類業務：會計等式的左右兩邊的兩個要素項目同時增加相同的金額，變動后等式仍然保持平衡。這又包括以下兩種情況：

①一項資產和一項負債同時增加，引起等式左右兩邊即資產、負債同時增加相同的金額，變動后等式仍然保持平衡。

【例 7-6】某企業從銀行借入 6 個月借款 2,400,000，款項存入銀行。

這項經濟業務使資產銀行存款增加 2,400,000 元，負債短期借款增加 2,400,000 元。

$$資產 = 負債 + 所有者權益$$
$$+2,400,000 = +2,400,000$$

②一項資產和一項所有者權益同時增加，引起等式左右兩邊即資產、所有者權益同時增加相同的金額，變動后等式仍然保持平衡。

【例 7-7】某企業接受丙單位一批商品投資，評估確認的價值 160 萬元，商品入庫。

這項經濟業務使資產庫存商品增加 1,600,000 元，所有者權益實收資本增加 1,600,000 元。

$$資產 = 負債 + 所有者權益$$
$$+1,600,000 = +1,600,000$$

第四類業務：會計等式的左右兩邊的兩個要素項目同時減少相同的金額，變動后等式仍然保持平衡。這又包括以下兩種情況：

①一項資產和一項負債同時減少，引起等式左右兩邊資產、負債金額同時減少相同的金額，變動后等式仍然保持平衡。

【例 7-8】某企業用銀行存款償還欠乙單位貨款 1,490,000 元。

這項經濟業務使資產銀行存款減少 1,490,000 元，負債應付帳款減少 1,490,000 元。

$$資產 = 負債 + 所有者權益$$
$$-1,490,000 = -1,490,000$$

②一項資產和一項所有者權益同時減少，引起等式左右兩邊資產、所有者權益金額同時減少相同的金額，變動后等式仍然保持平衡。

【例 7-9】某企業同意乙單位減少投資款 6,000,000 元，以銀行存款支付。

這項經濟業務使資產銀行存款減少 6,000,000 元，所有者權益實收資本減少 6,000,000 元。

$$資產 = 負債 + 所有者權益$$
$$-6,000,000 = -6,000,000$$

（3）經濟業務類型影響會計等式的規律。每項經濟業務發生后，至少要影響會計等式中的兩個會計要素（或一個要素中的兩個項目）發生增、減變化。其規律為影響會計等式雙方要素，雙方同增或同減，增減金額相等；只影響會計等式某一方要素，

單方有增有減，增減金額相等。企業每天會發生各種各樣的經濟業務，但任何一個經濟業務的發生都不會影響會計等式的平衡。

(二) 利潤表要素——動態的會計等式

動態的會計等式是由動態會計要素組合而成的反應企業一定會計期間經營成果的等式。動態的會計等式表達為：

$$收入-費用=利潤$$

該等式有效地表現出企業在經營過程中的一段時間，其收入、費用、利潤的對等關係。這個基本等式也是編製利潤表的基本依據。

對動態的會計等式的理解如下：

第一，利潤的實質是實現的收入減去相關費用以後的淨額。收入大於費用時為盈利，收入小於費用時為虧損。

第二，利潤會隨著收入的增減成正比例變化，即利潤隨著收入的增加而增加，利潤隨著收入的減少而減少。

第三，利潤會隨著費用的增減成反比例變化，即利潤隨費用的增加而減少。

之所以將這一等式稱為動態的會計等式，是因為我們可以從企業不同階段的利潤變化中分析企業的盈利狀況。在實際工作中，由於收入不包括處置固定資產淨收益、固定資產盤盈、出售無形資產收益等，費用也不包括處置固定資產淨損失、自然災害損失等。因此，收入減去費用，並經過調整后，才能等於利潤。收入、費用和利潤之間的上述關係，是編製利潤表的基礎。

(三) 綜合的會計等式

綜合的會計等式是由六個會計要素綜合而成的全面完整地反應企業財務狀況和經營成果的等式，是設置帳戶、復式記帳的理論基礎。綜合會計等式表達為：

$$資產+費用=負債+所有者權益+收入$$

對綜合會計等式的理解如下：

上述會計恒等式是從靜止狀態（初始狀態）來反應會計要素間的數量關係，但任何人投資辦企業的目的都是為了通過生產經營活動來賺錢（獲取利潤），當資金投入使用和進行週轉，在這個過程中就必然要取得各種收入同時也支付相應的費用，收入抵減費用（包括稅金）後的余額就是利潤（如果收入小於費用就是虧損），這個利潤歸企業投資者所有（這也是他投資辦企業的目的），其性質就是所有者權益的一部分。在這種情況下，會計等式右邊「所有者權益」項目的金額與初始狀態比就增大了（如果是虧損則表現為所有者權益金額減少），但由於收入帶來了企業貨幣資金（包括現金和銀行存款）的增加，從而導致會計等式左邊資產的金額增加，企業發生的費用使得資金流出企業並導致會計等式左邊資產金額的減少，這一增一減的差額正好就是利潤（或虧損）的金額，因此會計等式依然相等，只不過是由於利潤（或虧損）的影響使得等式兩邊的金額與期初相比發生了變化而已。因此，會計恒等式可以擴展為綜合的會計等式。

綜上所述，從第一個等式中只能看出企業資金運動的靜態情況，即某一個時點的狀況；從第二個等式中只能看出企業資金運動的動態情況，即賺了多少錢，而無法反應企業的規模。資產運用會取得收入，同時也產生了費用，而利潤的增加一方面增加了所有者權益，另一方面也增加了企業資產或減少了企業的負債。因此，產生了綜合的會計等式：

$$資產＋利潤＝負債＋所有者權益＋（收入－費用）$$

由於企業的利潤最終要歸入新的資產中，減少負債或增加所有者權益，綜合等式最終可以轉化成等式會計恒等式。

三、會計等式的意義

第一，會計等式能反應會計要素間的數量關係。

第二，會計等式的平衡原理揭示了企業會計要素之間的規律性聯繫。

第三，會計等式是設置會計科目和帳戶、編製會計報表的理論依據，是復式記帳的基礎。

作業與思考

一、單項選擇題

1. 對會計對象的具體劃分是（　　）。
   A. 會計科目　　　　　B. 會計原則　　C. 會計要素　D. 會計帳戶
2. 根據我國《企業會計準則》的規定，會計要素中不包括（　　）。
   A. 資產和費用　　　　B. 負債和收入
   C. 資金占用和資金來源　D. 利潤和所有者權益
3. 下列會計要素中不屬於靜態會計要素的有（　　）。
   A. 資產　　　　　　　B. 負債　　C. 利潤　D. 所有者權益
4. 下列會計要素中不屬於動態的會計要素的有（　　）。
   A. 費用　　　　　　　B. 收入　　C. 所有者權益　D. 利潤
5. 會計要素劃分的意義在於（　　）。
   A. 會計對象構成了會計報表的基本框架
   B. 會計對象是對會計要素進行的科學分類
   C. 會計科目是設置會計要素的基本依據
   D. 會計要素是復式記帳建立的理論依據
6. 下列關於會計等式的表述錯誤的是（　　）。
   A. 資產＝負債＋所有者權益

B. 資產＝負債＋所有者權益＋收入

C. 資產＝負債＋所有者權益＋收入－費用

D. 收入－費用＝利潤

7. 反應了企業在任一時點所擁有的資產以及債權人和所有者對企業資產要求權的基本狀況的會計等式是（　　）。

A. 資產＝負債＋所有者權益

B. 資產＝負債＋所有者權益＋收入

C. 資產＝負債＋所有者權益＋收入－費用

D. 收入－費用＝利潤

8. 某企業用盈余公積轉增了實收資本，則此業務對會計要素的影響是（　　）。

A. 資產增加　　　　　　　B. 負債減少

C. 所有者權益增加　　　　D. 所有者權益不變

9. 甲公司向銀行借款 200,000 元存入銀行，會導致（　　）。

A. 負債增加，所有者權益減少　B. 資產增加，所有者權益增加

C. 資產增加，負債增加　　D. 資產增加，負債減少

10. 資產是企業擁有或控制的資源，該資源預期會給企業帶來（　　）。

A. 經濟利益　　　　　　　B. 經濟資源　C. 經濟效果　D. 經濟效益

11. 下列各科目，屬於資產類的是（　　）科目。

A.「預付帳款」　　　　　B.「其他應付款」C.「預收帳款」D.「應付帳款」

12. 下列屬於企業的流動資產的是（　　）。

A. 存貨　　　　　　　　　B. 廠房　C. 機器設備　D. 專利權

二、多項選擇題

1. 企業取得的收入可能會影響到的會計要素是（　　）。

A. 資產　　　　　　　　　B. 負債

C. 所有者權益　　　　　　D. 費用

2. 下列反應企業財務狀況的會計要素是（　　）。

A. 所有者權益　　　　　　B. 資產

C. 財務費用　　　　　　　D. 負債

3. 對於工業企業而言，屬於主營業務收入的是（　　）。

A. 產成品銷售收入　　　　B. 自製半成品銷售收入

C. 工業性勞務收入　　　　D. 材料銷售收入

4. 下列各項反應企業經營成果的會計要素是（　　）。

A. 利潤　　　　　　　　　B. 費用　C. 收入　D. 所有者權益

5. 以下項目中，屬於負債的有（　　）。

A. 短期借款　　　　　　　B. 銀行存款　C. 實收資本　D. 應付利潤
6. 下列屬於反應企業經營成果的動態要素的有（　　）。
   A. 收入　　　　　　　　B. 費用　C. 利潤　D. 負債
7. 下列屬於反應企業財務狀況的靜態要素的有（　　）。
   A. 資產　　　　　　　　B. 負債　C. 利潤　D. 所有者權益
8. 下列項目中，屬於費用要素特點的有（　　）。
   A. 企業在日常活動中發生的經濟利益的總流入
   B. 會導致所有者權益減少
   C. 與向所有者分配利潤無關
   D. 會導致所有者權益增加
9. 下列屬於流動資產的是（　　）。
   A. 預收帳款　　　　　　B. 預付帳款　C. 應收帳款　D. 應收票據
10. 下列屬於資產的特徵的是（　　）。
    A. 資產是由於過去或現在的交易或事項所形成的
    B. 資產必須能夠用貨幣計量其價值
    C. 資產能夠給企業帶來未來經濟利益
    D. 資產一定具有具體的實物形態
11. 下列項目中，屬於成本類科目是（　　）科目。
    A. 「生產成本」　　　　B. 「製造費用」　C. 「投資收益」　D. 「待攤費用」
12. 會計科目按其所歸屬的會計要素不同，可分為（　　）。
    A. 所有者權益類　　　　B. 負債類
    C. 損益類　　　　　　　D. 成本類
13. 會計科目按其所歸屬的會計要素不同，分為資產類、負債類、共同類、（　　）六大類。
    A. 所有者權益類　　　　B. 損益類
    C. 成本類　　　　　　　D. 費用類
14. 以下有關明細分類科目的表述中，正確的有（　　）。
    A. 明細分類科目也稱一級會計科目
    B. 明細分類科目是對總分類科目進一步分類的科目
    C. 明細分類科目是對會計要素具體內容進行總括分類的科目
    D. 明細分類科目是能提供更加詳細、更加具體的會計信息的科目
15. 下列（　　）屬於反應營業利潤的帳戶。
    A. 主營業務收入　　　　B. 其他業務成本
    C. 營業外支出　　　　　D. 營業稅金及附加

三、判斷題

1. 企業的資產按其流動性快慢，可分為流動資產和固定資產。（　）
2. 按照我國的《企業會計準則》的規定，負債不僅指現時已經存在的債務責任，還包括某些將來可能發生的、偶然事項形成的債務責任。（　）
3. 只要企業擁有某項財產物資的所有權就能將其確認為資產。（　）
4. 企業的利得和損失包括直接計入所有者權益的利得和損失以及直接計入當期利潤的利得和損失。（　）
5. 收入是指企業在銷售商品、提供勞務及讓渡資產使用權等日常活動中形成的經濟利益的總流入，不包括出售固定資產獲得的收入。（　）
6. 會計要素就是會計報表構成的基本單位。（　）
7. 企業對其所使用的機器設備、廠房等固定資產，只有在持續經營的前提下才可以在機器設備的使用年限內，按照其價值和使用情況，確定採用某一折舊方法計提折舊。（　）
8. 所有者權益是指企業投資人對企業資產的所有權。（　）
9. 長期負債的償還期均在一年以上，流動負債的償還期均在一年以內。（　）
10. 成本類科目包括「製造費用」「生產成本」「主營業務成本」等科目。（　）

四、分析題

A 公司 2015 年 8 月份發生如下經濟業務，分析說明經濟業務對會計要素的影響：

(1) 用銀行存款購入全新機器一臺，價值 30,000 元。
(2) 投資者投入原材料，價值 10,000 元。
(3) 以銀行存款償還所欠供應單位帳款 5,000 元。
(4) 收到購貨單位所欠帳款 8,000 元，收存銀行。
(5) 將一筆長期負債 50,000 元轉為對企業的投資。
(6) 按規定將 20,000 元資本公積金轉增資本金。
(7) 從銀行借入期限為 3 個月的流動資金 300,000 元，款項存入銀行。
(8) 董事會決定向投資者分配利潤 100,000 元。

第 8 章
會計基本假設

本章闡述了會計核算的四個前提。通過本章的學習，學生應掌握四個基本假設的含義和意義，瞭解為什麼是假設。

實踐中經濟活動紛繁複雜，存在很多不確定性因素。會計核算之前必須對這些不確定性因素進行合理的假定，從而將會計提供的信息建立在確定的前提基礎上。會計信息使用者需要知道的是會計信息的編製是有一定的前提的，是在特定的經濟環境下，按照理性的原則編製的。這樣才能理解在經濟危機情況下為什麼那麼多企業在沒有任何預警性的信息的情況下突然倒閉，也就不會對會計信息產生信用危機。

第 1 節　會計基本假設的概念

由於會計實務中存在不確定性因素，在會計處理時要運用判斷和估計，需要先做出一定的合理假定。會計基本假設是會計人員對未經確切認識或無法正面論證的經濟現象，根據客觀的正常情況或趨勢做出的合乎事理的判斷。儘管假設是對客觀經濟環境做出的合乎邏輯的理性的抽象，但與經濟現實會有一定的差距，當這種差距被限定在一定的範圍時，這種假設就可以被接受，可以認為是有效的；當假設遠離經濟環境，已不是對現實的理性的概括和總結時，會計假設就失去了存在的意義。

會計基本假設又稱會計核算的基本前提，是企業會計確認、計量和報告的前提，是人們在會計實踐中，對會計核算所處時間、空間環境等做出的合理假定。會計核算的前提包括會計主體、持續經營、會計分期和貨幣計量四項。

第 2 節　會計基本假設的內容

一、會計主體假設

為了向財務報告使用者反應企業財務狀況、經營成果和現金流量，提供與其決策有用的信息，會計核算和財務報告的編製應當集中於反應特定企業單位或組織的活動，

並將其與其他經濟實體區別開來，才能實現財務報告的目標。在會計主體假設下，企業應當對其本身發生的交易或者事項進行會計確認、計量和報告，反應企業本身所從事的各項生產經營活動。明確界定會計主體是開展會計確認、計量和報告工作的重要前提。

（一）會計主體假設的含義

會計主體是指會計確認、計量和報告的空間範圍。會計核算反應的是特定企業的經營活動，既不包括企業所有者，也不包括其他企業的經營活動。明確會計核算的空間範圍，即「為誰記帳」。

（二）為什麼說會計主體是假設

會計是一項管理活動，管理活動應該是沒有空間範圍的，但是每個企業的利益不同，根據需要人為地劃分為特定的空間範圍。

（三）界定會計主體的條件

會計主體需要有獨立的經濟業務、有獨立的資金、能獨立進行會計核算。這裡需要特別區分會計主體與法律主體的關係。一般來說，法律主體必然是一個會計主體。例如，一個企業作為一個法律主體，應當建立財務會計系統，獨立反應其財務狀況、經營成果和現金流量。但是會計主體不一定是法律主體。例如，就企業集團而言，母公司擁有若干子公司，母子公司雖然是不同的法律主體，但是母公司對子公司擁有控制權，為了全面反應企業集團的財務狀況、經營成果和現金流量，有必要將企業集團作為一個會計主體，編製合併財務報表，在這種情況下，儘管企業集團不屬於法律主體，但它卻是會計主體。

（四）確立會計主體假設的意義

一方面，明確會計主體，才能劃定會計所要處理的各項交易或事項的範圍。在會計工作中，只有那些影響企業本身經濟利益的各項交易或事項才能加以確認、計量和報告，那些不影響企業本身經濟利益的各項交易或事項則不能加以確認、計量和報告。會計工作中通常所講的資產、負債的確認，收入的實現，費用的發生等，都是針對特定會計主體而言的。

另一方面，明確會計主體，才能將會計主體的交易或者事項與會計主體所有者的交易或者事項以及其他會計主體的交易或者事項區分開來。例如，企業所有者的經濟交易或者事項是屬於企業所有者主體所發生的，不應納入企業會計核算的範圍，但是企業所有者投入到企業的資本或者企業向所有者分配的利潤，則屬於企業主體所發生的交易或者事項，應當納入企業會計核算的範圍。

二、持續經營假設

（一）持續經營假設的含義

持續經營是指會計主體在可以預見的未來，其經濟活動是持續正常進行的，不會面臨破產清算。會計確認、計量和報告應當以企業持續正常的經營活動為前提。企業

會計準則體系也是以企業持續經營為前提加以制定和規範的，涵蓋了從企業成立到清算的整個期間的交易或者事項的會計處理。

（二）為什麼說持續經營是假設

在現實的生產經營過程中企業隨時面臨破產清算，持續經營假設只是為了會計核算方便的人為假定。

（三）確立持續經營假設的意義

持續經營假設明確了會計核算的時間範圍，是「會計分期」基本前提。

持續經營假設是固定資產折舊會計處理的前提條件。一般情況下，企業的固定資產可以在一個較長的時期發揮作用。如果企業會持續經營下去，就可以假定企業的固定資產會在持續進行的生產經營過程中長期發揮作用，並服務於生產經營過程，固定資產就可以根據歷史成本進行記錄，並採用折舊的方法，將歷史成本分攤到各個會計期間或相關的產品成本中。如果企業不會持續經營下去，固定資產就不應採用歷史成本進行記錄並按期計提折舊。

特別注意，企業會計準則體系是以企業持續經營為前提加以制定和規範的，涵蓋了從企業成立到清算（包括破產）的整個期間的交易或者事項的會計處理。如果一個企業在不能持續經營時還假定企業能夠持續經營，並仍按持續經營基本假設選擇會計確認、計量和報告的原則與方法，就不能客觀地反應企業的財務狀況、經營成果和現金流量，會誤導會計信息使用者的經濟決策。

三、會計分期假設

（一）會計分期假設的含義

會計分期是指將一個會計主體持續經營的生產經營活動人為地劃分為一個個連續的、長短相同的期間，又稱會計期間。會計分期的目的在於通過會計期間的劃分，將持續經營的生產經營活動劃分為連續的、長短相同的期間，以便分期結算帳目和編製財務報告。

根據持續經營的假定，一個企業將按當前的規模和狀態持續經營下去。但是無論是企業的生產經營決策還是投資者、債權人等的決策都需要及時的信息，都需要將企業持續經營的生產經營活動劃分為一個個連續的、長短相同的期間，分期確認、計量和報告企業的財務狀況、經營成果和現金流量。明確會計分期對會計核算意義重大。會計分期產生了當期與其他期間的差別，使不同類型的會計主體有了記帳的基礎。

會計期間通常分為年度和中期。年度是指公曆的 1 月 1 日到 12 月 31 日。中期是指短於一個完整的會計年度的報告期間，如分為半年度、季度和月度。

（二）為什麼說會計分期是假設

企業為了分期結算、對外部提供報表，人為地將企業連續不斷的生產經營過程劃分為相等的期間。

（三）確立會計分期假設的意義

對內定期總結、監督經營情況，為外部信息使用人定期提供決策所需要的信息。

由於會計分期，才產生了當期與其他期間的差別，從而形成了權責發生制和收付實現制不同的記帳基礎，進而出現了應收、應付會計處理方法。

四、貨幣計量假設

（一）貨幣計量假設的含義

貨幣計量是指會計主體在財務會計確認、計量和報告時以貨幣計量、反應會計主體的生產經營活動。

在會計的確認、計量和報告過程中之所以選擇貨幣為基礎進行計量，是由貨幣的本身屬性決定的。貨幣是商品的一般等價物，是衡量一般商品價值的共同尺度，具有價值尺度、流通手段、貯藏手段和支付手段等特點。其他計量單位，如重量、長度、容積、臺、件等，只能從一個側面反應企業的生產經營情況，無法在量上進行匯總和比較，也不便於會計計量和經營管理。只有選擇貨幣尺度進行計量，才能充分反應企業的生產經營情況，因此會計確認、計量和報告選擇貨幣作為計量單位。在有些情況下，統一採用貨幣計量也有缺陷，某些影響企業財務狀況和經營成果的因素，如人力資源就應該作為企業的一個關鍵資產進行帳務反應，但人力資源的貨幣計量尚無法廣泛地達到實踐的可操作性，因此大部分企業是不反應人力資源的。企業經營戰略、研發能力、市場競爭力等，往往難以用貨幣來計量，但這些信息對於使用者決策來講也很重要，企業可以在財務報告中補充披露有關非財務信息來彌補上述缺陷。

該假設包括以下兩個意思：

第一，會計僅反應那些能以貨幣表達的信息，如果一個信息本應納入會計核算體系，但如無法用貨幣來表達，則只能將其排除在會計核算範圍之外。

第二，假設貨幣幣值不變，即假定貨幣的價值是穩定的，或者有變動也是不予考慮的。為了會計信息的穩定性，貨幣幣值的輕微變動不會影響到會計信息的提供。

（二）確立貨幣計量假設的意義

第一，在諸多的計量手段中，只有貨幣標準是具有最大限度的無差別性和統一性的，貨幣計量單位假設為會計活動的開展選定了主要核算手段。

第二，貨幣是商品的一般等價物，能用以計量所有會計要素，也便於綜合。

第三，使不同會計主體的信息具有可比性。

（三）貨幣計量的要求

人民幣是我國的法定貨幣，在我國境內具有廣泛的流動性，因此《會計法》和《企業會計準則》均規定會計核算以人民幣為記帳本位幣。同時，對於外幣業務較多的企業，《會計法》和《企業會計準則》也規定業務收支以人民幣以外的貨幣為主的單位，可以選定其中一種貨幣作為記帳本位幣，但是編報的財務會計報告應當折算為人民幣。

需要注意的是，記帳本位幣一經確定，不得隨意變動。當發生嚴重的通貨膨脹時，該假設不成立，不能再假設貨幣幣值不變，應改用物價變動會計或通貨膨脹會計。

會計主體是指會計為之服務的對象，能實行獨立核算的單位一般為會計主體。會計核算的對象是該會計主體自身的資金活動。會計主體假設對會計核算範圍從空間上進行了有效界定。會計主體假設是持續經營、會計分期假設的基礎。用貨幣來反應一切經濟業務是會計核算的基本特徵。企業經濟活動中凡是能夠用貨幣這一尺度計量的，就可以進行會計反應；凡是不能用貨幣這一尺度計量的，則不能進行會計反應。由此可見，確認一項事物是否屬於會計範疇，必須首先衡量該事物能否用貨幣計量。貨幣計量是會計核算的一個重要前提條件。

作業與思考

一、單項選擇題

1. 關於會計主體的概念，下列各項說法中不正確的是（　　）。
    A. 可以是獨立法人，也可以是非法人
    B. 可以是一個企業，也可以是企業內部的某一個單位
    C. 可以是一個單一的企業，也可以是由幾個企業組成的企業集團
    D. 當企業與業主有經濟往來時，應將企業與業主作為同一個會計主體處理。
2. 會計主體假設的確立明確了會計核算的（　　）。
    A. 時間範圍　　　　　　B. 空間範圍　C. 業務範圍　D. 職能範圍
3. 貨幣計量基本假設明確了會計核算的（　　）。
    A. 時間範圍　　　　　　B. 基本方法　C. 空間範圍　D. 業務範圍
4. 持續經營基本假設明確了會計核算的（　　）。
    A. 時間範圍　　　　　　B. 基本方法　C. 空間範圍　D. 業務範圍
5. 會計假設也稱會計的（　　）。
    A. 基本職能　　　　　　B. 基本前提　C. 基本理論　D. 基本方法

二、多項選擇題

1. 會計中期包括（　　）。
    A. 月度　　　　　　　　B. 季度　C. 半年度　D. 年度
2. 下列說法中，關於會計主體假設的準確說法有（　　）。
    A. 以一定經濟組織發生的各項交易或事項為對象
    B. 明確了會計所服務的對象
    C. 明確了會計核算的空間範圍

D. 便於分期結算帳目和編製財務會計報告
3. 進行會計分期的主要目的有（　　）。
　　A. 進行帳戶設置　　　　　　B. 分期結算帳目
　　C. 確定會計核算空間範圍　　D. 編製財務會計報告

三、判斷題

1. 會計主體必須是法律主體。　　　　　　　　　　　　　　　　（　　）
2. 會計主體所核算的生產經營活動也包括其他企業或投資者個人的其他生產經營活動。　　　　　　　　　　　　　　　　　　　　　　　　　　　　　（　　）
3. 由於有了持續經營這個會計核算的基本前提，才產生了當期與其他期間的區別，從而出現了權責發生制與收付實現制的區別。　　　　　　　　　　　（　　）

第 9 章
會計基礎

本章闡述了會計基礎的含義和內容。通過本章的學習，學生應重點掌握權責發生制的運用。

【思考問題 9-1】A 企業 12 月 20 日銷售商品 25 萬元，貨款在第二年的 1 月 10 日收到，請問應確認為 12 月收入，還是確認為 1 月收入？哪種更能準確反應企業當月的經營成果？如果 11 月 5 日預收了貨款，12 月 20 日才發貨，那什麼時候確認收入？

第 1 節 會計基礎的含義

會計基礎又稱會計記帳基礎、會計處理基礎，是指在確認和處理一定會計期間收入和費用時，選擇的處理原則和標準，其目的是對收入和支出進行合理配比，進而作為確認當期損益的依據。企業是以持續經營為基礎的，而為了定期提供會計信息的需要則將企業在連續經營過程中人為地劃分相同的會計期間，以致造成企業在某一會計期間內的收、支與相對應期間成本的不配比。為了能對收入和支出進行合理配比，如何選擇會計處理基礎具有重要的意義。

第 2 節 會計基礎的內容

會計處理基礎有兩種，一種叫收付實現制或實收實付制，另一種叫權責發生制或應收應付制、應計制。

一、收付實現制

收付實現制是以款項的實際收付為標準來處理經濟業務，記錄收入的實現和費用的發生。

在這種會計處理基礎下，凡是在本期收到款項的收入或付出款項的費用，不論是否歸屬本期，都作為本期的收入和費用；反之，凡是在本期未收到款項的收入或未付出款項的費用，即使歸屬本期，也不能作為本期的收入和費用。這種處理方法比較符合一般

人的生活習慣，核算手續也比較簡單，但不能合理計算確定本會計期間的經營成果。

例如，某企業單位在本月初以銀行存款一次支付下半年的保險費 9,000 元。如果按收付實現制處理，就應把半年的保險費 9,000 元都作為本月的費用從本月的收入中取得補償，結果必將使本月的經營成果少計 9,000 元，而下半年的經營成果則多計 9,000 元。因此，這種會計確認基礎主要適用於非營利性的機關、事業單位和團體，不適用於營利性的企業。

二、權責發生制

權責發生制是以是否有收款的權利和付款的責任為標誌來確定收入、費用歸屬期的會計處理基礎。

在這種會計處理基礎下，凡在本期已經實現的銷售，有收款的權利，無論其款項是否收到，都應當作為本期的收入；凡是本期應當負擔的費用，有付款的義務，無論款項是否付出，都應當作為本期的費用。反之，凡是不屬於本期的收入，即使款項已在本期收妥，也不應當作為本期的收入；凡是不屬於本期的費用，即使款項已經在本期付出，也不應當作為本期的費用。

仍按上例，如果採用權責發生制處理，支付下半年的保險費 9,000 元，由於此項費用的發生對下半年 6 個月均有受益，與本月無關，不應該歸本月承擔此項費用。9,000 元的保險費應該歸下半年 6 個月平均分攤，每月承擔 1,500 元。

三、收付實現制和權責發生制的比較

（一）區別

1. 使用的會計科目不同

權責發生制採用應計制，企業在日常經營活動中存在了大量跨期收入、費用，要對不同期間所產生的收入、費用、資產、負債等會計要素進行記錄，則必然使用到「應收帳款」「應付帳款」「預付帳款」「預收帳款」等科目。而收付實現制在會計處理上手續要簡便很多，不需要考慮應計收入和費用的問題。

2. 處理收入和費用的原則不同

即使同一時期同一業務所計算的收入與費用總額也不可能相同。例如，本期收到上月銷售產品的貨款 30,000 元存入銀行。針對這一經濟業務，採用權責發生制原則因為貨款屬於上個月與本月無關，30,000 元不應該確認本月的銷售收入；採用收付實現制，只要貨款在本月收到，不用考慮貨款應該屬於哪個月的銷售，30,000 元確認為本月的銷售收入。

3. 對企業的影響不同

權責發生制運用應計科目及跨期核算反應企業經濟業務，對於歸屬本期的收入、費用則在損益表上進行反應，現實中易造成企業在某一會計期間內的損益表上看起來效益頗高，但在資產負債表上卻可能沒有對應的變現資產而陷入經營困境。現金流量

表是以款項的實際收付為標準確定的本期收入與費用，無疑最大可能地壓縮了人為調節的因素。

4. 適用範圍不同

我國《企業會計準則》規定會計核算應當以權責發生制為基礎。在我國所有的企業都是以權責發生制為準則進行會計核算，而收付實現制多運用於行政單位及事業單位（除從事經營業務外）。

(二) 聯繫

在尚未出現商業信用和借貸行為的情況下，收付實現制是中西方復式簿記的基礎，企業以現金流入與現金流出的差額來確定當期的收益。然而伴隨著商品經濟的發展及商業信用的逐步擴大，以款項的實際收支為標準的收付實現制易造成企業實際收益結果的偏差，在某種程度上阻礙了企業對資本的吸納，致使收付實現制在經濟社會中逐漸失去了其生存的基礎。同時，權責發生制逐漸開始運用於各國的會計實務之中。

權責發生制與收付實現制兩者之間相互依存互為補充，隨著我國經濟的發展變化，必須將二者有效地融合，取長補短，從而更加客觀、真實地反應企業的經營成果。

新的《企業會計準則》中把權責發生制原則作為企業會計確認、計量和報告的基礎。隨著經濟交易和事項的日益複雜，建立在權責發生制基礎上的財務會計確認存在著越來越多的問題，如權責發生制不能提供企業現金流動的信息、權責發生制下應收帳款確認為收入會造成收入確認不實、影響企業的發展和國家的宏觀調控等，但是這些不足之處不能動搖其作為會計確認、計量和報告的基礎的主導地位。

首先，權責發生制下的會計信息具有較強的可驗證性。

其次，財務會計應反應一個企業經濟活動和真實歷史的本質，這決定了權責發生制存在的必要性。

再次，權責發生制比收付實現制更能滿足當前雙重會計目標的要求。

最后，理論在實務操作中行之有效且被各方所接受時，才能付諸實踐，在現行的會計實務中，權責發生制有較強的可行性。

權責發生制經過近一個世紀的發展及完善，已成為現代財務會計概念的核心內容，而且與之相配套的一系列會計程序和方法已經建立並逐步完善。權責發生制不再僅僅是會計信息質量要求應該滿足的原則，而應該作為企業會計確認、計量和報告的基礎。

作業與思考

一、單項選擇題

1. 會計主要採用的計量單位是（　　）。

   A. 實物計量單位　　　　B. 勞動計量單位

C. 貨幣計量單位　　　　　D. 工時計量單位
2. 會計分期是指（　　）。
   A. 將持續正常的生產經營活動人為地劃分成一個間斷、相等的期間
   B. 將持續正常的生產經營活動人為地劃分成一個間斷、不等的期間
   C. 將持續正常的生產經營活動人為地劃分為一個連續、相等的期間
   D. 將持續正常的生產經營活動人為地劃分成一個連續、不等的期間
3. 會計核算的基本前提是（　　）。
   A. 會計目標　　　　　　B. 會計任務　C. 會計職能　D. 會計假設
4.《企業會計準則》規定（　　）。
   A. 在我國，企業的會計核算以人民幣為記帳本位幣
   B. 在我國，企業的會計核算以美元為記帳本位幣
   C. 在境外設立的中國企業向國內報送的財務會計報告，應當折算為美元
   D. 業務收支以人民幣以外的貨幣為主的企業，必須以人民幣作為記帳本位幣
5. 下列會計等式錯誤的是（　　）。
   A. 資產＝負債＋所有者權益
   B. 收入－費用＝利潤
   C. 資產－費用＝負債＋所有者權益＋收入
   D. 資產＝負債＋所有者權益＋收入－費用
6. 收入是指企業在日常活動形成的、會導致所有者權益增加的、與所有者投入資本無關的（　　）。
   A. 經濟利益的總流出　　B. 經濟利益的總流入
   C. 生產費用　　　　　　D. 經濟損耗
7. 以銀行存款償還應付帳款，可使企業的（　　）。
   A. 資產與負債同時增加　B. 資產與負債一增一減
   C. 資產與負債同時減少　D. 資產內部項目一增一減
8. 現金、應收帳款、存貨、機器設備屬於企業會計要素中的（　　）要素。
   A. 資產　　　　　　　　B. 負債　C. 所有者權益　D. 費用
9. 下列項目中屬於負債的內容的是（　　）。
   A. 預付帳款　　　　　　B. 預收帳款　C. 實收資本　D. 投資收益
10. 未分配利潤屬於會計要素中的（　　）要素。
    A. 負債　　　　　　　　B. 所有者權益　C. 收入　D. 利潤

二、多項選擇題

1. 會計基本假設包括（　　）。
   A. 會計主體假設　　　　B. 持續經營假設
   C. 會計分期假設　　　　D. 貨幣計量假設

2. 權責發生制的核算基礎是以收付應歸屬期間為標準，確定本期收入和費用的處理方法，即（　　）。

　　A. 凡是屬於本期應獲得的收入，不管款項是否已收到，都應作為本期收入處理

　　B. 凡是屬於本期應獲得的收入，只有款項已經收到，才能作為本期收入處理

　　C. 凡屬本期應當負擔的費用，不管款項是否已經付出，都應作為本期費用處理

　　D. 凡屬本期應當負擔的費用，只有款項已經付出，才能作為本期費用處理

3. 會計核算基礎包括（　　）等。

　　A. 權責發生制　　　　　　B. 實際成本原則

　　C. 實質重於形式原則　　　D. 收付實現制

4. 企業的收入具體可表現為（　　）。

　　A. 資產的增加　　　　　　B. 負債的減少

　　C. 部分資產的增加和部分負債的減少　D. 負債的增加

5. 所有者權益包括（　　）。

　　A. 實收資本　　B. 資本公積　C. 盈余公積　D. 未分配利潤

6. 下列經濟業務中屬於資產內部此增彼減的有（　　）。

　　A. 從銀行提取現金　　　　B. 國家向企業投資設備

　　C. 以銀行存款歸還借款　　D. 以銀行存款購買原材料

7. 期間費用包括（　　）。

　　A. 管理費用　　B. 製造費用　C. 財務費用　D. 銷售費用

8. 下列反應財務狀況的會計要素有（　　）。

　　A. 資產　　B. 負債　C. 所有者權益　D. 收入

9. 下列反應經營成果的會計要素有（　　）。

　　A. 資產　　B. 收入　C. 費用　D. 利潤

10. 下列只能引起資產內部項目發生增減變動的經濟業務有（　　）。

　　A. 將現金 2,000 元存入銀行

　　B. 用銀行存款 15,000 元購入一輛汽車

　　C. 從銀行取得短期借款 200,000 元存入銀行

　　D. 接受某外商投入人民幣 50,000 元存入銀行

三、判斷題

1. 會計主體必然是一個法律主體，而法律主體不一定是會計主體。（　　）
2. 在會計核算中沒有主體的會計是不存在的。（　　）
3. 填製和審核會計憑證是會計核算的一個重要方法。（　　）
4. 貨幣計量為會計核算提供了必要的手段。（　　）

5. 會計核算應當以貨幣作為唯一的計量單位。　　　　　　　　(　　)
6. 資產是一種經濟資源，具體表現為具有各種實物形態的財產。(　　)
7. 企業與供應單位簽訂了 100,000 元的購貨合同，因此可確認企業資產和負債同時增加 100,000 元。　　　　　　　　　　　　　　　　　　(　　)
8. 企業的資產來源於所有者和債權人，所有者和債權人都同時有權要求企業償還它們所提供的資產。　　　　　　　　　　　　　　　　　(　　)
9. 「資產＝負債＋所有者權益」這個平衡式是企業資金運動的動態表現。(　　)
10. 投資者投入的資本金應當屬於企業的資產。　　　　　　　(　　)
11. 會計主體必須是法律主體。　　　　　　　　　　　　　　(　　)
12. 會計主體所核算的生產經營活動也包括其他企業或投資者個人的其他生產經營活動。　　　　　　　　　　　　　　　　　　　　　　　(　　)

四、業務題

（一）練習區分經濟業務類型

資料：A 公司某會計期間發生經濟業務如下：

(1) 用銀行存款購買材料。
(2) 用銀行存款支付前欠貨款。
(3) 用盈余公積金轉贈資本。
(4) 向銀行借入長期借款，存入銀行。
(5) 收到所有者投入設備。
(6) 用銀行存款歸還長期借款。
(7) 用銀行存款支付股東的撤資款。
(8) 宣告發放股利。
(9) 將長期銀行借款轉為資本。
(10) 借入短期借款，直接歸還前欠貨款。
(11) 收回前欠貨款，存入銀行。
(12) 領用材料，生產產品。
(13) 用銀行存款交納上月稅金。
(14) 預收某單位貨款存入銀行。
(15) 購買材料，貨款未付。

要求：分析上列經濟業務的類型，將經濟業務序號填入表 9-1。

表 9-1　　　　　　　　　　　　經濟業務類型

經濟業務類型	經濟業務序號
1. 一項資產增加，另一項資產減少	
2. 一項負債增加，另一項負債減少	

表9-1(續)

經濟業務類型	經濟業務序號
3. 一項所有者權益增加，另一項所有者權益減少	
4. 一項資產增加，一項負債增加	
5. 一項資產增加，一項所有者權益增加	
6. 一項資產減少，一項負債減少	
7. 一項資產減少，一項所有者權益減少	
8. 一項負債減少，一項所有者權益增加	
9. 一項負債增加，一項所有者權益減少	

(二) 案例分析：

某企業3月發生以下經濟業務，用權責發生制與收付實現制分別確認收入和費用 (見表9-2)。

(1) 3月1日，購進3月用辦公用品800元，款項尚未支付。

(2) 3月5日，售出以前月份生產的商品30件，售價6,000元，收到貨款，該商品成本為3,000元。

(3) 3月10日，預付下一季度租金900元。

(4) 3月12日，預收外單位購貨款2,000元。

(5) 3月20日，支付本月水費2,500元。

(6) 3月25日，收到本季度的房屋租金1,200元。

(7) 3月31日，支付本季度短期借款利息2,100元。

表9-2　　　　　　　　　　確認收入和費用

業務	權責發生制		收付實現制	
	收入	費用	收入	費用
(1)				
(2)				
(3)				
(4)				
(5)				
(6)				
(7)				

第 3 篇　會計基本方法

學習目標

　　本篇闡述了會計方法中的設置會計帳戶、復式記帳法、會計憑證、會計帳簿、財產清查、成本會計、財務會計報告，目的是使初學者對會計核算的方法有所瞭解。使初學者通過學習本篇對這些方法有比較清楚地把握。

重點與難點

- 設置帳戶和復式記帳法

第 10 章

設置會計科目和帳戶

本章介紹了會計科目，目的是使初學者對會計科目與會計帳戶之間的關係有所瞭解。通過本章的學習，學生應對會計帳戶這種核算方法有比較清楚的認識。

第 1 節 會計科目

【思考問題 10-1】設備與存款都屬於資產，如果要你選擇一項資產，你會選擇什麼？一個公司資金短缺，但急需購入生產所需要的材料，你是選擇賒購還是向銀行借款購買，你會如何選擇？

一、會計科目的概念

企業在日常經營過程中發生了各種各樣的經濟業務，經濟業務的發生會引起各項會計要素發生增減變化。由於企業的經營業務錯綜複雜，即使涉及同一種會計要素，也往往具有不同的性質和內容。例如，機器設備和銀行存款雖然都屬於資產，但它們的經濟內容和在經濟活動中的週轉方式以及所引起的作用各不相同。又如，應付帳款和短期借款雖然都是負債，但它們的形成原因和償付期限也是各不相同的。再如，所有者投入的實收資本和企業經營產生的利潤雖然都是所有者權益，但它們的形成原因與用途也不同。為了實現會計的核算職能，提供更詳盡的會計信息，要對會計要素進行進一步分類。這種對會計要素對象的具體內容進行分類核算的項目名稱稱為會計科目。

會計要素是對會計對象的基本分類。會計科目是對會計對象的具體內容在按照會計要素分類的基礎上進行進一步分類的項目名稱。

二、會計科目設置的原則

由於會計對象的具體內容和經濟業務不同，在設置會計科目時也有所不同。會計科目作為向投資者、債權人、企業經營管理者等提供會計信息的重要手段，無論是企業、事業單位，還是機關團體，設置過程中應按國家統一制度的規定設置，既全面又互斥，應努力達到實用性、穩定性、相關性。

會計科目作為向投資者、債權人、企業經營管理者等提供會計信息的重要手段，

在其設置過程中應遵循以下原則：

（一）統一性與靈活性

會計科目設置應當符合國家統一的會計制度的規定。我國現行的會計制度對企業設置的會計科目做出了統一規定，以保證不同企業對外提供的會計信息具有可比性。企業應當參照會計制度中統一規定的會計科目，根據自身的實際情況設置會計科目，但其設置的會計科目不得違反現行會計制度的規定。一級會計科目嚴格按照國家會計制度規定設置，明細會計科目可以根據自身的生產經營特點，在不影響統一會計核算要求以及對外提供統一的財務報表的前提下，自行增設、減少。

在實際工作中，貫徹統一性與靈活性相結合的原則時要防止兩種傾向：一是防止會計科目設置過於簡單，過於簡單不能滿足經濟管理的需要；二是防止會計科目設置過於複雜，這樣會加大會計核算的工作量。

（二）全面性與互斥性

企業對每個會計科目所反應的經濟內容也必須做到界限明確，既要避免不同會計科目所反應的內容重疊的現象，也要防止全部會計科目未能涵蓋企業某些特定的經濟業務的現象。

（三）實用性

企業設置的會計科目應符合單位自身特點，滿足單位實際需要。企業的組織形式、所處行業、經營內容及業務種類等不同，在會計科目的設置上亦應有所區別。在統一性與靈活性相結合的基礎上，企業應根據自身特點，設置符合企業需要的會計科目。

（四）穩定性

會計科目的設置是由《企業會計準則》加以規定的，因此為了保證會計科目設置的相對穩定性，會計科目的制定應保持相對穩定。會計科目的穩定性主要表現為會計科目的名稱、含義及所包含的內容應保持相對穩定。只有會計科目具有相對穩定性，會計核算資料才具有可比性。

（五）相關性

會計科目應為提供有關各方所需要的會計信息服務，既滿足對內經濟管理的需要，又滿足對外報告的需要。根據《企業會計準則》的規定，企業財務報告提供的信息必須滿足對內對外各方面的需要，而設置會計科目必須服務於會計信息的提供，必須與財務報告的編製相協調、相關聯。

三、會計科目的內容和級別

（一）會計科目的內容和編號

會計科目可以按照多種標準進行分類設置，按會計要素對會計科目進行分類是其基本分類之一。例如，我國自1993年7月1日起執行的《工業企業會計制度》將會計科目分為資產類科目、負債類科目、所有者權益類科目、成本類科目和損益類科目5大類。為了便於編製會計憑證、登記帳簿、查閱帳目、實行會計電算化，還應在對會

計科目進行分類的基礎上,為每個會計科目編一個固定的號碼,這些號碼稱為會計科目編號,簡稱科目編號。科目編號能清楚地表示會計科目所屬的類別及其在類別中的位置。為了便於會計工作的進行,通常在會計準則中以會計科目表的形式對會計科目的編號、類別和名稱加以規範。目前,根據財政部發布的《企業會計準則——應用指南》統一制定了企業實際工作中需要使用的會計科目,如表10-1所示:

表10-1　　《企業會計準則——應用指南》會計科目名稱表

序號	編號	會計科目名稱	序號	編號	會計科目名稱	序號	編號	會計科目名稱
一、資產類			一、資產類（續）			三、共同類（續)		
1	1001	庫存現金	55	1606	固定資產清理	107	3101	衍生工具
2	1002	銀行存款	56	1611	未擔保餘值	108	3201	套期工具
3	1003	存放中央銀行款項	57	1621	生產性生物資產	109	3202	被套期項目
4	1011	存放同業	58	1622	生產性生物資產累計折舊	四、所有者權益類		
5	1012	其他貨幣資金	59	1623	公益性生物資產	110	4001	實收資本
6	1021	結算備付金	60	1631	油氣資產	111	4002	資本公積
7	1031	存出保證金	61	1632	累計折耗	112	4101	盈餘公積
8	1101	交易性金融資產	62	1701	無形資產	113	4102	一般風險準備
9	1111	買入返售金融資產	63	1702	累計攤銷	114	4103	本年利潤
10	1121	應收票據	64	1703	無形資產減值準備	115	4104	利潤分配
11	1122	應收帳款	65	1711	商譽	116	4201	庫存股
12	1123	預付帳款	66	1801	長期待攤費用	五、成本類		
13	1131	應收股利	67	1811	遞延所得稅資產	117	5001	生產成本
14	1132	應收利息	68	1821	獨立帳戶資產	118	5101	製造費用
15	1201	應收代位追償款	69	1901	待處理財產損溢	119	5201	勞務成本
16	1211	應收分保帳款	二、負債類			120	5301	研發支出
17	1212	應收分保合同準備金	70	2001	短期借款	121	5401	工程施工
18	1221	其他應收款	71	2002	存入保證金	122	5402	工程結算
19	1231	壞帳準備	72	2003	拆入資金	123	5403	機械作業
20	1301	貼現資產	73	2004	向中央銀行借款	六、損益類		
21	1302	拆出資金	74	2011	吸收存款	124	6001	主營業務收入
22	1303	貸款	75	2012	同業存放	125	6011	利息收入
23	1304	貸款損失準備	76	2021	貼現負債	126	6021	手續費及佣金收入

表10-1(續)

序號	編號	會計科目名稱	序號	編號	會計科目名稱	序號	編號	會計科目名稱
24	1311	代理兌付證券	77	2101	交易性金融負債	127	6031	保費收入
25	1321	代理業務資產	78	2111	賣出回購金融資產款	128	6041	租賃收入
26	1401	材料採購	79	2201	應付票據	129	6051	其他業務收入
27	1402	在途物資	80	2202	應付帳款	130	6061	匯兌損益
28	1403	原材料	81	2203	預收帳款	131	6101	公允價值變動損益
29	1404	材料成本差異	82	2211	應付職工薪酬	132	6111	投資收益
30	1405	庫存商品	83	2221	應交稅費	133	6201	攤回保險責任準備金
31	1406	發出商品	84	2231	應付利息	134	6202	攤回賠付支出
32	1407	商品進銷差價	85	2232	應付股利	135	6203	攤回分保費用
33	1408	委託加工物資	86	2241	其他應付款	136	6301	營業外收入
34	1411	週轉材料	87	2251	應付保單紅利	137	6401	主營業務成本
35	1421	消耗性生物資產	88	2261	應付分保帳款	138	6402	其他業務成本
36	1431	貴金屬	89	2311	代理買賣證券款	139	6403	營業稅金及附加
37	1441	抵債資產	90	2312	代理承銷證券款	140	6411	利息支出
38	1451	損余物資	91	2313	代理兌付證券款	141	6421	手續費及佣金支出
39	1461	融資租賃資產	92	2314	代理業務負債	142	6501	提取未到期責任準備金
40	1471	存貨跌價準備	93	2401	遞延收益	143	6502	提取保險責任準備金
41	1501	持有至到期投資	94	2501	長期借款	144	6511	賠付支出
42	1502	持有至到期投資減值準備	95	2502	應付債券	145	6521	保單紅利支出
43	1503	可供出售金融資產	96	2601	未到期責任準備金	146	6531	退保金
44	1511	長期股權投資	97	2602	保險責任準備金	147	6541	分出保費
45	1512	長期股權投資減值準備	98	2611	保戶儲金	148	6542	分保費用
46	1521	投資性房地產	99	2621	獨立帳戶負債	149	6601	銷售費用
47	1531	長期應收款	100	2701	長期應付款	150	6602	管理費用
48	1532	未實現融資收益	101	2702	未確認融資費用	151	6603	財務費用
49	1541	存出資本保證金	102	2711	專項應付款	152	6604	勘探費用
50	1601	固定資產	103	2801	預計負債	153	6701	資產減值損失
51	1602	累計折舊	104	2901	遞延所得稅負債	154	6711	營業外支出
52	1603	固定資產減值準備	三、共同類			155	6801	所得稅費用
53	1604	在建工程	105	3001	清算資金往來	156	6901	以前年度損益調整
54	1605	工程物資	106	3002	貨幣兌換			

(二) 會計科目的級別

各個會計科目並不是彼此孤立的，而是相互聯繫、相互補充，組成一個完整的會計科目體系。通過這些會計科目，可以全面、系統、分類地反應和監督會計要素的增減變動情況及其結果，為經營管理提供所需要的一系列核算指標。在生產經營過程中，由於經營管理的要求不同，所需要的核算指標的詳細程度也就不同。根據經營管理的要求，既需要設置提供總括核算指標的總帳科目，又需要設置提供詳細核算資料的二級明細科目和三級明細科目。

1. 總帳科目

總帳科目，即一級科目，也稱總分類會計科目（如「原材料」「應收帳款」等），是對會計要素的具體內容進行總括分類的會計科目，是進行總分類核算的依據。總帳科目是根據國家統一會計制度的規定設置的。為了滿足會計信息使用者對信息質量的要求，總帳科目是由財政部《企業會計準則——應用指南》統一規定的。

2. 明細科目

明細科目也稱明細分類會計科目，是在總帳科目的基礎上，對總帳科目所反應的經濟內容進行進一步詳細分類的會計科目，以提供更詳細、更具體的會計信息的科目。例如，在「應收帳款」科目下，如按客戶不同設置「鴻運公司」「新發公司」「皓祥公司」等二級科目。明細科目的設置，除了要符合財政部統一規定外，一般根據經營管理的需要，由企業自行設置。對於明細科目較多的科目，可以在總帳科目和明細科目設置二級或多級科目。例如，在「鴻運公司」下，再根據項目不同開設三級明細科目。

實際工作中，並不是所有的總帳科目都需要開設二級和三級明細科目，根據會計信息使用者所需不同信息的詳細程度，有些只需要設一級總帳科目，有些只需要設一級總帳科目和二級明細科目，不需要設置三級科目等。會計科目的級別如表10-2所示：

表 10-2　　　　　「應收帳款」總帳和明細帳會計科目

總帳科目 （一級科目）	明細科目	
	二級科目（子目）	三級科目（細目）
應收帳款	鴻運公司	項目A
	新發公司	
	皓祥公司	

四、會計科目運用舉例

【例 10-1】以下經濟業務應該如何設置會計科目：

(1) 從銀行提取現金 300 元。

該項業務應設置「銀行存款」和「庫存現金」科目。

（2）購買材料 7,000 元，料款尚未支付，材料已驗收入庫。
該項業務應設置「原材料」和「應付帳款」科目。
（3）某投資者投入設備一臺，價值 300,000 元。
該項業務應設置「實收資本」和「固定資產」科目。
（4）某企業銷售產品一批，價值 3,000 元，貨款尚未收到。
該項業務應設置「主營業務收入」和「應收帳款」科目。

第 2 節　會計帳戶

【思考問題 10-2】會計科目只是對會計要素進行具體分類的項目名稱，如何反應某一類經濟項目增減變化及結果？如「庫存現金」科目反應企業存放在保險櫃的款項，涉及「庫存現金」科目的業務很多，如取備用金、報銷等，經過一定期間的經濟業務後，如何反應庫存現金在一定會計期間，增加多少、減少多少、期末結餘多少？會計科目無法提供這些信息，那麼會計帳戶呢？

一、會計帳戶的含義

會計科目只是對會計對象的具體內容（會計要素）進行分類的項目的名稱。在會計實務中，為了能夠分門別類地對各項經濟業務引起會計要素的增減變動情況及其結果進行全面、連續、系統、準確地核算和監督，為經營管理者提供需要的會計信息，僅僅有會計科目是不夠的，必須設置一種方法或手段，能提供具體的核算指標。因此，設置會計科目以後，還要根據規定的會計科目開設一系列反應不同經濟內容的帳戶。帳戶的名稱就是會計科目。會計帳戶是根據會計科目設置的，運用帳戶把各項經濟業務的發生情況及由此引起的資產、負債、所有者權益、收入、費用和利潤各要素的變化，系統地、分門別類地進行核算，以便提供所需要的各項指標。

會計帳戶是根據會計科目設置的具有一定格式和結構，用來記錄經濟業務的工具之一，可以系統、連續、分類地記載和反應各項經濟業務，從而提供更為有用的信息，是一種專門方法。

會計帳戶是對會計要素的內容所進行的科學再分類。會計科目與會計帳戶是兩個既相互區別，又有聯繫的不同概念。兩者的聯繫在於：會計科目是設置會計帳戶的依據，是會計帳戶的名稱；會計帳戶是會計科目的具體運用，會計科目所反應的經濟內容，就是會計帳戶所要登記的內容。兩者的區別表現在：會計科目只是對會計要素具體內容的分類，本身沒有內容；會計帳戶則有相應的結構，是一種核算方法，能具體反應資金增減變動和結果的狀況。因此，會計帳戶比會計科目分類更為明細、內容更為豐富。例如，「銀行存款」科目只是表示企業存放在銀行等金融機構的款項的名字，

而「銀行存款」帳戶則能夠將企業存在金融機構的金額的增減變動及結果完整地記錄下來。

綜上所述，會計對象是會計核算和監督的內容，是設置會計帳戶的基礎和前提。會計要素是會計對象的基本組成內容，是會計帳戶所要核算和監督的具體內容。會計等式是運用數學方程原理描述會計要素數量關係的表達式，是會計帳戶在應用過程中必須遵循的基本理論依據。會計科目是對會計要素分類形成的具體項目名稱，是設置會計帳戶的直接依據。會計帳戶是根據會計科目設置，具有一定格式，分類反應會計要素增減變動及結果的工具。

二、設置會計帳戶的意義

會計科目僅僅是對企業的經濟業務內容進行分類後所形成的項目名稱，為了能夠分門別類地對各項經濟業務的發生所引起的會計要素的增減變動情況及結果進行全面、連續、系統、準確地反應和監督，以便為會計信息使用者提供所需要的各種會計信息，還必須根據規定的會計科目在帳簿中開設會計帳戶，通過會計帳戶對各項經濟業務進行分類、系統、連續地記錄。

三、會計帳戶的基本結構

會計帳戶的格式通常如表 10-3 所示：

表 10-3　　　　　　　　　　　　會計科目

| 年 | | 憑證編號 | 摘要 | 借方 | 貸方 | 借或貸 | 余額 |
月	日						

一般來說，會計帳戶的基本結構應包括：
（1）帳戶名稱及編號，即會計科目及其編號；
（2）經濟業務發生日期和內容摘要；
（3）憑證號數，即帳戶記錄的來源和依據；
（4）增加或減少的金額。

在理論研究和教學工作中，為了便於說明，常常將上列會計帳戶格式簡化為 T 形帳戶，表示如圖 10-1 所示：

```
           左方           會計科目           右方
                            │
                            │
                            │
                            │
                            │
                            │
                            │
```

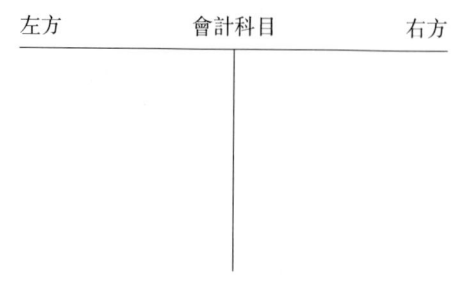

圖 10-1　T 形帳戶

　　上述帳戶格式是手工記帳經常採用的格式之一——左右對照式，分為左右兩方，一方反應增加，另一方反應減少。如果規定在左方記錄增加額，就應該在右方記錄減少額；反之，如果在右方記錄增加額，就應該在左方記錄減少額。在具體帳戶的左、右兩方中究竟規定哪一方記錄增加額、哪一方記錄減少額，取決於各帳戶所記錄的經濟內容和所採用的記帳方法。

　　帳戶的具體格式取決於企業採用的記帳方法。根據《企業會計準則》的規定，我國企業會計記帳應採用借貸記帳法。在借貸記帳法下，帳戶的左方稱為「借方」，帳戶的右方稱為「貸方」。在此處「借」「貸」二字並無借入和貸出的具體含義，只是表示左與右的符號，在含義上表示增加或者減少，根據「資產+費用=負債+所有者權益+收入」等式，等式左邊借方表示增加，貸方表示減少，餘額在借方（增加方）；等式右邊的規則跟左邊剛剛相反，借方表示減少，貸方表示增加，餘額在貸方（增加方）。

四、會計帳戶的基本數量關係

　　會計帳戶能夠反應 4 個重要的金額，即期初餘額、期末餘額、本期增加額、本期減少額。其左方和右方登記的增減金額稱為本期發生額，到期末應結算出期末餘額。本期期末餘額轉入下期即為下期的期初餘額。

　　4 個金額之間的關係為：

　　　　　　　　期末餘額＝期初餘額+本期增加額-本期減少額

　　帳戶的本期發生額反應一定時期內該帳戶核算內容的增減變動情況，而期末餘額則反應其變動的結果。帳戶的餘額一般與記錄的增加額在同一方向。

【例 10-2】A 公司月初短期借款餘額為 800,000 元，本月向銀行借入 5 個月的借款 200,000 元，歸還到期的短期借款為 600,000 元。

　　要求：計算本月末短期借款的餘額。

　　其計算如下：

　　期末餘額＝800,000+200,000-600,000＝400,000（元）

　　用 T 形帳戶表示，如圖 10-2 所示：

借	短期借款		貸
		期初余額	800,000
		本期增加	200,000
本期減少	600,000		
		期末余額	400,000

圖 10-2　T 形帳戶

五、帳戶的分類

每一個帳戶只能記錄企業經濟活動的某一方面，不可能對企業的全部經濟業務進行記錄。而會計信息使用者需要瞭解企業經濟活動的全貌，這就需要在帳簿中設置一個相互聯繫的帳戶體系。帳戶的分類就是研究帳戶體系中各個帳戶之間關係的，明確每個帳戶在帳戶體系中的地位和作用，以便加深對帳戶的認識，正確設置和運用帳戶，更好地反應企業的經濟業務的情況。按照不同的標準對帳戶分類，可以從不同的角度認識帳戶。帳戶可以按照經濟內容不同分類，也可按照提供經濟指標詳細程度不同分類。

（一）帳戶按照經濟內容不同分類

帳戶反應的經濟內容是指帳戶所體現的會計要素的經濟性質，在這種分類下，可將帳戶分為資產類、負債類、所有者權益類、收入類、費用類和利潤類。這種分類方法使每個帳戶有了特定的經濟性質，即該帳戶所反應的會計要素的經濟性質。由於帳戶是根據會計科目設置的，按照《企業會計準則——應用指南》中會計科目的分類方法，也可以分為資產類、負債類、所有者權益類、損益類和成本類。

（二）帳戶按照提供指標詳細程度不同分類

在會計核算工作中，為了適應管理的需要，對於經濟業務都要在帳戶中進行登記，既需要提供總量的信息，又需要提供詳細的核算指標。帳戶按提供指標的詳細程度來劃分，可分為總分類帳戶和明細分類帳戶。

1. 總分類帳戶

總分類帳戶又稱總帳帳戶，是按照總分類會計科目開設的。總分類帳戶是對企業經濟活動的具體內容進行總括核算的帳戶。通過總分類帳戶提供的各核算資料，可以概括地反應各會計要素增減變動最終的總量結果。但總分類帳戶並不提供關於各項會計要素增減變動過程及結果的詳細資料，難以滿足企業內部經濟管理上的需要。因此，各個會計主體在設置總分類帳戶的同時，還應該根據需要設置明細分類帳戶。

2. 明細分類帳戶

明細分類帳戶又稱明細帳戶，是對某一個總分類帳戶的核算內容，根據實際需要，按照詳細的分類來分別設置，用來提供詳細核算資料的帳戶。

在實際工作中，除了少量的總分類帳戶不需要設置明細帳戶以外，絕大多數總分

類帳戶因為管理的需要都必須設置明細分類帳戶。例如，為了具體瞭解各種材料的收發結存情況，有必要在「原材料」總分類帳戶下，按照材料品種分別設置明細分類帳戶。又如，為了具體掌握企業與客戶單位之間的貨款結算情況，就應該在「應收帳款」總分類帳戶下，按照客戶的不同設置明細分類帳戶。在明細分類帳戶中，除了以貨幣計量單位進行金額的核算外，必要時運用實物計量進行數量核算，以便通過提供的數量指標，對總分類帳戶進行必要的補充。

作業與思考

一、單項選擇題

1. 對每一個會計要素所反應的具體內容進行進一步分門別類地劃分，需要（　　）。
   A. 設置會計科目　　B. 設置帳戶　　C. 復式記帳法　　D. 編製會計報表
2. 會計要素是對下列哪一選項的基本分類（　　）。
   A. 會計主體　　B. 會計客體　　C. 會計對象　　D. 會計分期
3. 會計科目的實質是（　　）。
   A. 反應會計對象的具體內容　　B. 為設置帳戶奠定基礎
   C. 記帳的理論依據　　D. 是會計要素的進一步分類
4. 二級會計科目要不要設、設置多少，主要取決於下列哪一選項的需要（　　）。
   A. 總分類科目　　B. 企業效益　　C. 企業經營管理　　D. 領導意圖
5. 設置帳戶是下列（　　）會計工作的重要方法之一。
   A. 會計監督　　B. 會計決策　　C. 會計分析　　D. 會計核算
6. 下列會計科目屬於損益類的是（　　）。
   A.「主營業務收入」　　B.「生產成本」
   C.「應收帳款」　　D.「應付利息」
7. 帳戶之間最基本的區別在於（　　）。
   A. 帳戶的用途不同　　B. 帳戶的結構不同
   C. 帳戶反應的經濟內容不同　　D. 帳戶的分類不同
8. 帳戶的期末余額指（　　）。
   A. 本期增加發生額−本期減少發生額
   B. 本期期初余額−本期減少發生額
   C. 本期期初余額+本期增加發生額
   D. 本期期初余額+本期增加發生額−本期減少發生額
9. 帳戶的「期末余額」一般在（　　）。

A. 帳戶的左方　　　　　　　　B. 帳戶的右方
C. 增加方　　　　　　　　　　D. 可能在左方也可能在右方

10. 下列對會計帳戶的四個金額要素之間基本關係表述正確的是（　　）。
A. 期末餘額＝期末餘額＋本期增加發生額－本期減少發生額
B. 期末餘額＝期初餘額＋本期增加發生額－本期減少發生額
C. 期初餘額＝本期增加發生額－本期減少發生額－期末餘額
D. 期末餘額＝本期增加額－本期減少發生額－期末餘額

二、多項選擇題

1. 關於會計科目，下列說法正確的是（　　）。
A. 會計科目是對會計要素的進一步分類
B. 會計科目按其所提供指標的詳細程度不同，可以分為總分類科目和明細分類科目
C. 會計科目可以根據企業的具體情況自行設定
D. 會計科目是復式記帳和編製記帳憑證的基礎

2. 會計科目是進行各項會計記錄和提供各項會計信息的基礎，在會計核算中具有重要意義的是（　　）。
A. 會計科目是復式記帳的基礎
B. 會計科目是編製記帳憑證的基礎
C. 會計科目是填製原始憑證的基礎
D. 會計科目為成本計算提供了前提條件

3. 下列選項中屬於企業資產類帳戶的是（　　）。
A.「應收帳款」　　B.「預收帳款」　　C.「應付帳款」　　D.「預付帳款」

4. 下列對會計科目和會計帳戶之間的關係表述正確的是（　　）。
A. 兩者都是對會計對象具體內容的科學分類
B. 兩者口徑一致，性質相同
C. 會計科目是會計帳戶的名稱
D. 會計帳戶具有一定的格式和結構，而會計科目不具有格式和結構

5. 下列屬於總帳科目的有（　　）。
A.「原材料」　　B.「甲材料」　　C.「應付帳款」　　D.「資本公積」

6. 總分類帳戶與明細分類帳戶的區別在於（　　）。
A. 反應經濟業務內容的詳細程度不同　　B. 反應的經濟業務內容不同
C. 登記帳簿的依據不同　　　　　　　　D. 作用不同

7. 帳戶一般應包括下列內容中的（　　）。
A. 帳戶名稱　　　　　　　　B. 日期
C. 摘要　　　　　　　　　　D. 增加和減少的金額

8. 帳戶分為左、右兩方，至於哪一方登記增加，哪一方登記減少，取決於（　　）。

　　A. 所記錄的經濟業務的內容　　　B. 企業經營管理的需要
　　C. 會計核算手段　　　　　　　　D. 所採用的記帳方法

三、判斷題

1. 會計科目是對會計要素的具體內容進行分類核算的項目。（　　）
2. 總分類科目下設的明細分類科目太多時，可在總分類科目與明細分類科目之間設置二級科目。（　　）
3. 總分類科目是對會計對象進行的總括分類、提供總括信息的會計科目。（　　）
4. 設置會計科目必須是法律規定的。（　　）
5. 在我國，會計科目的名稱、編號及其說明，不需要通過國家統一會計制度來進行規範。（　　）
6. 「管理費用」和「製造費用」一樣，都屬於成本類科目。（　　）
7. 一級帳戶又稱總分類帳戶或總帳戶。（　　）
8. 會計科目是設置會計帳戶依據，是會計帳戶的名稱。因此，會計科目與會計帳戶一樣具有一定的結構，用於反應會計要素的增減變動情況和結果。（　　）
9. 「生產成本」帳戶是用來計算產品的生產成本，而產品屬於資產。因此「生產成本」帳戶按照經濟內容分類屬於資產類帳戶。（　　）
10. 對於一個帳戶的同一方，可能既記錄某類經濟業務的增加，又記錄該類經濟業務的減少。（　　）

第 11 章
復式記帳法

本章闡述了會計方法中的復式記帳法，目的是使初學者對記帳方法有所瞭解，特別是瞭解借貸記帳法的含義、內容。通過學習本章，學生應對借貸記帳法有比較清楚地認識。

【思考問題 11-1】根據會計科目設置會計帳戶，能夠提供連續、系統地反應特定會計主體的經濟結果，但帳戶僅僅是記錄經濟業務的工具，要如何記錄才能把經濟業務所引起的會計要素增減變化登記在帳簿中，以便向內外部信息使用人提供財務信息呢？

第 1 節　記帳方法

一、記帳方法的概念

記帳方法就是帳簿登記經濟業務的方法，即根據一定的記帳原則、記帳符號、記帳規則，採用一定的計量單位，利用文字和數字把經濟業務記到帳簿中去的一種專門方法。記帳方法按記錄方式不同，可分為單式記帳法和復式記帳法。

二、記帳方法的發展

單式記帳法是會計簿記發展的初級階段，在這種方法之下，會計主體任何一項經濟業務的發生一般只在某一個帳戶中記帳。在這種記帳法下通常只登記貨幣資金收支、往來款項的結算內容，而不登記實物資產的收付內容。早在我國唐朝形成並在宋朝得到普遍使用的四柱結算法就是典型的單式記帳法。單式記帳法簡單易懂，但是這種方法不能全面、系統地反應經濟業務的全貌，不便於檢查帳戶記錄的正確性，是一種不完整的記帳方法，現在很少使用。

目前全世界通用的記帳法是復式記帳法。在西方，復式簿記的演變，從它的萌芽期到接近於完備，大約經歷了 300 年左右（13 世紀初至 15 世紀末）。這一演變過程發生在中世紀的義大利商業城市（如威尼斯、熱那亞等城市）。當時，地中海沿岸某些城市的商業和手工業發展很快，出現了馬克思所說的「資本主義生產的最初萌芽」。發達

的商品經濟，特別是地中海沿岸某些城市中十分活躍的商業（包括海上貿易）和銀錢兌換業，都迫切要求從簿記中獲得有關經濟往來和經營成果的重要信息。經過一段孕育時期以後，簿記的方法終於取得了重大突破，在文藝復興時期漸趨成熟，1494 年由義大利的僧侶和數學家盧卡·帕喬利撰寫的《算術、幾何及比例概要》標誌著復式簿記法在義大利誕生。這本書用專門的章節系統論述了復式記帳法，它代表著近代會計的開端。我國在明朝和明末清初時期，隨著經濟的發展，中式復式記帳法得以形成並發展，如三角帳、龍門帳以及清朝在民間工商業流行的四角帳。復式記帳法是相對於單式記帳法而言的，也就是對會計主體所發生的每一項經濟業務都以相等的金額在相互聯繫的兩個或兩個以上帳戶中登記的記帳方法。例如，「以銀行存款 1,000 元購買原材料」，這筆業務在記帳時，不僅記「銀行存款」減少 1,000 元，同時還要記「原材料」增加 1,000 元。因此，在復式記帳法下，通過對應帳戶的雙重等額記錄，能反應經濟活動的來龍去脈，並能運用帳戶體系的平衡關係來檢查全部會計記錄的正確性。復式記帳法作為科學的記帳方法一直被廣泛地運用。

　　借貸記帳法在清朝末期的光緒年間從日本傳入中國。在各種復式記帳法中，借貸記帳法是產生最早，並在當今世界各國應用最廣泛，同時也是最科學的記帳方法。在我國歷史上，相當長的時期內出現增減記帳法、收付記帳法與借貸記帳法三種復式記帳法並存的局面。1993 年，我國《企業會計準則》實施以後，企業會計記帳一律採用借貸記帳法。

　　記帳法的分類如圖 11-1 所示：

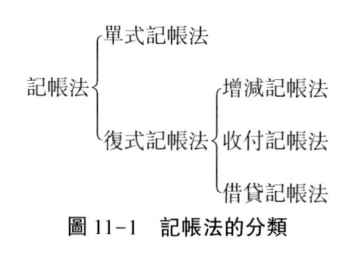

```
         ┌─ 單式記帳法
記帳法 ──┤                ┌─ 增減記帳法
         └─ 復式記帳法 ──┼─ 收付記帳法
                          └─ 借貸記帳法
```

圖 11-1　記帳法的分類

第 2 節　借貸記帳法

一、借貸記帳法的含義

　　借貸記帳法是按照復式記帳的原理，以資產與權益的平衡關係為基礎，以「借」和「貸」兩個字作為記帳符號，以「有借必有貸，借貸必相等」為記帳規則的一種復式記帳法。

二、借貸記帳法的記帳符號

　　借貸記帳法以「借」「貸」二字作為記帳符號，並不是「純粹的」和「抽象的」

記帳符號，而是具有深刻經濟內涵的科學的記帳符號。從字面含義上看，「借」「貸」二字的確是歷史的產物，其最初的含義同債權和債務有關。隨著商品經濟的發展，借貸記帳法得到廣泛的運用，記帳對象不再局限於債權、債務關係，而是擴大到要記錄財產物資增減變化和計算經營損益。原來僅限於記錄債權、債務關係的「借」「貸」二字已不能概括經濟活動的全部內容。其表示的內容應該包括全部經濟活動資金運動變化的來龍去脈，「借」「貸」二字逐漸失去了原來字面上的含義，並在原來含義的基礎上進一步昇華，獲得了新的經濟含義：

第一，「借」「貸」二字代表帳戶中兩個固定的部位。一切帳戶，均要設置兩個部位記錄某一具體經濟事項數量上的增減變化（來龍去脈），帳戶的左方一律稱為借方，帳戶的右方一律稱為貸方。

第二，具有一定的、確切的、深刻的經濟含義。「貸」字表示資金運動的「起點」（出發點），即表示會計主體所擁有的資金（某一具體財產物資的貨幣表現）的「來龍」（資金從哪裡來）；「借」字表示資金運動的「駐點」（即短暫停留點，因資金運動在理論上沒有終點），即表示會計主體所擁有的資金的「去脈」（資金的用途、去向或存在形態）。這是由資金運動的內在本質決定的。會計既然要全面反應與揭示會計主體的資金運動，在記帳方法上就必須體現資金運動的本質要求。

第三，「借」「貸」二字最初是和記錄的經濟業務的內容相符合的，體現著借入和貸出的含義。隨著經濟的不斷發展，「借」「貸」二字逐漸失去了原有的含義，而變成純粹的記帳符號，成為會計上的專門術語。一般情況之下，作為記帳符號，「借」字表示增加或者減少，「貸」字也可以表示增加或減少。在T形帳戶中，左方是借方，右方是貸方。

在會計實務上，以「借」表示資產的增加和負債及所有者權益的減少；以「貸」表示負債和所有者權益的增加及資產的減少。具體地說，資產的增加應記在資產類的有關帳戶的借方，資產的減少應記在資產類的有關帳戶的貸方；負債及所有者權益的增加應記在其有關帳戶的貸方，負債及所有者權益的減少記在其有關帳戶的借方。帳戶若借方有余額，表示為資產的余額；帳戶貸方有余額，表示為負債及所有者權益的余額。一般資產類帳戶都為借方余額，負債及所有者權益類帳戶為貸方余額，其結構是不同的。

三、借貸記帳法的帳戶結構與數量關係

帳戶結構包括帳戶名稱、記帳符號、T形線條以及記帳方向。帳戶按經濟內容不同可以分成資產類、負債類、所有者權益類、成本類和損益類帳戶。在借貸記帳法下，帳戶的結構因帳戶類別的不同而不同。帳戶的數量關係指的是帳戶期初余額、期末余額與本期增加額、本期減少額之間的等式關係。對於任意一個帳戶都存在這樣一個等式關係：

期末余額 = 期初余額 + 本期增加額 − 本期減少額

(一) 資產類、負債類、所有者權益類帳戶的帳戶結構和數量關係

我國對記帳方向的一般規定如下：資產類帳戶在借方登記增加額，在貸方登記減少額；負債類和所有者權益類帳戶的記帳方向與資產類帳戶恰好相反，在貸方登記增加額，在借方登記減少額。於是決定了這三類帳戶的基本帳戶結構（見圖 11-2）。當然，這只是一般規定，對於個別例外的帳戶，我們會在隨後的內容和后續課程中進行講述。

資產類		負債類		所有者權益類	
借方	貸方	借方	貸方	借方	貸方
+	−	−	+	−	+
期末餘額			期末餘額		期末餘額

圖 11-2　借貸記帳法下的帳戶結構（1）

那麼在規定了資產類、負債類、所有者權益類帳戶的記帳方向之后，我們便能發現資產類帳戶的一般余額在借方，因為資產類帳戶的借方被規定登記增加額。同樣的道理，負債類帳戶和所有者權益類帳戶的一般余額應該在貸方。於是能得出如下兩個關於資產類、負債類、所有者權益類帳戶數量關係的等式關係：

(1) 資產類帳戶。

期末借方余額 = 期初借方余額 + 本期借方發生額 − 本期貸方發生額

(2) 負債類和所有者權益類帳戶。

期末貸方余額 = 期初貸方余額 + 本期貸方發生額 − 本期借方發生額

(二) 損益類帳戶的帳戶結構和數量關係

損益類帳戶包括收入類帳戶與費用類帳戶。它們的記帳方向是由所有者權益類帳戶的記帳方向推導出來的：由於會計等式「收入 − 費用 = 利潤」，收入的增加必然會導致利潤的增加，相應的所有者權益就會增加，因此收入類帳戶的記帳方向應與所有者權益類帳戶的記帳方向一致，即貸方記錄增加額，借方記錄減少額。同理，費用的增加會導致利潤的減少，因此費用類帳戶的記帳方向應與所有者權益類帳戶的記帳方向相反，即借方記錄增加額，貸方記錄減少額（見圖 11-3）。

收入類		費用類		成本類	
借方	貸方	借方	貸方	借方	貸方
−	+	+	−	+	−
				期末餘額	

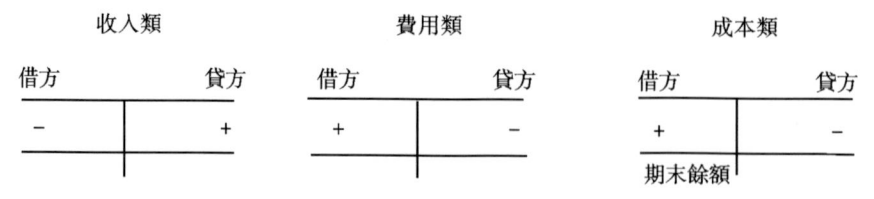

圖 11-3　借貸記帳法下的帳戶結構（2）

關於費用類、收入類帳戶結構的重要說明：期末在計算利潤時，需要將費用類、收入類帳戶的當期發生額全部轉入利潤類帳戶計算利潤，則收入類、費用類帳戶沒有

余額。

損益類帳戶的數量關係同樣要區分收入類和費用類帳戶，其中收入類帳戶的數量關係與所有者權益類帳戶相同。

期末貸方余額 = 期初貸方余額 + 本期貸方發生額 - 本期借方發生額

費用類帳戶的數量關係與所有者權益類帳戶相反，與資產類帳戶相同。

期末借方余額 = 期初借方余額 + 本期借方發生額 - 本期貸方發生額

(三) 成本類帳戶的帳戶結構和數量關係

成本類帳戶的性質跟資產類帳戶的性質相似，成本類帳戶的期末余額反應的是企業期末某種資產的結余狀況，因此成本類帳戶的記帳方向與資產類帳戶記帳方向相同，即借方記錄增加額，貸方記錄減少額（見圖 11-3）。成本類帳戶的數量關係也與資產類帳戶的數量關係相同：

期末借方余額 = 期初借方余額 + 本期借方發生額 - 本期貸方發生額

需要引起注意的是，上述總結的都是帳戶的一般規律，有些特殊的帳戶的記帳方向並沒有遵循上述規定，而且與所屬類別的一般記帳方向相反，這是由其特定的用途所決定的，這些帳戶要按照它們的用途來推算記帳方向。比如「累計折舊」帳戶雖然屬於資產類帳戶，但是它表示「固定資產」價值的減少，其特定的用途決定了它的記帳方向和「固定資產」以及其他資產類帳戶記帳方向相反。

四、借貸記帳法的記帳規則

記帳規則是指運用記帳方法正確記錄會計事項時必須遵守的規律。記帳規則是記帳的依據，也是對帳的依據。

借貸記帳法的記帳規則是「有借必有貸，借貸必相等」。也就是說，任何一筆經濟業務涉及的全部帳戶，在編製會計分錄時必然有被「借」記的，同時也有被「貸」記的，而且借方發生額之和與貸方發生額之和相等。這也是編製會計分錄的規則，「有借必有貸」表明帳戶登記方向；「借貸必相等」表明帳戶登記金額。

對於比較複雜的經濟業務，可能會影響兩個以上的帳戶，這時依然遵循「有借必有貸，借貸必相等」的記帳規則，即如果記入一個帳戶的借方，必須同時記入另外幾個帳戶的貸方；或者如果記入一個帳戶的貸方，必須同時記入另外幾個帳戶的借方。同時，記入借方的總金額與記入貸方的總金額必須相等。

交易事項引起的會計要素增減變化不外乎四種情況。對這四種情況，運用借貸記帳法記帳規則進行記帳，現舉例說明如下：

(一) 企業籌集資金，資產和權益同時等額增加

【例 11-1】滬東公司收到投資方投入設備一臺，投資合同約定其價值（該約定價值是公允的）為 30,000 元（假定不考慮增值稅）。

該經濟業務使資產和所有者權益兩個會計要素同時發生變動，一方面使資產類帳戶「固定資產」增加 30,000 元，應記入該帳戶借方；另一方面使所有者權益類帳戶

「實收資本」增加30,000元，應記入該帳戶貸方。同時，記入借方帳戶和貸方帳戶的金額相等。

【例11-2】滬東公司從銀行取得6個月期借款100,000元，存入公司存款帳戶。

該經濟業務使資產和負債兩個會計要素同時發生變動，一方面使資產類帳戶「銀行存款」增加100,000元，應記入該帳戶借方；另一方面使負債類帳戶「短期借款」增加100,000元，應記入該帳戶貸方。同時，記入借方帳戶和貸方帳戶的金額相等。

（二）資金占用形態變化，資產項目內部此增彼減，增減金額相等

【例11-3】滬東公司從銀行提取現金2,000元，以備零星開支之用。

該經濟業務使資產的不同項目此增彼減，一方面使資產類帳戶「庫存現金」增加2,000元，應記入該帳戶借方；另一方面使資產類帳戶「銀行存款」減少2,000元，應記入該帳戶貸方。同時，記入借方帳戶和貸方帳戶的金額相等。

（三）資金權益變化，權益項目內部此增彼減，增減金額相等

【例11-4】滬東公司開出並承兌面值為20,000元的商業匯票一份，抵付前欠某單位貨款。

該經濟業務使負債的不同項目此增彼減，一方面使負債類帳戶「應付票據」增加20,000元，應記入該帳戶貸方；另一方面使另一負債類帳戶「應付帳款」減少20,000元，應記入該帳戶借方。同時，記入借方帳戶和貸方帳戶的金額相等。

【例11-5】滬東公司按規定辦妥增資手續後，將資本公積20,000元轉增資本金。

該經濟業務使所有者權益的不同項目此增彼減，一方面使所有者權益類帳戶「實收資本」增加20,000元，應記入該帳戶貸方；另一方面使另一所有者權益類帳戶「資本公積」減少20,000元，應記入該帳戶借方。同時，記入借方帳戶和貸方帳戶的金額相等。

【例11-6】滬東公司按規定分配給投資者利潤50,000元，款項尚未支付。

該經濟業務使所有者權益和負債兩個會計要素發生變動，一方面使所有者權益類帳戶「利潤分配——未分配利潤」減少50,000元，應記入該帳戶借方；另一方面使負債類帳戶「應付股利」增加50,000元，應記入該帳戶貸方。同時，記入借方帳戶和貸方帳戶的金額相等。

【例11-7】滬東公司將應付給投資者的股利30,000元經投資者同意並按規定辦妥增資手續後，轉作投資者向企業的投資。

該經濟業務使所有者權益和負債兩個會計要素發生變動，一方面使企業的負債類帳戶「應付股利」減少30,000元，應記入該帳戶借方；另一方面使所有者權益類帳戶「實收資本」增加30,000元，應記入該帳戶貸方。同時，記入借方帳戶和貸方帳戶的金額相等

（四）資金退出企業，資產和權益同時等額減少

【例11-8】滬東公司以銀行存款10,000元償還前欠某單位帳款。

該經濟業務使資產和負債兩個會計要素同時發生變動，一方面使資產類帳戶「銀

行存款」減少 10,000 元，應記入該帳戶貸方；另一方面使負債類帳戶的「應付帳款」減少 10,000 元，應記入該帳戶借方。同時，記入借方帳戶和貸方帳戶的金額相等。

【例 11-9】滬東公司按規定辦妥減資手續，退回某投資方投資 50,000 元，以銀行存款支付。

該經濟業務使資產和所有者權益兩個會計要素同時發生變動，一方面使資產類帳戶「銀行存款」減少 50,000 元，應記入該帳戶貸方；另一方面使所有者權益類帳戶「實收資本」減少 50,000 元，應記入該帳戶借方。同時，記入借方帳戶和貸方帳戶的金額相等。

五、借貸記帳法下的會計分錄的編製

（一）帳戶的對應關係和對應帳戶

從以上舉例可以看出，在運用借貸記帳法進行核算時，在有關帳戶之間存在著應借、應貸的相互關係，帳戶之間的這種相互關係稱為帳戶的對應關係。存在對應關係的帳戶稱為對應帳戶。例如，用銀行存款 1,000 元購買原材料，就要在「原材料」帳戶和「銀行存款」帳戶中進行記錄。這樣「原材料」與「銀行存款」帳戶就發生了對應關係，兩個帳戶也就成了對應帳戶。掌握帳戶的對應關係很重要，通過帳戶的對應關係可以瞭解經濟業務的內容，檢查對經濟業務的處理是否合理、合法。

（二）會計分錄

會計分錄是經濟業務在登記帳戶前預先確定的應記帳戶名稱、方向和金額的一種記錄形式。

1. 會計分錄的定義及其格式

會計分錄是經濟業務在登記帳戶前預先確定的應記帳戶名稱、方向和金額的一種記錄形式。在實際工作中，會計分錄是填寫在記帳憑證上的。一筆會計分錄主要包括三個要素：會計科目、記帳符號、金額。

會計分錄的格式如下：

借：帳戶名稱　　　　　　　　　　××××（經濟業務的發生額）
　貸：帳戶名稱　　　　　　　　　　××××（經濟業務的發生額）

上述格式的會計分錄能比較完整地記錄一項經濟業務的發生或完成情況。

2. 會計分錄的書寫要求

書寫會計分錄的時候先寫借方科目，再寫貸方科目，金額單位默認為「人民幣元」。會計分錄為上下結構，上借下貸，借貸錯開，借貸金額相等。一般「貸」字應在「借」字下方空一格的地方，金額也要錯開寫。編製複合分錄時，對於多個借方（或貸方）科目，不必重複寫「借」（或「貸」），只需將同方向的會計科目對齊即可。

3. 會計分錄的分類

按所涉及的帳戶的多少，會計分錄可分為簡單會計分錄和複合會計分錄。

簡單會計分錄（一借一貸）是指涉及的帳戶數量只有兩個，也就是一個帳戶借方

與另一個帳戶貸方的會計分錄，即一借一貸的會計分錄。簡單會計分錄下的會計科目間的對應關係十分清晰，比較容易理解和掌握。

複合會計分錄（非一借一貸）是指由兩個以上（不含兩個）的對應帳戶所組成的會計分錄，即一借多貸、多借一貸和多借多貸的會計分錄。企業編製複合會計分錄，可以全面反應經濟業務的來龍去脈，並簡化記帳手續，提高工作效率。

4. 會計分錄的編製

會計分錄的編製就是對經濟業務進行分析、分類、整理並記帳的過程，一般可以按以下三個步驟進行：

（1）分析經濟業務的內容，確定其所影響到的會計要素及其要素涉及的具體項目──帳戶。

（2）明確該帳戶是哪一種類型（按經濟內容分類）的帳戶、記帳方向是怎樣的以及該經濟業務的發生使該帳戶的金額增加還是減少了。

（3）根據以上分析的結果，按照不同帳戶的結構，確定該項經濟業務應記入相關帳戶的借方或者貸方以及各個帳戶應記的金額，形成會計分錄。

【例 11-10】某公司從銀行取得 6 個月期借款 100,000 元，存入公司存款帳戶。

第一步：分析題意，此項經濟業務影響到資產和負債兩個要素，進一步分析影響到資產要素下的「銀行存款」帳戶和負債要素下的「短期借款」帳戶。

第二步：「銀行存款」帳戶屬於資產類帳戶，借方記錄增加額，貸方記錄減少額，該項經濟業務使資產類帳戶「銀行存款」增加 100,000 元，應記入該帳戶借方；「短期借款」帳戶屬於負債類帳戶，借方記錄減少額，貸方記錄增加額，該項經濟業務使負債類帳戶「短期借款」增加 100,000 元，應記入該帳戶貸方。

第三步：「銀行存款」帳戶應「借」記的金額是 100,000 元，「短期借款」帳戶應「貸」記的金額也是 100,000 元。

根據以上三個步驟，我們把會計分錄寫出來，如下：

借：銀行存款　　　　　　　　　　　　　　　100,000
　貸：短期借款　　　　　　　　　　　　　　　100,000

最後檢驗一下是否符合記帳規則。在會計分錄中沒有出現金額的單位「元」，這是會計實務中默認的規則──金額在沒有特別要求和說明的情況之下，全部以「元」為單位，而且「元」字省略不寫。

【例 11-11】某公司從銀行提取現金 2,000 元，以備零星開支之用。

第一步：此項經濟業務影響到資產要素下的「銀行存款」帳戶和「庫存現金」帳戶；

第二步：「銀行存款」帳戶和「庫存現金」帳戶都屬於資產類帳戶，借方登記增加額，貸方登記減少額；

第三步：此項經濟業務的發生使「銀行存款」帳戶減少 2,000 元，應「貸」記；使「庫存現金」帳戶增加 2,000 元，應「借」記。

會計分錄完成如下：

借：庫存現金 2,000
　　貸：銀行存款 2,000

經檢驗，該分錄符合記帳規則。

【例 11-12】某公司購買原材料一批，價值 98,000 元，其中銀行存款支付 48,000 元，其餘款項尚未支付，材料已驗收入庫。

第一步：此項經濟業務影響到資產要素下的「原材料」帳戶和「銀行存款」帳戶；還影響到負債要素下的「應付帳款」帳戶。

第二步：「原材料」帳戶和「銀行存款」帳戶都屬於資產類帳戶，借方登記增加額，貸方登記減少額；「應付帳款」帳戶屬於負債類帳戶，借方登記減少額，貸方登記增加額。

第三步：此項經濟業務的發生使「原材料」帳戶增加 98,000 元，應「借」記；使「銀行存款」帳戶減少 48,000 元，應「貸」記；使「應付帳款」帳戶增加 50,000 元，應「貸」記。

會計分錄完成如下：

借：原材料 98,000
　　貸：銀行存款 48,000
　　　　應付帳款 50,000

經檢驗，該分錄符合記帳規則。

六、借貸記帳法的試算平衡

企業對日常發生的經濟業務都要記入有關帳戶，內容龐雜，次數繁多，記帳稍有疏忽，便有可能發生差錯。因此，對全部帳戶的記錄必須定期進行試算，借以驗證帳戶記錄是否正確。所謂試算平衡，就是指在某一時日（如會計期末），為了保證本期會計處理的正確性，依據會計等式或復式記帳原理，對本期各帳戶的全部記錄進行匯總、測算，以檢驗其正確性的一種專門方法。通過試算平衡，可以檢查會計記錄的正確性，並可查明出現不正確會計記錄的原因，並進行調整，從而為會計報表的編製提供準確的資料。

在借貸記帳法下，根據借貸復式記帳的基本原理，試算平衡的方法主要有兩種：本期發生額試算平衡法和余額試算平衡法。

（一）發生額試算平衡

發生額平衡包括兩方面的內容：一是每筆會計分錄的發生額平衡，即每筆會計分錄的借方發生額必須等於貸方發生額，這是由借貸記帳法的記帳規則決定的；二是本期發生額的平衡，即本期所有帳戶的借方發生額合計必須等於所有帳戶的貸方發生額合計。

這種試算平衡方法的原理是每筆經濟業務編製會計分錄時，都是「有借必有貸，借必相等」，將其記入有關帳戶本期經匯總後，也必然是「借貸必相等」。本期發生額平衡法主要是用來檢查本期發生的經濟業務在進行各種帳戶處理時的正確性。

這種平衡關係用公式表示為：
$$本期全部帳戶借方發生額合計＝本期全部帳戶貸方發生額合計$$

(二) 余額試算平衡

余額平衡是指所有帳戶的借方余額之和與所有帳戶的貸方余額之和相等。余額試算平衡是根據會計恆等關係來檢驗本期記錄是否正確的方法。

余額平衡法的基本原理是由「資產＝負債+所有者權益」的恆等關係決定的。在某一時點上，有借方余額的帳戶應是資產類帳戶，有貸方余額的帳戶應是權益類帳戶，分別合計其金額，即具有相等關係的資產總額等於權益總額。

其試算平衡公式如下：
$$全部帳戶的借方期末余額＝全部帳戶的貸方期末余額$$

余額平衡法主要是通過各種帳戶余額來檢查、推斷帳戶處理正確性的。如果試算不平衡，說明帳戶的記錄肯定有錯，如果試算平衡，說明帳戶的記錄基本正確，但不一定完全正確。這是因為試算平衡有局限性，下列錯誤試算平衡是無法發現的：

(1) 一筆經濟業務全部遺漏記帳；
(2) 一筆經濟業務全部重複記帳；
(3) 一筆經濟業務的借貸方向顛倒；
(4) 帳戶名稱記錯；
(5) 借貸雙方發生同金額的錯誤；
(6) 借貸某一方發生相互抵銷的錯誤

作業與思考

一、單項選擇題

1. 資產帳戶的借方、貸方和期末余額方向分別表示（　　）。
   A. 增加、減少、貸方　　　　　　B. 減少、增加、貸方
   C. 增加、減少、借方　　　　　　D. 減少、增加、借方
2. 權益類帳戶的期末余額（　　）。
   A. 只能在帳戶的一方　　　　　　B. 一般在借方
   C. 可能在借方或者貸方　　　　　D. 一般在貸方
3. 收入類帳戶和費用類帳戶的期末（　　）。
   A. 有貸方余額　　　　　　　　　B. 借貸方都有可能有余額
   C. 有借方余額　　　　　　　　　D. 借貸方均無余額
4. 利潤帳戶的結構和費用帳戶的結構（　　）。
   A. 完全相同　　B. 完全相反　　C. 完全不同　　D. 基本相同

5. 採用復式記帳法主要是為了（　　）。
   A. 提高工作效率　　　　　　　B. 便於會計人員的分工協作
   C. 如實反應資金運動的來龍去脈　D. 便於登記帳簿
6. 復式記帳法對每項經濟業務都以相等的金額在（　　）中進行登記。
   A. 一個帳戶　　　　　　　　　B. 兩個帳戶
   C. 全部帳戶　　　　　　　　　D. 兩個或兩個以上的帳戶
7. 預付供應單位材料貨款，負債及所有者權益類帳戶的期末余額一般在（　　）。
   A. 借方　　　　B. 借方和貸方　　C. 貸方　　　　D. 借方或貸方
8. 所有者權益類帳戶的期末余額根據（　　）計算。
   A. 借方期末余額＝借方期初余額＋借方本期發生額－貸方本期發生額
   B. 借方期末余額＝借方期初余額＋貸方本期發生額－借方本期發生額
   C. 貸方期末余額＝貸方期初余額＋貸方本期發生額－借方本期發生額
   D. 貸方期末余額＝貸方期初余額＋借方本期發生額－貸方本期發生額
9. 借貸記帳法下的「借」表示（　　）。
   A. 費用增加　　　　　　　　　B. 負債增加
   C. 所有者權益增加　　　　　　D. 收入增加
10. 應收帳款帳戶的期初余額為借方 2,000 元，本期借方發生額 8,000 元，本期貸方發生額 6,000 元，該帳戶的期末余額為（　　）。
    A. 借方 4,000 元　B. 貸方 8,000 元　C. 借方 5,000 元　D. 貸方 5,000 元

二、多項選擇題

1. 復式記帳法的優點包括（　　）。
   A. 進行試算平衡　　　　　　　B. 瞭解經濟業務的來龍去脈
   C. 簡化帳簿登記工作　　　　　D. 檢查帳戶記錄的正確性
2. 下列帳戶中，期末結轉后無余額的帳戶有（　　）。
   A.「實收資本」　　　　　　　 B.「主營業務成本」
   C.「庫存商品」　　　　　　　 D.「營業費用」
3. 試算平衡表中，試算平衡的公式有（　　）。
   A. 借方科目金額＝貸方科目金額
   B. 借方期末余額＝借方期初余額＋本期借方發生額－本期貸方發生額
   C. 全部帳戶借方發生額合計＝全部帳戶貸方發生額合計
   D. 全部帳戶的借方余額合計＝全部帳戶的貸方余額合計
4. 在下列項目中，屬於期間費用帳戶的是（　　）。
   A.「銷售費用」　 B.「製造費用」　 C.「財務費用」　 D.「管理費用」
5. 在下列項目中，屬於損益類帳戶的是（　　）。
   A.「主營業務收入」　　　　　 B.「所得稅費用」

C.「應交稅費」　　　　　　　　　D.「本年利潤」

三、判斷題

1. 復式記帳法是指對每一項經濟業務,都要以相等的金額在兩個相互聯繫的帳戶中進行登記的方法。　　　　　　　　　　　　　　　　　　　　　　　　　　(　　)
2. 在試算平衡表上,若實現了期初余額、本期發生額和期末余額三欄的恒等關係,則說明帳戶記錄是完全正確的。　　　　　　　　　　　　　　　　　　　　(　　)
3. 借貸記帳法下,生產成本的減少,應該在「生產成本」帳戶的貸方登記。
　　　　　　　　　　　　　　　　　　　　　　　　　　　　　　　　(　　)
4. 在借貸登記法下,帳戶的借方登記減少數,貸方登記增加數。　　　　(　　)
5. 試算平衡時,試算平衡了,說明帳戶記錄是絕對正確的。　　　　　　(　　)
6. 單式記帳法是會計簿記發展的初級階段,目前通用的記帳法是復式記帳法。
　　　　　　　　　　　　　　　　　　　　　　　　　　　　　　　　(　　)
7. 借貸記帳法是以「借」和「貸」作為記帳符號,其中「借」表示增加,「貸」表示減少。　　　　　　　　　　　　　　　　　　　　　　　　　　　　　(　　)
8. 從銀行提取現金的會計分錄為「借:銀行存款,貸:庫存現金」。　(　　)

四、計算分析題

1. 假設某企業期初的資產和權益總額均為100萬元,當期發生下列經濟業務:
(1) 從銀行提取現金10,000元;
(2) 接受投資者投入款項200,000元;
(3) 用銀行存款償還長期借款100,000元;
(4) 用資本公積轉增資本50,000元。
要求:逐項說明上述經濟業務對企業資產與權益總額有無影響,如有影響,說明影響的方向和金額。

2. 資料:東方公司201×年1月份各總分類帳戶發生額及余額部分數據如表11-1所示:

表11-1　　　　　　　　總分類帳戶發生額及余額試算平衡表　　　　　　　單位:元

帳戶名稱	期初余額 借方	期初余額 貸方	本期發生額 借方	本期發生額 貸方	期末余額 借方	期末余額 貸方
庫存現金	2,000		18,000	(　　)	20,000	
銀行存款	(　　)		1,500,000	230,000	1,570,000	
原材料	10,000		22,000	—	(　　)	
短期借款		90,000	204,000	504,000		(　　)
實收資本		(　　)	—	1,000,000		1,200,000
應付帳款		22,000	—	(　　)		32,000
合計	(　　)	(　　)	1,744,000	(　　)	(　　)	(　　)

第 12 章

成本計算

通過本章的學習，學生應理解企業成本計算的內容和一般程序，掌握工業企業主要經營過程中成本計算的一般方法。

第 1 節　產品成本的含義與費用的分類

一、產品成本的含義

產品成本是對象化的費用，而費用涵蓋範圍廣泛，著重按會計期間進行歸集，產品成本則著重於按產品進行歸集。產品成本是費用總額的一部分，只包括完工產品的費用，不包括期間費用和期末未完工產品的費用。

二、費用的分類

生產費用可以按不同的標準分類，其中最基本的是按生產費用的經濟內容和經濟用途分類。

（一）生產費用按經濟內容分類

產品的生產過程，也是物化勞動（包括勞動對象與勞動手段）和活勞動的耗費過程。因此，生產過程中發生的生產費用，按其經濟內容分類，可劃歸為勞動對象方面的費用、勞動手段方面的費用和活勞動方面的費用三大類。生產費用按照經濟內容分類，就是在這一劃分的基礎上，將生產費用劃分為若干要素費用，包括材料費用、燃料費用、外購動力費用、工資費用、提取的職工福利費、折舊費、其他生產費用。

（二）生產費用按經濟用途分類

工業企業在生產經營中發生的費用，首先可以分為計入產品成本的生產費用和直接計入當期損益的期間費用兩類。

1. 計入產品成本的生產費用

（1）按用途分類。為具體反應計入產品成本的生產費用的各種用途，提供產品成本構成情況的資料，還應將其進一步劃分為若干個項目，即產品生產成本項目（簡稱產品成本項目或成本項目）。工業企業一般應設置以下幾個成本項目：

①原材料，即企業在生產過程中經加工改變其形態或性質並構成產品主要實體的各種原料及主要材料、輔助材料、燃料、修理備用件、包裝材料、外購半成品等，也稱直接材料。

②車間生產人員的工資和福利，也稱直接人工。

③製造費用，主要包括水電費、折舊費、修理費用和低值易耗品等。

企業可根據生產特點和管理要求對上述成本項目做適當調整。對於管理上需要單獨反應、控制和考核的費用，以及產品成本中比重較大的費用，應專設成本項目；否則，為了簡化核算，不必專設成本項目。

（2）按計入產品成本的方法分類。計入產品成本的生產費用按計入產品成本的方法可以分為直接計入費用和間接計入費用。

①直接計入費用是指可以分清哪種產品所耗用，並且可以直接計入某種產品成本的費用。

②間接計入費用是指不能分清哪種產品所耗用、不能直接計入某種產品成本，而必須按照一定標準分配計入有關的各種產品成本的費用。

2. 直接計入當期損益的期間費用

工業企業的期間費用按照經濟用途可分為銷售費用、管理費用和財務費用。銷售費用是指企業專設銷售機構的各項經費和為了促銷發生的各項費用。管理費用是指行政管理部門為組織和管理生產經營活動而發生的費用。財務費用是指企業在生產經營過程中為籌集資金而發生的籌資費用。

第 2 節　成本計算的含義及要求

一、成本計算的含義

成本計算是按照一定對象歸集和分配生產經營過程中發生的各種費用，以便確定該對象的總成本和單位成本的一種專門方法。例如，工業企業要計算生產產品的成本，就要把企業進行生產活動所耗用的材料、支付的工資，以及發生的其他費用加以歸集，並計算產品的總成本和單位成本。產品成本是綜合反應企業生產經營活動的一項重要指標。正確地進行成本計算，可以考核生產經營過程的費用支出水平，同時又是確定企業盈虧和制定產品價格的基礎，並為企業進行經營決策提供重要數據。

二、成本計算的要求

在成本計算工作中，應遵循以下各項要求：

（一）算管結合，算為管用

成本核算應當與加強企業經營管理相結合，所提供的成本信息應當滿足企業經營

管理和決策的需要。

（二）正確劃分各種費用界限

為了正確地進行成本核算、正確地計算產品成本和期間費用，必須正確劃分以下五個方面的費用界限：

（1）正確劃分是否應計入生產費用、期間費用的界限；
（2）正確劃分生產費用與期間費用的界限；
（3）正確劃分各月份的生產費用和期間費用的界限；
（4）正確劃分各種產品的生產費用的界限；
（5）正確劃分完工產品與在產品的生產費用的界限。

以上五個方面費用界限的劃分過程，也就是產品生產成本的計算和各項期間費用的歸集過程。在這一過程中，應貫徹受益原則，即誰受益誰負擔費用，何時受益何時負擔費用；負擔費用的多少應與受益程度的大小成正比。

（三）正確確定財產物資的計價和價值結轉方法

企業財產物資計價和價值結轉方法主要包括：固定資產原值的計算方法、折舊方法、折舊率的種類和高低；固定資產修理費用是否採用待攤或預提方法及攤提期限的長短；固定資產與低值易耗品的劃分標準；材料成本的組成內容、材料按實際成本進行核算時發出材料單位成本的計算方法、材料按計劃成本進行核算時材料成本差異率的種類、採用分類差異法時材料成本差異率的大小；低值易耗品和包裝物價值的攤銷方法、攤銷率的高低及攤銷期限的長短；等等。為了正確計算成本，對於各種財產物資的計價和價值的結轉，應嚴格執行國家統一的會計制度。各種方法一經確定，應保持相對穩定，不能隨意改變，以保證成本信息的可比性。

（四）做好各項基礎工作

1. 建立定額管理制度，制定必要的消耗定額

定額是企業在生產經營過程中，對人力、物力、財力的消耗所規定的標準。與成本有關的定額包括勞動定額、材料、動力、工具消耗定額、費用定額、質量定額等。制定的定額既要先進又要切合實際，並應隨著企業生產技術條件的變化和管理水平的提高而定期修訂。

2. 加強物資的計量、驗收、領發和清查制度

做好物資的計量、驗收、領發和清查工作，是正確計算成本的必要條件。企業一切物資的收發都要經過計量驗收和辦理必要的憑證手續。庫存物資應定期進行清查、盤點，做到帳物相符。

3. 建立內部結算制度，制定內部結算價格

搞好內部結算要抓好內部結算價格、內部結算方式和內部結算組織三個方面的工作。

4. 建立原始記錄制度，制定合理的憑證傳遞流程

企業應健全原始記錄制度，統一規定各種原始記錄的格式、內容、填製方法、存檔和銷毀等制度。應根據成本計算和內部控制的需要，制定各種原始記錄的傳遞程序，

包括憑證傳遞所流經部門、各部門對憑證的處理程序等。

(五)適應生產特點和管理要求，採用適當的成本計算方法

根據企業的行業特點，選擇適合企業的成本計算方法。產品成本計算的基本方法有品種法、分批法、分步法等。

1. 品種法

品種法是以產品品種為成本計算對象計算成本的一種方法。它適用於大量、大批的單步驟生產。此外，管理上不要求分步驟計算成本的多步驟生產也可採用品種法。

2. 分批法

分批法是按照產品批別計算產品成本的一種方法。它主要適用於單件、小批類型的生產，如精密儀器、專用設備等，也可用於一般製造企業中的新產品試製或試驗的生產、在建工程以及設備修理作業等。

分批法的主要特點是不按產品的生產步驟而只按產品的批別（分批、不分步）計算成本，通常不涉及完工產品和在產品的成本分配問題，即產品生產週期和成本計算期一致。

3. 分步法

分步法是按照產品的生產步驟計算產品成本的一種方法。它主要適用於大量、大批的多步驟生產，如冶金、紡織、造紙以及大量、大批生產的機械製造等。

分步法的主要特點是不按產品的批別計算產品成本，而是按產品的生產步驟計算產品成本。在實際工作中，根據成本管理對各生產步驟成本資料的不同要求（是否要計算半成品成本）和簡化核算工作的要求，各生產步驟成本的計算和結轉，一般可採用逐步結轉分步法和平行結轉分步法兩種方法。

(1)逐步結轉分步法是按照產品加工順序，逐步計算並結轉半成品成本，直到最後加工步驟完成才能計算出產成品成本的一種方法。這一方法將每一步驟的半成品作為一個成本計算對象並計算成本，因此這一方法又稱為計列半成品成本分步法。逐步結轉分步法的成本結轉程序與品種法相同。

逐步結轉分步法雖然能為產品實物管理和資金管理提供資料，但成本結轉工作量大，並且最後完工產成品中的成本項目是綜合性的，必須進行成本還原，更加大了核算的工作量。

(2)平行結轉分步法是指在計算各步驟成本時，不計算各步驟所產半成品成本，也不計算各步驟所耗上一步驟的半成品成本，而只計算本步驟發生的各項其他費用以及這些費用中應計入當期完工產品成本的「份額」。期末，將相同產品的各步驟成本明細帳中的這些份額平行結轉、匯總，即可計算出該種產品的產成品成本。這種結轉各步驟成本的方法也稱為平行結轉分步法，又由於成本結轉與實物流轉不一致，因此這一方法又稱為不計列半成品成本分步法。應當注意的是，平行結轉分步法下的在產品是廣義在產品，即沒有最終完工的產品都稱為在產品，不僅包括本步驟沒有完工的產品，還包括本步驟已完工但沒有最終完工的產品。

與逐步結轉分步法相比，平行結轉分步法大大減少了核算工作量，能加速成本計算工作，但因其與半成品實物流轉不一致，因此不能提供各個步驟的半成品資料，不利於半成品的實物管理，也難以全面反應各步驟的生產耗費水平。

第 3 節　成本計算的一般程序

成本計算的一般程序是指對企業在生產經營過程中發生的各項生產費用和期間費用，按照成本計算的要求，逐步進行歸集和分配，最后計算出各種產品的生產成本和各項期間費用的基本過程。成本計算的一般程序如下：

第一，對企業的各項支出、費用進行嚴格地審核和控制，並按照國家統一會計制度確定其是否應計入生產費用、期間費用，以及應計入生產費用還是期間費用。

第二，正確處理支出、費用的跨期攤提工作。

第三，將應計入本月產品的各項生產費用，在各種產品之間按照成本項目進行分配和歸集，計算出按成本項目反應的各種產品的成本。

第四，對於月末既有完工產品又有在產品的產品，將該種產品的生產費用（月初在產品生產費用與本月生產費用之和），在完工產品與月末在產品之間進行分配，計算出該種產品的完工產品成本和月末在產品成本。

第 4 節　工業企業經營過程中的成本計算

製造企業的經營過程一般有採購、生產、銷售三個階段。各個階段要分別計算存貨採購成本、產品生產成本和產品銷售成本。

原材料的採購成本一般有買價和採購費用。對於採購費用，能直接分清受益對象的，應直接計入該材料的採購成本，若不能直接分清受益對象，並且費用金額較大，應在原材料重量、體積、買價等分配標準選擇合適的標準，間接計入相應原材料的採購成本（這符合成本計算原理）。

生產過程完工產品生產成本等於月初在產品成本加上本月發生的生產費用減去月末在產品成本。基礎會計默認產品當月全部完工，不存在在產品的計算。

銷售過程中企業通過產品的銷售，收回貨幣資金，以保證企業再生產的進行。企業應通過計算結轉產品的銷售成本，並將其與當期實現的銷售收入相配比，從而計算出企業在一定時期內實現的產品銷售利潤或發生的虧損。

產品銷售成本計算的對象是每一種已銷售的產品。由於產品銷售成本是已售產品

的生產成本，因此產品銷售成本的計算實質上是已售產品生產成本的結轉。

在通常情況下，各批完工產品的生產成本是不相同的，因此計算結轉產品銷售成本的關鍵是如何確定已售產品的單位生產成本。

結轉已售產品生產成本的方法有先進先出法、后進先出法、加權平均法及個別計價法等。產品銷售成本計算時，平均單位成本的計算可採用加權平均法、先進先出法等計價方法。

【例12-1】金星公司2015年5月發生了3筆購入材料業務，其具體業務內容如下：

（1）5月8日，公司賒購甲材料4,800千克，發票註明的單價為28.5元，乙材料1,600千克，單價為12.8千克，增值稅額合計為26,737.6元，供應單位代墊運費為9,600元。

（2）5月15日，公司現購甲材料3,000千克，發票註明價款為85,500元，增值稅額為14,535元。甲材料運回企業發生運雜費4,500元。

（3）5月22日，公司簽發轉帳支票購買乙材料2,800千克，發票註明價款為35,840元，增值稅額為6,092元。乙材料共發生運雜費2,880元。

假定運雜費按各種材料的重量比例進行分配，同時不考慮運費中的增值稅問題。

要求：根據上述業務內容，計算甲材料和乙材料的採購成本。

解析：採購費用分配率 $=\dfrac{9,600}{4,800+1,600}=1.5$（元/千克）

甲材料負擔的運雜費 =1.5×4,800=7,200（元）

乙材料負擔的運雜費 =1.5×1,600=2,400（元）

甲材料的總成本 = 買價+採購費用 = 4,800×28.5+85,500+7,200+4,500
                                    = 234,000（元）

乙材料的總成本 = 買價+採購費用 = 1,600×12.8+35,840+2,400+2,880=61,600（元）

甲材料的單位成本 =23,400÷7,800=30（元）

乙材料的單位成本 =61,600÷4,400=14（元）

【例12-2】金星公司2015年5月A產品和B產品成本資料如下：

（1）期初在產品成本資料如表12-1所示：

表12-1　　　　　　　　　　期初在產品成本資料表　　　　　　　　　單位：元

產品名稱	直接材料	直接人工	其他直接支出	製造費用	合計
A產品	3,700	20,000	2,800	1,500	28,000
B產品	2,000	15,000	2,100	900	20,000
合計	5,700	35,000	4,900	2,400	48,000

（2）本月發生的各項生產費用如表 12-2 所示：

表 12-2　　　　　　　　　　本月各項生產費用表　　　　　　　　單位：元

產品名稱	直接材料	直接人工	其他直接支出	製造費用
A 產品	64,400	150,000	21,000	27,000
B 產品	18,000	120,000	16,800	
合計	82,400	270,000	37,800	27,000

（3）期末產量資料：A 產品 80 件已經全部完工；B 產品 50 件已經全部完工。

根據上述資料，A 產品和 B 產品製造成本的計算方法如下（假定本月製造費用按生產工人工資的比例分配）：

本月製造費用分配率 = $\frac{27,000}{150,000+120,000}$ = 0.1

A 產品應負擔的製造費用 = 0.1×150,000 = 15,000（元）

B 產品應負擔的製造費用 = 0.1×120,000 = 12,000（元）

完工產品製造成本 = 月初在產品成本 + 本月發生的生產費用 - 月末在產品成本

A 產品由於全部完工，沒有在產品，所以總成本就是月初在產品成本與本月發生的生產費用之和，按成本項目計算如下：

①A 產品總成本。

直接材料 = 3,700+64,400 = 68,100（元）

直接人工 = 20,000+150,000 = 170,000（元）

其他直接支出 = 2,800+21,000 = 23,800（元）

製造費用 = 1,500+15,000 = 16,500（元）

合計 = 278,400（元）

B 產品由於全部完工，沒有在產品，所以總成本就是月初在產品成本與本月發生的生產費用之和，按成本項目計算如下：

②B 產品總成本。

直接材料 = 2,000+18,000 = 20,000（元）

直接人工 = 15,000+120,000 = 135,000（元）

其他直接支出 = 2,100+16,800 = 18,900（元）

製造費用 = 900+12,000 = 12,900（元）

合計 = 186,800（元）

作業與思考

一、單項選擇題

1. 成本屬於價值的範疇，是新增（　　）。
   A. 成本的組成部分　　　　　　　B. 資產價值的組成部分
   C. 利潤的組成部分　　　　　　　D. 費用的組成部分

2. 就所有會計期間費用和成本的累計發生額而言，（　　）。
   A. 費用等於成本　　　　　　　　B. 費用小於成本
   C. 費用大於成本　　　　　　　　D. 費用與成本沒有關係

3. 下列各項中，屬於製造業企業費用要素的是（　　）。
   A. 製造費用　　　　　　　　　　B. 直接人工費
   C. 折舊費用　　　　　　　　　　D. 直接材料費

4. 下列內容不屬於材料採購成本的構成項目的是（　　）。
   A. 材料的買價　　　　　　　　　B. 外地運雜費
   C. 運輸途中的合理損耗　　　　　D. 採購機構經費

5. 產品製造成本的成本項目中不包括（　　）。
   A. 直接材料　　B. 直接人工　　C. 製造費用　　D. 生產費用

6. 在企業經營過程中，當可以直接確定某種費用是為某項經營活動產生時，我們稱這種費用為該成本計算對象的（　　）。
   A. 生產費用　　B. 直接費用　　C. 間接費用　　D. 期間費用

7. 下列各項費用中，不能直接記入「生產成本」帳戶的是（　　）。
   A. 構成產品實體的原材料費用　　B. 生產工人的工資
   C. 生產工人的福利費　　　　　　D. 車間管理人員的薪酬

8. 在企業經營過程中，當可以直接確定某種費用是為了某項經營活動產生時，將這種費用稱為該成本計算對象的（　　）。
   A. 生產費用　　B. 直接費用　　C. 間接費用　　D. 期間費用

二、多項選擇題

1. 下列內容構成材料採購成本的有（　　）。
   A. 材料的買價　　　　　　　　　B. 採購費用
   C. 增值稅進項稅額　　　　　　　D. 採購機構經費

2. 可以用來作為分配材料採購費用標準的有（　　）。
   A. 材料的買價　　B. 材料的重量　　C. 材料的種類　　D. 材料的體積

3. 影響本月完工產品成本的因素有（　　）。
   A. 月初在產品成本　　　　　　　B. 本月發生的生產費用
   C. 本月已銷產品成本　　　　　　D. 月末在產品成本
4. 產品製造成本的成本項目包括（　　）。
   A. 直接費用　　B. 直接材料費　　C. 直接人工費　　D. 管理費用
5. 成本計算的主要程序包括（　　）。
   A. 確定成本計算期　　　　　　　B. 確定成本計算對象
   C. 確定成本項目　　　　　　　　D. 歸集和分配有關費用
6. 對於製造企業而言，下列內容應通過「製造費用」帳戶進行核算的有（　　）。
   A. 生產車間管理人員的薪酬　　　B. 生產車間生產工人的薪酬
   C. 生產車間固定資產折舊費　　　D. 行政管理部門固定資產折舊費

三、判斷題

1. 產品生產成本也就是產品的製造成本。　　　　　　　　　　　　（　　）
2. 製造業企業發生的工資費用不一定都是生產費用。　　　　　　　（　　）
3. 企業購入原材料的採購成本中包括增值稅進項稅額。　　　　　　（　　）
4. 費用和成本是既有聯繫又有區別的兩個概念，費用與特定的計算對象相聯繫，而成本則與特定的會計期間相聯繫。　　　　　　　　　　　　　　　　（　　）
5. 成本是計量經營耗費和確定補償尺度的重要工具。　　　　　　　（　　）
6. 成本計算期的確定取決於企業生產組織的特點和管理要求。　　　（　　）
7. 產品銷售成本＝生產成本＋增值稅銷項稅額。　　　　　　　　　（　　）
8. 費用對象化就是該對象的成本。　　　　　　　　　　　　　　　（　　）

四、簡答題

1. 簡述成本計算的意義。
2. 簡述成本的概念。簡述成本與費用的區別。
3. 簡述成本計算的基本要求。
4. 如何確定成本計算對象？
5. 如何正確地歸集和分配各種費用？
6. 如何正確地進行產品成本計算？

第 13 章 會計憑證

通過本章的學習，學生應在掌握會計憑證基本概念的基礎上，初步瞭解會計憑證的作用，熟悉會計憑證的種類，為進一步研究會計憑證的有關問題打下堅實的基礎。

第 1 節　會計憑證概述

一、會計憑證的含義

會計憑證是記錄經濟事項發生或完成情況的，能明確經濟責任的，具有法律效力的書面證明，也是登記帳簿的依據。

會計管理工作要求會計核算提供真實的會計資料，強調記錄的經濟業務必須有憑據。因此，任何企業、事業和行政單位，每發生一筆經濟業務，都必須由執行或完成該項經濟業務的有關人員取得或填製會計憑證，並在憑證上簽名或蓋章，以對憑證上所記載的內容負責。例如，購買商品、材料由供貨方開出發票；接收商品、材料入庫要有入庫單；發出商品要有發貨單；發出材料要有領料單；等等。這些發票、入庫單、發貨單、領料單都是會計憑證。

所有會計憑證都必須認真填製，同時還得經過財會部門嚴格審核，只有審核無誤的會計憑證才能作為經濟業務發生或完成的證明，才能作為登記帳簿的依據。

二、會計憑證的意義

填製和審核會計憑證是會計核算方法之一，也是會計核算工作的基礎。填製和審核會計憑證在經濟管理中具有重要作用。

會計憑證的意義主要體現在以下三個方面：

（一）會計憑證能記錄經濟業務，提供記帳依據

通過會計憑證的填製和審核，可以如實地反應各項經濟業務的具體情況。但是會計憑證只是對經濟業務做出的初步歸類記錄。要全面反應經濟活動情況，還必須對經濟業務在帳戶中做出進一步歸類和系統化記錄。任何單位都不能憑空記帳，登記帳簿必須以經過審核無誤的會計憑證為依據。

（二）會計憑證能明確經濟責任，強化內部控制

每一筆經濟業務發生或完成都要填製和取得會計憑證，並由相關單位和人員在憑證上簽名蓋章，這樣能促使經辦人員嚴格按照規章制度辦事。一旦出現問題，便於分清責任，及時採取措施，有利於崗位責任制的落實，強化內部控制。

（三）會計憑證能監督經濟活動，控制經濟運行

通過會計憑證的審核，可以檢查企業的每一項經濟業務是否符合國家有關政策、法律法規和制度等的規定，是否符合企業計劃和預算進度，是否有違法亂紀、鋪張浪費等行為，監督經濟活動的真實性、合法性、合理性。通過會計憑證的審核，可以及時對經濟活動進行事中控制，保證經濟活動健康運行，從而嚴肅財經紀律，有效地發揮會計的監督作用。

三、會計憑證的種類

會計憑證按其填製的程序和用途的不同來劃分，可以分為原始憑證和記帳憑證兩類。

記帳憑證是由會計部門的會計人員根據已經審核的原始憑證進行歸類整理而編製的會計分錄憑證，是登記帳簿的直接依據。

（一）原始憑證

原始憑證是在經濟業務發生時取得或填製的，載明經濟業務的具體內容和完成情況的證明文件。任何經濟業務的發生都必須填製和取得原始憑證，原始憑證是會計核算的原始依據。

1. 原始憑證的基本內容

企業發生的經濟業務紛繁複雜，反應其具體內容的原始憑證也品種繁多。雖然原始憑證反應經濟業務的內容不同，但無論哪一種原始憑證，都應該說明有關經濟業務的完成情況，都應該明確有關經辦人員和經辦單位的經濟責任。因此，各種原始憑證儘管名稱和格式不同，但都應該具備一些共同的內容。這些基本內容就是每一張原始憑證所應該具備的要素。

原始憑證必須具備以下基本內容：原始憑證的名稱；填製原始憑證的日期和憑證編號；接受憑證的單位名稱；經濟業務內容，如品名、數量、單價、金額大小寫；填製原始憑證的單位名稱和填製人姓名；經辦人員的簽名或蓋章。

在實際工作中，各單位根據會計核算和管理的需要，可自行設計印製適合本單位需要的各種原始憑證。但是對於在一個地區範圍內經常發生的大量同類經濟業務，應由各主管部門統一設計印製原始憑證。例如，由銀行統一印製的銀行匯票、轉帳支票和現金支票等，由鐵路部門統一印製的火車票，由稅務部門統一印製的稅務登記的發票，由財政部門統一印製的收款收據等。這樣不但可以使原始憑證的內容和格式統一，更便於加強監督管理。

2. 原始憑證的分類

紛繁複雜的經濟業務導致原始憑證的品種繁多，為了更好地認識和利用原始憑證，

必須按照一定標準對原始憑證進行分類。原始憑證有以下幾種分類標準：

(1) 原始憑證按照來源不同，可分為外來原始憑證和自製原始憑證

①外來原始憑證是在經濟業務完成時從其他單位或個人處取得的，載明經濟業務的具體內容和完成情況的證明文件。外來原始憑證是進行會計核算的原始資料和主要依據。例如，從外單位購貨時由供貨單開出的增值稅專用發票（見表13-1）、由銀行轉來的結算憑證、鐵路運輸部門的火車票等都是外來原始憑證。

表 13-1　　　　　　　　　　　××市增值稅專用發票　　　　　　　　金額單位：元

開票日期：201×年×月×日　　　　　　　　　　　　　　　　　　　　No01643375

購貨單位	名　稱	鵬程機床廠		納稅人登記號	3570248123	
	地址、電話	34552048		開戶銀行及帳號	浦發銀行 3255787221	
商品或應稅勞務名稱	計量單位	數量	單價	金額	稅率(%)	稅額
硅鋼 50WW600	千克	1,500	4	6,000	17	1,020
硅鋼 50WW800	千克	1,000	4	4,000	17	680
合　　計		2,500		10,000		1,700
價稅合計（大寫）	壹萬壹仟柒佰零拾零元零角零分				￥：11,700	
銷售單位	名　稱	酒泉鋼廠		納稅人登記號	0655445712	
	地址、電話	55502819		開戶銀行及帳號	開發銀行 8889643521	

銷貨單位（章）：　李利　　收款人：　張順　　復核：　洪一　　開票人：　張麗

②自製原始憑證是本企業開展業務的部門和人員在執行或完成某項經濟業務時所填製的憑證。自製原始憑證也是進行會計核算的原始資料和主要依據。例如，企業內部的部門人員在領用材料時填寫的領料單（見表 13-2）、限額領料單（見表 13-3）、產品入庫單、工資結算表等。

表 13-2　　　　　　　　　　　（星光機電）　　　　　　　　　　　金額單位：元

領料單位：生產車間　　　　　　　　領　料　單　　　　　　　　　　編號：015

用　　途：A 產品生產　　　　　　　201×年×月×日　　　　　　　　倉庫：2 號

材料類別	材料編號	材料名稱	規格	計量單位	數量		單價	金額
					請領	實領		
型鋼	0345	扁鋼	25mm	千克	1,000	1,000	4.40	4,400
型鋼	0348	扁鋼	10mm	千克	500	500	4.40	2,200
合計					1,500	1,500		6,600

記帳　李明　　　發料　江濤　　　負責人　張俊　　　領料　王力

表 13-3　　　　　　　　　　　　　（星光機電）

限　額　領　料　單

金額單位：元

領料部門：生產車間　　　　　　　　　　　　　　　　　　發料倉庫：2 號
用　　途：B 產品生產　　　　　　201×年×月×日　　　　編　　號：008

材料類別	材料編號	材料名稱及規格	計量單位	領料限額	實際領用	單價	金額	備註
型鋼	0348	角鋼 50*5	千克	500	480	4.40	2,112	

日期	請領		實發			限額結余	退庫	
	數量	領用單位簽章	數量	發料人	領料人		數量	退庫單編號
××	200		200	江濤	王力	300		
××	100		100	江濤	王力	200		
××	180		180	江濤	王力	20		
合計	480		480			20		

供應部門負責人： 李軍　　生產計劃部門負責人： 佟強　　倉庫負責人簽章： 劉剛

（2）原始憑證按照填製手續不同，可分為一次原始憑證、累計原始憑證和匯總原始憑證。

①一次原始憑證簡稱一次憑證，是一次性填製完成的只記載一項經濟業務或同時記載若干項同類性質經濟業務（如同為收入材料或同為發出材料）的原始憑證。外來原始憑證一般均屬一次原始憑證，自製原始憑證中大多數也是一次原始憑證。日常的原始憑證多屬此類，如收料單（見表 13-4）、領料單等。一次原始憑證能夠清晰地反應經濟業務活動情況，使用方便靈活，但數量較多。

表 13-4　　　　　　　　　　　　　（鵬程機床廠）

收　料　單

金額單位：元

供貨單位：酒泉鋼廠　　　　　　　　　　　　　　　　　　憑證編號：0010
發票編號：01643375　　　　　　　201×年×月×日　　　　收料倉庫：2 號

材料類別	材料編號	材料名稱	規格	計量單位	數量		金額			
					應收	實收	單價	買價	採購費用	合計
型鋼	0345	硅鋼	50WW600	千克	1,500	1,500	4.40	6,000	600	6,600
型鋼	0348	硅鋼	50WW800	千克	1,000	1,000	4.40	4,000	400	4,400

會計主管 李一　　會計 王文　　審核 張凡順　　記帳 趙東　　收料 江濤

②累計原始憑證簡稱累計憑證，是在一張憑證上連續登記一定時期內不斷重複發生的若干同類經濟業務，直到期末才能填製完畢的原始憑證。累計原始憑證可以連續登記相同性質的經濟業務，隨時計算出累計數及結余數，期末按實際發生額記帳。最

具代表性的累計原始憑證是限額領料單（見表 13-3）。

③匯總原始憑證也叫原始憑證匯總表，是根據許多同類經濟業務的原始憑證或會計核算資料定期加以匯總而重新編製的原始憑證。例如，發出材料匯總表（見表 13-5）、差旅費報銷單等。匯總原始憑證既可以提供經營管理所需要的總量指標，又可以大大簡化核算手續。例如，發出材料匯總表就是根據一定期間內的若干領料單匯總編製的。

表 13-5　　　　　　　　　發 出 材 料 匯 總 表　　　　　　　　單位：元
201×年×月×日

會計科目	領料部門	原材料	燃　料	合　計
生產成本	A 產品生產車間	6,600		6,600
	B 產品生產車間	2,112		2,112
	小　　計	8,712		8,712
製造費用	車間一般耗用	220		220
管理費用	管理部門耗用	110		110
合　　計		9,042		9,042

會計主管：　李 一　　　復核：　張 順　　　製表：　曲 靖

（3）原始憑證按照格式不同，可分為通用憑證和專用憑證。

①通用憑證是指全國或某一地區、某一部門統一格式的原始憑證。例如，由銀行統一印製的結算憑證、由稅務部門統一印製的發票等。

②專用憑證是指一些單位具有特定內容、格式和專門用途的原始憑證。例如，高速公路通過費收據、養路費繳款單等。

以上是按不同的分類標準對原始憑證進行的分類。它們之間是相互依存、密切聯繫的，有些原始憑證按照不同的分類標準分別屬於不同的種類。例如，現金收據對出具收據的單位來說是自製原始憑證，而對接收收據的單位來說則是外來原始憑證；同時，它既是一次原始憑證，也是專用憑證。外來原始憑證大多為一次原始憑證，累計原始憑證大多為自製原始憑證。

綜上所述，原始憑證的分類如圖 13-1 所示：

原始憑證
- 按來源劃分
  - 外來原始憑證
  - 自製原始憑證
- 按填製手續劃分
  - 一次原始憑證
  - 累計原始憑證
  - 匯總原始憑證
- 按格式劃分
  - 通用憑證
  - 專用憑證

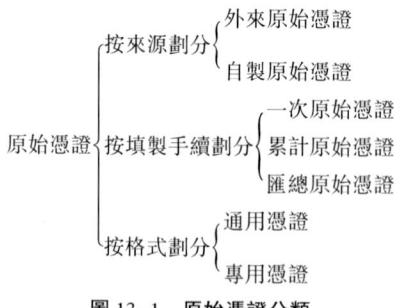

圖 13-1　原始憑證分類

(二) 記帳憑證
1. 記帳憑證的基本內容
記帳憑證是會計人員根據審核無誤的原始憑證進行歸類、整理，並確定會計分錄而編製的會計憑證，是登記帳簿的依據。由於原始憑證只表明經濟業務的內容，而且種類繁多、數量龐大、格式不一，因此不能直接用於記帳。為了做到分類反應經濟業務的內容，必須按會計核算方法的要求，將其歸類、整理、編製記帳憑證，標明經濟業務應記入的帳戶名稱及應借或應貸的金額，作為記帳的直接依據。因此，記帳憑證必須具備以下內容：記帳憑證的名稱、填製憑證的日期、憑證編號、經濟業務的內容摘要、經濟業務應記入帳戶的名稱、記帳方向和金額所附原始憑證的張數、其他附件資料以及會計主管、記帳、復核、出納、製單等有關人員簽名或蓋章。

記帳憑證和原始憑證同屬於會計憑證，但二者存在以下不同之處：原始憑證由經辦人員填製，記帳憑證一律由會計人員填製；原始憑證根據發生或完成的經濟業務填製，記帳憑證根據審核無誤的原始憑證填製；原始憑證僅用以記錄、證明經濟業務已經發生或完成情況，記帳憑證依據會計科目對已經發生或完成的經濟業務進行歸類、整理；原始憑證是填製記帳憑證的依據，記帳憑證是登記帳簿的依據。

2. 記帳憑證的分類
由於會計憑證記錄和反應的經濟業務多種多樣，因此記帳憑證也是多種多樣的。記帳憑證有以下幾種分類標準：

(1) 記帳憑證按其使用範圍不同，可分為專用記帳憑證和通用記帳憑證。
①專用憑證指專門用來反應某類經濟業務的記帳憑證，又可分為收款憑證、付款憑證、轉帳憑證。

收款憑證是用於記錄庫存現金和銀行存款收款業務的會計憑證。收款憑證是根據有關現金和銀行存款收入業務的原始憑證填製，是登記現金日記帳、銀行存款日記帳以及有關明細帳和總帳等帳簿的依據，也是出納人員收訖款項的依據。在實際工作中，出納人員應根據會計人員審核的收款憑證作為記錄貨幣資金的收入依據。出納人員根據收款憑證收款時要在憑證上加蓋「收訖」戳記，以避免出現差錯。收款憑證一般按現金和銀行存款分別編製。

付款憑證是用於記錄庫存現金和銀行存款付款業務的會計憑證。付款憑證是根據有關現金和銀行存款支付業務的原始憑證填製，是登記現金日記帳、銀行存款日記帳以及有關明細帳和總帳等帳簿的依據，也是出納人員付訖款項的依據。在實際工作中，出納人員應根據會計人員審核的付款憑證，作為記錄貨幣資金支出並付出貨幣資金的依據。出納人員根據付款憑證付款時，要在憑證上加蓋「付訖」戳記，以免重付。付款憑證一般也按現金和銀行存款分別編製。

特殊情況下，在會計實務中，對於現金和銀行存款之間的收付款業務，為了避免記帳重複，一般只編製付款憑證，不編製收款憑證。

轉帳憑證是用於記錄不涉及庫存現金和銀行存款業務的會計憑證。轉帳憑證是根

據有關轉帳業務的原始憑證填製。轉帳憑證是登記總分類帳及有關明細分類帳的依據。收款憑證、付款憑證、轉帳憑證格式如表 13-6～表 13-8 所示：

表 13-6　　　　　　　　　　　　　收款憑證　　　　　　　　　　　　單位：元

借方科目：銀行存款　　　　　　　201×年×月×日　　　　　　　　收字第 3 號

摘　要	貸方科目		金　額	記　帳
	一級科目	二級或明細科目		
銷售甲產品	主營業務收入 應交稅費	應交增值稅	20,000 3,400	
合　計			23,400	

附件貳張

會計主管 李一　　記帳 張清　　稽核 沈彬　　填製 方芳　　出納 張明

表 13-7　　　　　　　　　　　　　付款憑證　　　　　　　　　　　　單位：元

貸方科目：銀行存款　　　　　　　201×年×月×日　　　　　　　　付字第 10 號

摘　要	借方科目		金　額	記　帳
	一級科目	二級或明細科目		
發放工資	應付職工薪酬		18,500	
合　計			18,500	

附件壹張

會計主管 李一　　記帳 張清　　稽核 沈彬　　填製 方芳　　出納 張明

表 13-8　　　　　　　　　　　　　轉帳憑證　　　　　　　　　　　　單位：元

　　　　　　　　　　　　　　　　201×年×月×日　　　　　　　　轉字第 8 號

摘　要	一級科目	二級或明細科目	借方金額	貸方金額	記　帳
生產領用材料	生產成本 原材料	甲產品 鋼材	10,000	10,000	
合　計			10,000	10,000	

附件壹張

會計主管 李一　　記帳 張清　　稽核 沈彬　　填製 方芳　　出納 張明

②通用記帳憑證是反應各類經濟業務共同使用的統一格式的記帳憑證（見表 13-9）。

表 13-9　　　　　　　　　　　通用憑證　　　　　　　　　　單位：元
　　　　　　　　　　　　　201×年×月×日　　　　　　　　總字第 10 號

摘　要	一級科目	二級或明細科目	借方金額	貸方金額	記　帳	
計提折舊	生產成本 管理費用 累計折舊	甲產品 折舊費	10,000 2,000	12,000		附件貳張
合　計			12,000	12,000		

會計主管　李一　　記帳　張清　　稽核　沈彬　　填製　方芳　　出納　張明

在經濟業務比較簡單的經濟單位，為了簡化憑證可以使用通用記帳憑證記錄所發生的各種經濟業務。

（2）記帳憑證按其填列方式不同，可分為單式記帳憑證和復式記帳憑證。

①單式憑證是指每一張記帳憑證只填列經濟業務事項所涉及的一個會計科目及其金額的記帳憑證。填列借方科目的稱為借項憑證，填列貸方科目的稱為貸項憑證。在採用單式記帳憑證的情況下，一項經濟業務的會計分錄，涉及幾個對應的會計科目，就應分別填製幾張記帳憑證，借方科目填製借項記帳憑證，貸方科目填製貸項記帳憑證。借、貸項記帳憑證一般分別用不同顏色的紙張，以示區別。採用單式記帳憑證，內容單一，便於匯總計算每一會計科目的發生額，便於分工記帳，但制證工作量大，不能在一張憑證上反應經濟業務的全貌，內容分散，也不便於查帳。單式記帳憑證的格式如表 3-10 和表 3-11 所示：

表 3-10　　　　　　　　　借項收款憑證
會計科目：銀行存款

二級或明細科目	摘　要	帳　頁	金　額
	合計		

會計主管　　　　記帳　　　　出納　　　　審核　　　　填製

表 3-11　　　　　　　　　貸項收款憑證
會計科目：銀行存款

二級或明細科目	摘　要	帳　頁	金　額
	合計		

會計主管　　　　記帳　　　　出納　　　　審核　　　　填製

②復式憑證是指將每一筆經濟業務事項所涉及的全部會計科目及其發生額均在同一張記帳憑證中反應的一種憑證。復式記帳憑證具有可以集中反應一項經濟業務的科目對應關係，便於瞭解有關經濟業務的全貌，減少憑證數量，節約紙張等優點，但復式記帳憑證不便於匯總計算每一個會計科目的發生額。以上所舉的收款憑證、付款憑證和轉帳憑證和通用憑證的格式，都是復式記帳憑證的格式。

綜上所述，記帳憑證的分類如圖13-2所示：

記帳憑證 ⎰ 按使用範圍劃分 ⎰ 專用記帳憑證
         ⎱ 通用記帳憑證
   ⎱ 按填列方式劃分 ⎰ 單式記帳憑證
         ⎱ 復式記帳憑證

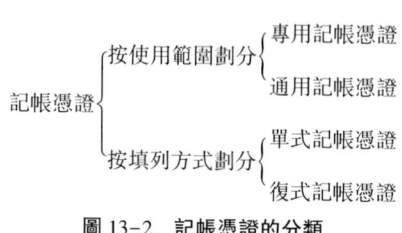

圖13-2　記帳憑證的分類

第 2 節　會計憑證的傳遞和保管

一、會計憑證的傳遞

（一）會計憑證的傳遞的含義

會計憑證的傳遞是指從會計憑證取得或填製起至歸檔保管時止，在單位內部有關部門和人員之間按照規定的時間、程序進行傳送的程序。各種會計憑證記載的經濟業務不同，涉及的部門和人員不同，辦理的業務手續也不同，因此應當為各種會計憑證規定一個合理的傳遞程序，即一張會計憑證填製后應交到哪個部門、哪個崗位以及由誰辦理業務手續等，直到歸檔保管為止。

（二）會計憑證的傳遞的意義

正確組織會計憑證的傳遞，對於提高會計核算資料的及時性和正確性、加強經濟責任、實行會計監督具有重要意義。

1. 正確組織會計憑證的傳遞，有利於提高工作效率

正確組織會計憑證的傳遞，能夠及時、真實地反應和監督各項經濟業務的發生和完成情況，為經濟管理提供可靠的經濟信息。例如，材料運到企業后，倉庫保管員應在規定的時間內將材料驗收入庫，填製收料單，註明實收數量等情況，並將收料單及時送到財會部門及其他有關部門。財會部門接到收料單，經審核無誤，就應及時編製記帳憑證和登記帳簿。生產部門得到該批材料已驗收入庫的憑證后，便可辦理有關領料手續，用於產品生產等。如果倉庫保管員未按時填寫收料單或雖填寫收料單，但沒有及時送到有關部門，就會給人以材料尚未入庫的假象，影響企業生產的正常進行。

2. 正確組織會計憑證的傳遞，能更好地發揮會計監督作用

正確組織會計憑證的傳遞，便於有關部門和個人分工協作、相互牽制，加強崗位責任制，更好地發揮會計監督的作用。例如，從材料運到企業驗收入庫，需要多少時間、由誰填製收料單、何時將收料單送到供應部門和財會部門以及會計部門收到收料單后由誰進行審核，並同供應部門的發貨票進行核對，由誰何時編製記帳憑證和登記帳簿、由誰負責整理保管憑證等。這樣就把材料驗收入庫到登記入帳的全部工作在本單位內部進行分工合作，共同完成。同時，可以考核經辦業務的有關部門和人員是否按規定的會計手續辦理，從而加強經營管理，提高工作質量。

二、會計憑證的保管

會計憑證的保管是指會計憑證記帳后的整理、裝訂、歸檔和存查工作。

會計憑證是記錄經濟業務、明確經濟責任、具有法律效力的證明文件，又是登記帳簿的依據，因此會計憑證是重要的經濟檔案和歷史資料。任何企業在完成經濟業務手續和記帳之後，必須按規定立卷歸檔，形成會計檔案資料，妥善保管，以便日後隨時查閱。保證會計憑證的安全與完整是全體財會人員的共同職責，在存檔之前，會計憑證的保管由財會部門負責；期滿后，應當移交本單位檔案機構統一保管。按照《會計檔案管理辦法》的規定，企業和其他組織的會計憑證保管期限為 15 年。

會計憑證的保管過程中應注意以下問題：

第一，記帳憑證在裝訂成冊之前，原始憑證一般是用回形針或大頭針固定在記帳憑證後面。在這段時間內，凡使用記帳憑證的財會人員都有責任保管好原始憑證和記帳憑證。使用完記帳憑證后要及時傳遞，並且要嚴防在傳遞過程中散失。

第二，憑證在裝訂以后存檔以前，要妥善保管，防止受損、弄臟、霉爛以及鼠咬蟲蛀等。

第三，對於性質相同、數量過多或各種隨時需要查閱的原始憑證，如收料單、發料單、工資卡等，可以單獨裝訂保管，在封面上註明記帳憑證種類、日期、編號，同時在記帳憑證上註明「附件另訂」和原始憑證的名稱及編號。

第四，各種經濟合同和涉外文件等憑證應另編目錄，單獨裝訂保存，同時在記帳憑證上註明「附件另訂」。

第五，原始憑證較多時可單獨裝訂，但應在憑證封面註明所屬記帳憑證的日期、編號和種類，同時在所屬的記帳憑證上應註明「附件另訂」及原始憑證的名稱和編號，以便查閱。

第六，會計憑證應定期裝訂成冊，防止散失。會計憑證封面應註明單位名稱、憑證種類、憑證張數、起止號數、年度、月份、會計主管人員、裝訂人員等有關事項，會計主管人員和保管人員應在封面上簽章。

第七，從外單位取得的原始憑證遺失時，應取得原簽發單位蓋有公章的證明，並註明原始憑證的號碼、金額、內容等，由經辦單位會計機構負責人、會計主管人員和

單位負責人批准後，才能代作為原始憑證。若確實無法取得證明的，如車票丟失，則應由當事人寫明詳細情況，由經辦單位會計機構負責人、會計主管人員和單位負責人批准後，代作原始憑證。

第八，會計憑證不得外借，其他單位和個人經本單位領導批准調閱會計憑證，要填寫會計檔案調閱表，詳細填寫借閱會計憑證的名稱、調閱日期、調閱人姓名和工作單位、調閱理由、歸還日期、調閱批准人等。調閱人員一般不準將會計憑證攜帶外出。需複製的，要說明所複製的會計憑證名稱、張數，經本單位領導同意後在本單位財會人員監督下進行，並應登記與簽字。

第九，每年裝訂成冊的會計憑證，在年度終了時可暫由單位會計機構保管一年，期滿後應當移交本單位檔案機構統一保管；未設立檔案機構的，應當在會計機構內部指定專人保管。出納人員不得兼管會計檔案。

第十，嚴格遵守會計憑證的保管期限要求，期滿前不得任意銷毀。

作業與思考

一、單項選擇題

1. 「工資結算匯總表」是一種（　　）。
   A. 一次憑證　　B. 累計憑證　　C. 匯總憑證　　D. 復式憑證
2. 下列屬於累計憑證的是（　　）。
   A. 領料單　　　　　　　　B. 限額領料單
   C. 耗用材料匯總表　　　　D. 工資匯總表
3. （　　）是用來記錄貨幣資金付款業務的憑證，是由出納人員根據審核無誤的原始憑證填製的。
   A. 收款憑證　　B. 付款憑證　　C. 轉帳憑證　　D. 累計憑證
4. 企業購進原材料60,000元，款項未付。該筆經濟業務應編製的記帳憑證是（　　）。
   A. 收款憑證　　B. 付款憑證　　C. 轉帳憑證　　D. 以上均可
5. 將庫存現金送存銀行，應填製的記帳憑證是（　　）。
   A. 庫存現金收款憑證　　　　B. 庫存現金付款憑證
   C. 銀行存款收款憑證　　　　D. 銀行存款付款憑證
6. 關於會計憑證的保管，下列說法不正確的是（　　）。
   A. 會計憑證應定期裝訂成冊，防止散失
   B. 會計主管人員和保管人員應在封面上簽章
   C. 原始憑證不得外借，其他單位如有特殊原因確實需要使用時，經本單位負

責人批准，可以複製

　　D. 經單位領導批准，會計憑證在保管期滿前可以銷毀
7. 付款憑證左上角的「貸方科目」可能登記的科目有（　　）。
　　A.「預付帳款」　　B.「銀行存款」　　C.「預收帳款」　　D.「其他應付款」
8. 下列不屬於自製原始憑證的是（　　）。
　　A. 領料單　　　　B. 成本計算單　　C. 入庫單　　　　D. 火車票
9. 下列業務中應該編製收款憑證的是（　　）。
　　A. 購買原材料用銀行存款支付　　　B. 收到銷售商品的款項
　　C. 購買固定資產，款項尚未支付　　D. 銷售商品，收到商業匯票一張
10. 根據連續反應某一時期內不斷重複發生而分次進行的特定業務編製的原始憑證有（　　）。
　　A. 一次憑證　　B. 累計憑證　　C. 記帳憑證　　D. 匯總原始憑證
11. 下列關於原始憑證的說法不正確的是（　　）。
　　A. 按照來源的不同，分為外來原始憑證和自製原始憑證
　　B. 按照格式的不同，分為通用原始憑證和專用原始憑證
　　C. 按照填製手續及內容的不同，分為一次原始憑證、累計原始憑證和匯總原始憑證
　　D. 按照填製方法的不同，分為外來原始憑證和自製原始憑證
12. 原始憑證是在（　　）時取得的。
　　A. 經濟業務發生　B. 填製記帳憑證　C. 登記總帳　　D. 登記明細帳
13. （　　）是會計工作的起點和關鍵。
　　A. 填製和審核會計憑證　　　　　B. 編製會計分錄
　　C. 登記會計帳簿　　　　　　　　D. 編製會計報表
14. 在實際工作中，規模小、業務簡單的單位，為了簡化會計核算工作，可以使用一種統一格式的（　　）。
　　A. 轉帳憑證　　　　　　　　　　B. 收款憑證
　　C. 付款憑證　　　　　　　　　　D. 通用記帳憑證
15. 記帳憑證是由（　　）編製的。
　　A. 出納人員　　B. 經辦人員　　C. 會計人員　　D. 經辦單位

二、多項選擇題
1. 記帳憑證按其反應的經濟業務內容的不同，可分為（　　）。
　　A. 一次憑證　　B. 付款憑證　　C. 收款憑證　　D. 轉帳憑證
2. 其他單位因特殊原因需要使用本單位的原始憑證，正確的做法是（　　）。
　　A. 可以外借
　　B. 將外借的會計憑證拆封抽出

C. 不得外借，經本單位會計機構負責人或會計主管人員批准，可以複製

　　　D. 將向外單位提供的憑證複印件在專設的登記簿上登記

3. 收料單是（　　）。

　　A. 外來原始憑證　　　　　　　　B. 自製原始憑證

　　C. 一次憑證　　　　　　　　　　D. 累計憑證

4. 限額領料單是（　　）。

　　A. 外來原始憑證　　　　　　　　B. 自製原始憑證

　　C. 一次憑證　　　　　　　　　　D. 累計憑證

5. 原始憑證應具備的基本內容有（　　）。

　　A. 原始憑證的名稱和填製日期　　B. 接受憑證單位的名稱

　　C. 經濟業務的內容　　　　　　　D. 數量、單價和大小寫金額

6. 在原始憑證上書寫阿拉伯數字，正確的是（　　）。

　　A. 金額數字一律填寫到角、分

　　B. 無角分的，角位和分位可寫「00」或者符號「-」

　　C. 有角無分的，分位應當寫「0」

　　D. 有角無分的，分位也可以用符號「-」代替

7. 下列屬於外來原始憑證的有（　　）。

　　A. 本單位開具的銷售發票　　　　B. 供貨單位開具的發票

　　C. 職工出差取得的飛機票和火車票　D. 銀行收付款通知單

8. 收款憑證的借方科目可能有（　　）。

　　A.「應收帳款」　B.「庫存現金」　C.「銀行存款」　D.「應付帳款」

9. 下列經濟業務中，應填製付款憑證的有（　　）。

　　A. 提現金備用　　　　　　　　　B. 購買材料預付訂金

　　C. 購買材料未付款　　　　　　　D. 以銀行存款支付前欠單位貨款

10. 王明出差回來，報銷差旅費 1,000 元，原預借 1,500 元，交回剩餘現金 500 元，這筆業務應該編製的記帳憑證有（　　）。

　　A. 付款憑證　　B. 收款憑證　　C. 轉帳憑證　　D. 原始憑證

11. 下列憑證中，屬於匯總憑證的有（　　）。

　　A. 差旅費報銷單　　　　　　　　B. 發料憑證匯總表

　　C. 限額領料單　　　　　　　　　D. 工資結算匯總表

12. 以下有關會計憑證的表述中正確的有（　　）。

　　A. 會計憑證是記錄經濟業務的書面證明

　　B. 會計憑證可以明確經濟責任

　　C. 會計憑證是編製報表的依據

　　D. 會計憑證是登記帳簿的依據

13. 會計憑證的傳遞要做到（　　）。

A. 程序合理　　　B. 時間節約　　　C. 手續嚴密　　　D. 責任明確

三、判斷題

1. 任何會計憑證都必須經過有關人員的嚴格審核，確認無誤后才能作為記帳的依據。　　　　　　　　　　　　　　　　　　　　　（　）
2. 原始憑證和記帳憑證都是具有法律效力的證明文件。　（　）
3. 原始憑證原則上不得外借，其他單位如有特殊原因確實需要使用時，經本單位會計機構負責人、會計主管人員批准，可以外借。　（　）
4. 原始憑證是會計核算的原始資料和重要依據，是登記會計帳簿的直接依據。　　　　　　　　　　　　　　　　　　　　　　　　（　）
5. 出納人員在辦理收款或付款業務后，應在憑證上加蓋「收訖」或「付訖」的戳記。　　　　　　　　　　　　　　　　　　　　　　　　（　）
6. 從銀行提取現金，既可以編製現金收款憑證，也可編製銀行存款付款憑證。　　　　　　　　　　　　　　　　　　　　　　　　　（　）
7. 原始憑證可以由非財會部門和人員填製，但記帳憑證只能由財會部門和人員填製。　　　　　　　　　　　　　　　　　　　　　（　）
8. 自製原始憑證都是一次憑證，外來原始憑證絕大多數是一次憑證。（　）
9. 會計憑證應定期裝訂成冊，加具封面，歸檔保管。　（　）
10. 會計憑證的保管期滿以后，企業可自行進行處理。　（　）

第 14 章
會計帳簿

通過本章的學習，要求學生充分理解會計帳簿的含義、明確會計帳簿的種類；熟悉會計帳簿的啟用，熟練掌握會計帳簿的登記規則；瞭解帳簿的更換、交接和保管。

第 1 節　會計帳簿概述

一、會計帳簿的含義

會計帳簿簡稱帳簿，是指由一定格式的帳頁組成的，以審核無誤的會計憑證為依據，全面、系統、連續地記錄各項經濟業務的簿籍。各單位應當按照國家統一會計制度的規定和會計業務的需要設置會計帳簿。在形式上，會計帳簿是若干帳頁的組合；在實質上，設置和登記帳簿是編製會計報表的基礎，是連接會計憑證和會計報表的中間環節，因此會計帳簿在會計核算中具有重要意義。

二、會計帳簿的意義

合理地設置和登記會計帳簿能系統地記錄和提供企業經濟活動的各種數據。會計帳簿對加強企業經濟核算，提高經營管理水平有著重要意義，主要表現在以下三個方面：

第一，通過設置和登記帳簿，可以系統地歸納和總結會計核算的信息，為改善企業經營管理、合理使用資金提供資料。通過帳簿的序時核算和分類核算，把企業的經營情況，收入的構成和支出情況，財物的購置、使用、保管情況全面、系統地反應出來，用於監督計劃、預算的執行情況和資金的合理有效使用，促使企業改善經營管理。

第二，通過設置和登記帳簿，可以為財務報表的編製提供依據。根據帳簿記錄的費用和收入的資料，可以計算一定時期的財務成果，檢查費用、成本、利潤計劃的完成情況。為了反應一定日期的財務狀況及一定時期的經營成果，應定期開展帳簿結帳工作，進行有關帳簿之間的核對，計算出本期發生額和餘額，據以編製會計報表，向有關各方提供所需要的會計信息。

第三，通過設置和登記帳簿，利用帳簿的核算資料，為開展財務分析和會計檢查

提供依據。通過對帳簿資料的檢查、分析，可以瞭解企業貫徹有關方針、政策、制度的情況，考核各項計劃的完成情況。另外，對資金使用是否合理、費用開支是否符合標準、經濟效益有無提高、利潤的形成與分配是否符合規定等作出分析、評價，從而找出差距，挖掘潛力，提出改進措施。

三、會計帳簿與帳戶的關係

會計帳簿與帳戶是形式和內容的關係，會計帳簿只是一個外在形式，帳戶才是真實內容。具體關係如下：

第一，帳戶存在於帳簿之中，帳簿中的每一個帳頁就是帳戶的存在形式和載體，沒有帳簿，帳戶就無法存在。

第二，帳簿序時、分類地記載經濟業務是在個別帳戶中完成的。

因此，會計帳簿只是一個外在形式，帳戶才是其真實內容，二者是相互依存、辯證統一的。

四、會計帳簿的種類

在會計帳簿體系中，有各種不同功能和作用的帳簿，它們各自獨立、相互補充。為了便於瞭解和使用，必須從不同的角度對會計帳簿進行分類。會計帳簿的種類很多，各會計主體應根據自身情況進行設置。

（一）按用途的不同，會計帳簿可分為序時帳簿、分類帳簿和備查帳簿

1. 序時帳簿

序時帳簿也稱日記帳，是指按照經濟業務發生時間的先後順序逐日逐筆登記的帳簿。日記帳的特點是序時登記和逐筆登記。

序時帳簿按其記錄內容的不同，又可分為普通日記帳和特種日記帳。

普通日記帳又叫分錄簿，是用來逐日逐筆記錄全部經濟業務的序時帳簿。由於普通日記帳登帳手續繁瑣，目前很少有企業設置。

特種日記帳是指用來逐日逐筆記錄某一類經濟業務的序時帳簿。在我國，大多數單位通常設置庫存現金日記帳和銀行存款日記帳。

2. 分類帳簿

分類帳簿是指對發生的全部經濟業務按照會計要素的具體類別而設置的分類帳戶進行登記的帳簿。分類帳簿按分類的概括程度不同，又可分為總分類帳簿和明細分類帳簿。

總分類帳簿簡稱總帳，是根據總分類帳戶分類登記經濟業務事項。總帳對明細帳具有統馭和控制作用。

明細分類帳簿簡稱明細帳，是根據明細分類帳戶分類登記經濟業務事項。明細帳是對總帳的補充和具體化。

序時帳簿能提供連續系統的信息，反應企業資金運動的全貌；分類帳簿按照經營

與決策的需要而設置帳戶，歸集並匯總各類信息，反應資金運動的各種狀態、形式及其構成。

3. 備查帳簿

備查帳簿也稱輔助帳簿，是指對在日記帳和分類帳中未記錄或記錄不全的經濟業務進行補充登記的帳簿。例如，租入的固定資產登記簿、委託加工材料登記簿、代銷商品登記簿等。

備查帳簿與序時帳簿和分類帳簿相比，有兩點不同：一是登記依據可能不需要記帳憑證，甚至不需要一般意義上的原始憑證；二是帳簿的格式和登記方法不同，備查帳簿的主要欄目不記金額，更注重用文字來表述某項經濟業務的發生情況。

（二）按外形特徵的不同，會計帳簿可分為訂本式帳簿、活頁式帳簿和卡片式帳簿

1. 訂本式帳簿

訂本式帳簿簡稱訂本帳，是指在未啟用前就把一定數量的帳頁固定裝訂成冊的帳簿。

訂本帳的優點是可以避免帳頁散失和防止抽換帳頁。訂本帳的缺點是由於序號和總數量已經固定，不能準確為各帳戶預留帳頁；一本帳簿同一時間只能在一個人手中登記，不便於分工記帳。訂本帳主要適用於總分類帳、庫存現金日記帳和銀行存款日記帳。

2. 活頁式帳簿

活頁式帳簿簡稱活頁帳，是指在帳簿登記完畢之前並不固定裝訂在一起，而是裝在活頁夾中。

活頁帳的優點是記帳時根據實際需要，隨時將空白帳頁裝入帳簿，或抽去不需用的帳頁，便於分工記帳。活頁帳的缺點是如果管理不善，可能會造成帳頁散失或故意抽換帳頁。活頁帳主要適用於各種明細帳。

3. 卡片式帳簿

卡片式帳簿簡稱卡片帳，是將帳戶所需格式印刷在硬卡片上。嚴格來說，卡片帳是一種活頁帳。在我國，一般只對固定資產的明細帳採用卡片帳。

（三）按帳頁格式的不同，會計帳簿可分為兩欄式帳簿、三欄式帳簿、多欄式帳簿，數量金額式帳簿

1. 兩欄式帳簿

兩欄式帳簿是由借方和貸方兩個基本金額欄目組成的帳簿。普通日記帳和轉帳日記帳一般採用兩欄式。

2. 三欄式帳簿

三欄式帳簿是由借方、貸方和餘額三個基本欄目組成的帳簿。三欄式帳簿適用於只記錄金額的帳戶，如各種日記帳、總分類帳以及資本、債權、債務明細帳。

3. 多欄式帳簿

多欄式帳簿由一個借方欄目、多個貸方欄目或一個貸方欄目、多個借方欄目組成

的帳簿。成本計算帳戶、收入帳戶、費用帳戶等一般採用多欄式帳簿格式。

4. 數量金額式帳簿

數量金額式帳簿由借方、貸方和余額三個欄目組成，三個欄目都分別設有數量、單價和金額三小欄，借以反應財產物資的實物數量和價值量。

適用於既要記錄金額，又要記錄實物數量的財產物資明細帳，如原材料、庫存商品、產成品等明細帳一般都採用數量金額式帳簿。

第 2 節　會計帳簿的啟用和登記規則

一、會計帳簿的啟用

(一) 會計帳簿的基本內容

各種會計帳簿記錄的經濟內容不同，格式也不盡相同。可是帳簿的基本內容是一致的，包括三個部分，即封面、扉頁和帳頁。

1. 封面

封面主要表明帳簿的名稱、記帳單位以及使用年度等內容。訂本帳通常將帳簿名稱印刷在封面中央以及帳脊上，使用時不需要再填寫；其他種類的會計帳簿則需要另外填寫。

2. 扉頁

扉頁的主要內容包括科目索引、帳簿啟用和經管人員一覽表。

3. 帳頁

帳頁是會計帳簿的主要組成部分，用來記錄經濟業務的具體內容。不同種類的會計帳簿，其帳頁格式雖然有很大的不同，但一般都包括以下內容：帳戶名稱（即會計科目）、登記帳簿的日期欄、憑證的種類和號數欄、摘要欄、金額欄、總頁次和分頁次欄。

(二) 會計帳簿的啟用規則

在啟用會計帳簿時，應當在帳簿封面上寫明單位名稱和帳簿名稱，並在帳簿扉頁上附啟用表（見表 14-1）。

更換記帳人員時，應辦理交接手續，在交接記錄內填寫交接日期和交接人員姓名並簽章。

啟用訂本帳應當從第一頁到最后一頁順序編定頁數，不得跳頁、缺號。使用活頁式帳頁，應當按帳戶順序編號，並定期裝訂成冊，裝訂之后再按實際使用的帳頁順序編定頁碼，另加目錄（見表 14-2），記明每個帳戶的名稱和頁次。

表 14-1　　　　　　　　　　　　　帳簿啟用表

單位名稱									單位蓋章
帳簿名稱									
帳簿編號		年　　　　總　　　冊　　第　　　冊							
帳簿頁數		本帳簿共計　　　頁							
啟用日期		年　　月　　日至　　年　　月　　日							
經管人員	負責人			主辦會計			記帳		
	職別	姓名	蓋章	職別	姓名	蓋章	職別	姓名	蓋章
交接記錄	職別	姓名	接管			移交			印花稅票粘貼處
			年	月	日	蓋章	年	月	日	蓋章	

表 14-2　　　　　　　　　　　　目錄表（科目索引表）

科目	編號	起訖頁數	科目	編號	起訖頁數	科目	編號	起訖頁數
～～	～～	～～	～～	～～	～～	～～	～～	～～

二、會計帳簿的登記規則

會計帳簿作為重要的會計檔案，會計人員應根據審核無誤的會計憑證、按規定的方法登記。登記規則如下：

（1）會計人員應當根據審核無誤的會計憑證登記會計帳簿。登記會計帳簿時，應當將會計憑證日期、編號、業務內容摘要、金額和其他有關資料逐項記入帳內，做到數字準確、摘要清楚、登記及時、字跡工整。

（2）登記完畢後，要在記帳憑證上簽名或者蓋章，並註明已經登帳的「√」符號，表示已經記帳，避免重記、漏記。

（3）帳簿中書寫的文字和數字上面要留有適當空格，不要寫滿格，一般應占格距

的 1/2，以預留 1/2 的位置改正錯誤。

（4）登記帳簿要用藍黑墨水或者碳素墨水書寫，不得使用圓珠筆（銀行的復寫帳簿除外）或者鉛筆書寫。

下列情況可以用紅色墨水記帳：

第一，按照紅字衝帳的記帳憑證，衝銷錯誤記錄。

第二，在不設借貸等欄的多欄式帳頁中，登記減少數。

第三，在三欄式帳戶的余額欄前，如未印明余額方向的，在余額欄內登記負數余額。

第四，根據國家統一會計制度的規定可以用紅字登記的其他會計記錄。

（5）各種帳簿按頁次順序連續登記，不得跳行、隔頁。如果發生跳行、隔頁，應當將空行、空頁劃線註銷，或者註明「此行空白」「此頁空白」字樣，並由記帳人員簽名或者蓋章。

（6）凡需要結出余額的帳戶，結出余額后，應當在「借或貸」等欄內寫明「借」或者「貸」等字樣。沒有余額的帳戶，應當在「借或貸」等欄內寫明「平」字，並在余額欄內元位用「0」表示。現金日記帳和銀行存款日記帳必須逐日結出余額。

（7）每一帳頁登記完畢結轉下頁時，應當結出本頁合計數及余額，寫在本頁最后一行和下頁第一行有關欄內，並在摘要欄內註明「過次頁」和「承前頁」字樣。也可以將本頁合計數及金額只寫在下頁第一行有關欄內，並在摘要欄內註明「承前頁」字樣。

財政部《會計基礎工作規範》對於「過次頁」的本頁合計數的結計方法做了如下具體規定：

第一，對現金、銀行存款以及收入、費用明細帳等需要按月結計發生額帳戶，結計「過次頁」的本頁合計數應當是自本月初起至本頁末止的發生額合計數。

第二，對需要結計本年累計發生額的某些明細帳戶，結計「過次頁」的本頁合計數應當是自年初起至本頁末止的累計發生額。

第三，對不需按月和按年結計發生額的帳戶，可以只將每頁末的余額結轉次頁。

第 3 節　會計帳簿的更換和保管

一、會計帳簿的更換

在新的會計年度，日記帳、總分類帳和大部分明細分類帳都要每年更換新帳。只有變動較小的部分明細帳，如固定資產明細帳或固定資產卡片，可以繼續使用，不必每年更換新帳。

會計主體的經營活動是持續進行的，並不因為分期假設而中斷。為了在會計帳簿

上正確反應和體現這種持續進行的經濟活動，每當一個會計年度結束時，我們都要在相關會計帳簿的最後一筆經濟業務之下的那一行結出本年余額，在新的相關會計帳簿的空白帳頁第一頁第一行將上年余額結轉過來。

二、會計帳簿的交接

由於人員的更替，或者出於崗位輪換以及內部牽制等的需要，一本會計帳簿不一定自始至終都由某一位會計人員進行登記和保管。當同一本會計帳簿需要更換登記人員時，為明確責任，按照會計法規的規定，必須要進行交接工作，辦理交接手續。

交接時，首先至少必須要有三方在場，分別是交出方、接受方和監交方。必要時，還必須有會計主管或者單位負責人在場。其次，交出方和接受方要就交接的帳簿及其具體內容和頁次填寫交接清單，三方均須在交接清單上簽名或蓋章，以示其責；最后，三方還要在帳簿啟用表上相關位置填寫帳簿交接記錄。

三、會計帳簿的保管

年終結帳后，對於新的會計年度，都要啟用新帳。一般總帳和日記帳以及多數明細帳應當更換新帳，但有些財產物資和債權債務明細帳，如固定資產明細帳（卡）等可以連續使用，不必每年更換；各種備查帳簿也可以連續使用。

按照《會計檔案管理辦法》的規定，總帳（包括日記總帳）、明細帳、日記帳和各種輔助帳等保管 15 年以上，現金和銀行存款日記帳保管 25 年以上，固定資產明細帳保管到該固定資產報廢清理后。

作業與思考

一、單項選擇題

1. 備查帳簿是企業（　　）。
    A. 必設帳簿　　　　　　　　B. 根據需要設置的帳簿
    C. 內部帳簿　　　　　　　　D. 外部帳簿
2. 總分類帳簿一般採用（　　）。
    A. 活頁帳　　　　　　　　　B. 數量金額式帳簿
    C. 訂本帳　　　　　　　　　D. 卡片帳
3. 收入費用明細帳一般適用（　　）。
    A. 多欄式明細帳　　　　　　B. 三欄式明細帳
    C. 數量金額式明細帳　　　　D. 平行式明細帳
4. 一般情況下，不需要根據記帳憑證登記的帳簿是（　　）。

A. 明細分類帳　　B. 總分類帳　　C. 備查帳簿　　D. 特種日記帳
5. 多欄式明細帳格式一般適用於（　　）。
　　A. 債權、債務類帳戶　　　　B. 財產、物資類帳戶
　　C. 費用成本類和收入成果類帳戶　D. 貨幣資產類帳戶
6. 「原材料」明細帳的格式一般採用（　　）。
　　A. 數量金額式　　B. 橫線登記式　　C. 三欄式　　D. 多欄式
7. 按照經濟業務發生時間的先后順序逐日逐筆進行登記的帳簿是（　　）。
　　A. 總分類帳簿　　　　　　　B. 序時帳簿
　　C. 備查帳簿　　　　　　　　D. 明細分類帳簿
8. 年度結帳時，除結算出本年四個季度的發生額合計數，記入第四季度季結的下一行，在摘要欄註明「本年累計」字樣外，還應在該行下畫（　　）紅線。
　　A. 一道　　　B. 雙道　　　C. 三道　　　D. 四道

二、多項選擇題

1. 任何會計主體都必須設置的帳簿有（　　）。
　　A. 日記帳簿　　B. 備查帳簿　　C. 總分類帳簿　　D. 明細分類帳簿
2. 明細分類帳的帳頁格式一般有（　　）。
　　A. 三欄式　　B. 數量金額式　　C. 多欄式　　D. 以上都不
3. 在帳簿記錄中，紅筆只能適用於（　　）。
　　A. 錯帳更正　　B. 衝帳　　C. 結帳　　D. 登帳
4. 帳簿按填製的程序和用途可分為（　　）。
　　A. 日記帳　　B. 分類帳　　C. 備查帳　　D. 訂本帳
5. 必須採用訂本式帳簿的有（　　）。
　　A. 原材料明細帳　　　　　　B. 現金日記帳
　　C. 銀行存款日記帳　　　　　D. 應付帳款明細帳
　　E. 總分類帳
6. 下列錯誤中，可以通過試算平衡發現的有（　　）。
　　A. 借方發生額大於貸方發生額　　B. 應借應貸科目顛倒
　　C. 借方余額小於貸方余額　　　　D. 漏記一項經濟業務
　　E. 重記一項經濟業務

三、判斷題

1. 序時帳簿和分類帳簿可結合在一本帳簿中進行登記。　　　　（　）
2. 會計年度終了，應將活頁帳裝訂成冊，活頁帳一般只適用於總分類帳。（　）
3. 日記帳是逐筆序時登記的，故月末不必與總帳進行核對。　　（　）
4. 現金日記帳和銀行存款日記帳必須採用訂本式帳簿。　　　　（　）

5. 總分類帳對明細分類帳起著統馭作用。　　　　　　　　　　（　）
6. 帳簿與帳戶是形式與內容的關係。　　　　　　　　　　　　（　）
7. 總帳只進行金額核算，提供價值指標，不提供實物指標；而明細帳有的只提供價值指標，有的既提供價值指標，又提供實物指標。　　　　　　　　　　（　）

第 15 章

財產清查

本章重點介紹了會計核算的基本方法——財產清查。其目的是使初學者明確財產清查對於保證會計核算質量的重要作用。通過本章的學習，學生應瞭解財產清查的含義及種類，熟練掌握庫存現金和銀行存款的清查方法及銀行存款余額調節表的編製，熟練掌握財產清查結果的帳務處理方法等內容。

第 1 節　財產清查概述

一、財產清查的含義

財產清查是指通過對貨幣資金、實物資產和往來款項的盤點或核對，確定其實存數，查明帳存數與實存數是否相符的一種專門方法。

財產清查的關鍵是要解決帳實不符的問題。造成帳存數與實存數產生差異的原因是多方面的，但歸納起來，一般有以下幾種情況：

第一，財產物資在保管過程中發生的自然損溢。

第二，在收發財產、物資時，由於計量、計算、檢驗不準確而發生的品種、數量、質量上差錯。

第三，在財產物資增減變動時，由於沒有及時辦理手續或在計算、登記上發生了差錯。

第四，由於管理不善、制度不嚴造成財產物資的損壞、丟失、被盜。

第五，在帳簿記錄中發生的重記、漏記、錯記。

第六，由於自然災害造成的非常損失。

第七，未達帳項引起的帳帳、帳實不符等。

二、財產清查的原因

由於主客觀原因，導致財產物資的帳面數與實存量不符。客觀上，受自然條件的影響，物資質量發生變化或存在計量尾差。主觀上，制度執行不嚴或工作人員疏忽產生計量差錯、營私舞弊、貪污盜竊。為保證財產物資的安全，需要進行財產清查工作。

三、財產清查的作用

加強財產清查工作，對於加強企業管理、充分發揮會計的監督作用具有重要作用：

第一，通過財產清查，可以查明各項財產物資的實有數量，確定實有數量與帳面數量之間的差異，查明原因和責任，以便採取有效措施，消除差異，改進工作，從而保證帳實相符，提高會計資料的準確性。

第二，通過財產清查，可以查明各項財產物資的保管情況是否良好，有無因管理不善而造成霉爛、變質、損失浪費，或者被非法挪用、貪污盜竊的情況，以便採取有效措施，改善管理，切實保障各項財產物資的安全和完整。

第三，通過財產清查，可以查明各項財產物資的庫存和使用情況，合理安排生產經營活動，充分利用各項財產物資，加速資金週轉，提高資金使用效果。

四、財產清查的種類

（一）財產清查按照清查對象的範圍不同，可分為全面清查和局部清查

1. 全面清查

全面清查是指對一個單位所有的財產物資、債權債務進行全面、系統、徹底的盤點與核對。全面清查具有範圍大、內容多、時間長、參與人員多的特點。

在以下六種情況需要進行全面清查：

（1）年終決算之前。
（2）單位撤銷、合併或改變隸屬關係前。
（3）中外合資、國內合資前。
（4）企業股份制改制前。
（5）開展全面的資產評估、清產核資前。
（6）單位主要領導調離工作前。

2. 局部清查

局部清查是指對一個單位的一部分財產物資和債權、債務進行的清查。局部清查主要是對貨幣資金、存貨等流動性較大、容易出錯的重要財產物資進行的清查。局部清查具有範圍小、內容少、時間短、參與人員少、專業性較強的特點。

局部清查一般包括下列清查內容：

（1）現金應每日清點一次。
（2）銀行存款每月至少同銀行核對一次。
（3）債權債務每年至少核對一至兩次。
（4）各項存貨應有計劃、有重點地抽查。
（5）貴重物品每月清查一次等。

（二）財產清查按照清查的時間不同，可分為定期清查和不定期清查

1. 定期清查

定期清查是按規定的時間對財產物資進行的清查。這種清查的對象不定，可以是全面清查，也可以是局部清查。定期清查一般是在年末、季末或月末結帳時進行。

2. 不定期清查

不定期清查是根據特殊的需要進行的臨時性清查。不定期清查多數情況下是局部清查，因為臨時的需要而進行，時間不確定，如改換財產物資保管人員進行的有關財產物資的清查、發生意外災害等非常損失進行的損失情況的清查、有關部門進行的臨時性檢查等。不定期清查也可以是全面清查，如單位撤銷、合併或改變隸屬關係而進行的資產、債權債務的清查。

企業在編製年度財務會計報告前，應當全面清查財產、核實債務。各單位應當定期將會計帳簿記錄與實物、款項及有關資料相互核對，保證會計帳簿記錄與實物及款項的實有數額相符。

（三）財產清查按照實施的主體不同，可分為內部清查和外部清查

1. 內部清查

內部清查是本單位內部自行組織清查工作小組實施的財產清查工作，大多數財產清查都是內部清查。

2. 外部清查

外部清查由上級主管部門、審計機關、司法部門、註冊會計師根據國家有關規定或情況需要對本單位所實施的財產清查。一般來講，進行外部清查時，應有本單位相關人員參加。

第 2 節　財產清查的方法

一、實物清查的方法

對於各種實物，如原材料、在產品、產成品、固定資產等，都要從數量和質量上進行清查。由於實物的形態、體積、重量、堆放方式等不盡相同，因此採用的清查方法也不盡相同。實物數量清查的方法比較常用的有以下幾種：

（一）實地盤點

實地盤點是通過逐一清點或用計量器具來確定實物的實存數量。其適用的範圍較廣，在多數財產物資清查中都可以採用這種方法。

（二）技術推算

採用這種方法，對於財產物資不是逐一清點計數，而是通過量方、計尺等技術推算財產物資的結存數量。這種方法只適用於成堆、量大而價值又不高且難以逐一清點

的財產物資的清查。例如，露天堆放的煤炭等。

實物清查過程中，實物保管人員和盤點人員必須同時在場。對於盤點結果，應如實登記盤存單，並由盤點人和實物保管人簽字或蓋章，以明確經濟責任。盤存單既是紀錄盤點結果的書面證明，也是反應財產物資實存數的原始憑證。盤存單的一般格式如表 15-1 所示：

表 15-1   盤　存　單

編製單位：   盤點時間：
財產類別：   存放地點：   第　　頁

編號	名稱	規格或型號	計量單位	數量	單價	金額	備註

盤點人：   實物保管人：

實物的實有數量確定以後，應根據實存數和帳簿記錄編製實存帳存對比表（或稱盤點盈虧報告表），以確定盤盈盤虧數。實存帳存對比表既是分析發生差異原因和明確經濟責任的依據，又是調整帳簿記錄的重要依據。實存帳存對比表的一般格式如表 15-2 所示：

表 15-2   實存帳存對比表
                                   年　　月　　日
編製單位：   第　　頁

編號	類別及名稱	格式或編號	計量單位	單價	實存 數量	實存 金額	帳存 數量	帳存 金額	盤盈 數量	盤盈 金額	盤虧 數量	盤虧 金額	備註

單位主管：   主辦會計：   製表：

二、貨幣資金清查的方法

（一）現金清查的方法

現金清查的主要方法是通過實地盤點庫存現金的實存數，再與現金日記帳的帳面

余額核對，確定帳存與實存是否相符及盈虧情況。清查時，為了明確經濟責任，出納人員必須在場，現金由出納人員經手盤點，清查人員從旁監督，不允許用不具法律效力的借條、收據等抵充庫存現金。

現金清查后應填寫現金盤點報告表，以其作為原始憑證來調整現金日記帳的帳面記錄。現金盤點報告表的格式如表 15-3 所示：

表 15-3　　　　　　　　　　　　庫存現金盤點報告表

單位：　　　　　　　　　　　　　年　　　月　　　日

實存金額	帳存金額	對比結果		備註
		盈	虧	

盤點人：　　　　　　　　　　出納員：

（二）銀行存款清查的方法

銀行存款清查與實物和現金清查的方法不同，是採用與銀行核對帳目的方法來進行的。開戶銀行送來的銀行對帳單是銀行在收付企業單位存款時復寫的帳頁，完整地記錄了企業單位存放在銀行的款項的增減變動情況及結存餘額，是進行銀行存款清查的重要依據。

在實際工作中，企業銀行存款日記帳餘額與銀行對帳單餘額往往不一致，其主要原因有兩個方面：一是雙方帳目發生錯帳、漏帳。因此，在與銀行核對帳目之前，應先仔細檢查企業單位銀行存款日記帳的正確性和完整性，然后再將企業銀行存款日記帳與銀行送來的對帳單逐筆進行核對。二是存在未達帳項。所謂未達帳項，是指由於雙方記帳時間不一致而發生的一方已經入帳，而另一方尚未入帳的款項。企業單位與銀行之間的未達帳項，有以下情況：

1. 企業已入帳，但銀行尚未入帳

（1）企業送存銀行的款項，企業已作為存款增加入帳，但銀行尚未入帳。

（2）企業開出支票或其他付款憑證，企業已作為存款減少入帳，但銀行尚未付款、未記帳。

2. 銀行已入帳，但企業尚未入帳

（1）銀行代企業收進的款項，銀行已作為企業存款增加入帳，但企業尚未收到通知，因而未入帳。

（2）銀行代企業支付的款項，銀行已作為企業存款減少入帳，但企業尚未收到通知，因而未入帳。

上述任何一種情況的發生，都會使雙方的帳面存款餘額不一致。因此，為了查明企業和銀行雙方帳目的記錄有無差錯，同時也是為了發現未達帳項，在進行銀行存款清查時，必須將企業單位的銀行存款日記帳與銀行對帳單逐筆核對。通過核對，如果發現企業有錯帳或漏帳，應立即更正；如果發現銀行有錯帳或漏帳，應及時通知銀行

查明更正；如果發現有未達帳項，則應據以編製銀行存款余額調節表進行調節，並驗證調節後余額是否相等。

【例 15-1】 2016 年 6 月 30 日某企業銀行存款日記帳的帳面餘額為 30,000 元，銀行對帳單的餘額為 36,000 元，經逐筆核對，發現有下列未達帳項：

(1) 29 日，企業銷售產品收到轉帳支票一張計 3,000 元，將支票存入銀行，銀行尚未辦理入帳手續。

(2) 29 日，企業採購原材料開出轉帳支票一張計 1,000 元，企業已作銀行存款付出，銀行尚未收到支票而未入帳。

(3) 30 日，企業開出現金支票一張計 1,250 元，銀行尚未入帳。

(4) 30 日，銀行代企業收回貨款 8,600 元，收款通知尚未到達企業，企業尚未入帳。

(5) 30 日，銀行代企業付電費 1,850 元，付款通知尚未到達企業，企業尚未入帳。

根據以上資料編製銀行存款余額調節表如表 15-4 所示：

表 15-4　　　　　　　　　　**銀行存款余額調節表**
2016 年 6 月 30 日　　　　　　　　　　　　　　　單位：元

項目	金額	項目	金額
企業銀行存款帳面餘額	30,000	銀行對帳單帳面餘額	36,000
加：銀行已記增加，企業未記增加的帳項	8,600	加：企業已記增加，銀行未記增加的帳項	3,000
減：銀行已記減少，企業未記減少的帳項	1,850	減：企業已記減少，銀行未記減少的帳項	2,250
調節后存款余額	36,750	調節后存款余額	36,750

如果調節後雙方余額相等，則一般說明雙方記帳沒有差錯；若不相等，則表明企業方或銀行方或雙方記帳有差錯，應進一步核對，查明原因予以更正。

需要注意的是，對於銀行已經入帳而企業尚未入帳的未達帳項，不能根據銀行存款余額調節表來編製會計分錄，作為記帳依據，必須在收到銀行的有關憑證後方可入帳。

三、往來款項清查的方法

往來款項清查採用與對方單位核對帳目的方法。在檢查本單位結算往來款項帳目正確性和完整性的基礎上，根據有關明細分類帳的記錄，按客戶、供應商編製對帳單，送交對方單位進行核對。對帳單一般一式兩聯，其中一聯作為回單。如果對方單位核對相符，應在回單上蓋章後退回；如果數字不符，則應將不符的情況在回單上註明，或另抄對帳單退回，以便進一步清查。

往來款項的清查一般用發函詢證的方法進行核對。首先，將本單位的往來帳款核對清楚。其次，編製往來款項對帳單，寄往各有關往來單位，其中一聯作為回單，對方單位核對後蓋章退回。最后，收到上述回單后，編製往來款項清查表。

第3節　財產清查結果的處理

通過財產清查所發現的財產管理和核算方面存在的問題，應當認真分析研究，以有關的法令、制度為依據進行嚴肅處理。因此，應切實做好以下幾個方面的工作：

一、查明差異，分析原因

通過財產清查所確定的各項財產物資的實有數和帳簿記錄之間存在差異，如財產的盤盈、盤虧以及逾期債權、債務等，都要認真查明其性質和原因，明確經濟責任，提出處理意見，按照規定程序經有關部門批准後，予以認真嚴肅的處理。財產清查人員應以高度的責任心，深入調查原因，處理方法要得當。

二、認真總結，加強管理

財產清查以后，針對所發現的問題，應當認真總結經驗教訓。同時，要建立和健全以崗位責任制為中心的財產管理制度，切實提出改進工作的措施，進一步加強財產管理，保護社會主義財產的安全和完整。

三、調整帳目，帳實相符

財產清查的重要任務之一就是為了保證帳實相符，財會部門對於財產清查中所發現的差異必須及時地進行帳簿記錄的調整。由於財產清查結果的處理要報請審批，因此在帳務處理上通常分兩步進行。第一步，將財產清查中發現的盤盈、盤虧或毀損數，通過「待處理財產損溢」帳戶，登記有關帳簿，以調整有關帳面記錄，使帳存數和實存數相一致。第二步，在審批后，應根據批准的處理意見，再從「待處理財產損溢」帳戶轉入有關帳戶。最終經過處理，「待處理財產損溢」帳戶沒有余額。

「待處理財產損溢」帳戶是一個暫時性的帳戶，是專門用來核算企業在財產清查過程中查明的各種財產物資的盤盈、盤虧和毀損的帳戶。該帳戶的借方登記各種財產物資的盤虧、毀損數及按照規定程序批准的盤盈轉銷數，該帳戶的貸方登記各種財產物資的盤盈數及按照規定程序批准的盤虧、毀損轉銷數。該帳戶的借方余額表示尚未處理的各種物資的淨損失數，貸方余額表示尚未處理的各種財產物資的淨溢余數（見圖15-1）。

<table>
<tr><td colspan="2" align="center">待處理財產損溢（資產類）</td></tr>
<tr><td>（1）財產清查中發現各種財產盤虧損失的金額
（2）報經批准處理的盤盈數額</td><td>（1）財產清查中發現的除固定資產外的其他資產盤盈數額
（2）報經批准處理的盤虧數額</td></tr>
<tr><td>余額：企業尚未處理的財產淨損失</td><td>余額：企業尚未處理的財產淨溢余</td></tr>
</table>

期末：企業的財產損溢，應查明原因，在期末結帳前處理完畢，處理后本帳戶應無余額。
明細：本帳戶可按盤盈、盤虧的資產種類和項目進行明細核算。

圖 15-1 「待處理財產損溢」帳戶

　　流動資產的盤盈，其中無法查明的原因計入「營業外收入」帳戶。財產盤虧屬於自然災害或意外造成損失部分計入「營業外支出」帳戶。一般經營損失的部分（自然損耗）計入「管理費用」帳戶。

　　對於固定資產的盤虧，是人為原因造成，責令其賠償，計入「其他應收款」帳戶。固定資產的盤盈，一般屬於假帳的，計入「以前年度損益調整」帳戶。

【例 15-2】某企業在財產清查中，發現庫存現金溢余 150 元，無法查明原因。
（1）報批前（發現時）。
　　借：庫存現金　　　　　　　　　　　　　　　　　　　　　150
　　　　貸：待處理財產損溢　　　　　　　　　　　　　　　　　　　　150
（2）批准后。
　　借：待處理財產損溢　　　　　　　　　　　　　　　　　　　150
　　　　貸：營業外收入　　　　　　　　　　　　　　　　　　　　　　150

【例 15-3】某企業在財產清查中，盤盈原材料 6 噸，價值 18,000 元。
報經批准前，根據實存帳存對比表的記錄，編製會計記錄如下：
　　借：原材料　　　　　　　　　　　　　　　　　　　　　18,000
　　　　貸：待處理財產損溢　　　　　　　　　　　　　　　　　　　18,000
經查明，這項盤盈材料因計量儀器不準造成生產領用少付多算，因此經批准衝減本月管理費用，編製會計分錄如下：
　　借：待處理財產損溢　　　　　　　　　　　　　　　　　　18,000
　　　　貸：管理費用　　　　　　　　　　　　　　　　　　　　　　18,000

【例 15-4】在財產清查中，發現購進的甲材料實際庫存較帳面庫存短缺 15,000 元。
報經批准前，先調整帳面余額，編製會計分錄如下：
　　借：待處理財產損溢　　　　　　　　　　　　　　　　　　15,000
　　　　貸：原材料——甲材料　　　　　　　　　　　　　　　　　　15,000
報經批准，如屬於定額內的自然損耗，則應作為管理費用，計入本期損益，編製會計分錄如下：

借：管理費用	15,000	
貸：待處理財產損溢		15,000

如果屬於管理人員過失造成則應由過失人賠償，編製會計分錄如下：

借：其他應收款——某人	15,000	
貸：待處理財產損溢		15,000

如果屬於非常災害造成的損失應經批准列作營業外支出，編製會計分錄如下：

借：營業外支出	15,000	
貸：待處理財產損溢		15,000

【例 15-5】某企業在財產清查過程，發現帳外機器設備一臺，其原值估價為 10,000 元，折舊估價為 4,000 元。

批准前，根據盤存單和實存帳存對比表，編製會計記錄如下：

借：固定資產	10,000	
貸：累計折舊		4,000
待處理財產損溢		6,000

經批准，作為企業營業外收入處理，編製會計分錄如下：

借：待處理財產損溢	6,000	
貸：以前年度損益調整		6,000

作業與思考

一、單項選擇題

1. 以下資產可以採用發函詢證方法進行清查的是（　　）。
   A. 煤炭　　　　B. 銀行存款　　　C. 固定資產　　　D. 應收帳款
2. 對庫存現金的清查採用的方法是（　　）。
   A. 實地盤點法　　　　　　　　　B. 檢查現金日記帳
   C. 倒擠法　　　　　　　　　　　D. 抽查現金
3. 財產清查是對（　　）進行盤點和核對，確定其實存數，並查明帳存數與實存數是否相符的一種專門方法。
   A. 存貨　　　　B. 固定資產　　　C. 貨幣資金　　　D. 各項財產
4. 銀行存款的清查一般採用的方法是（　　）。
   A. 實地盤點　　B. 技術推算　　　C. 核對帳目　　　D. 抽查盤點
5. 「待處理財產損溢」帳戶屬於（　　）。
   A. 損益類　　　B. 資產類　　　　C. 成本類　　　　D. 所有者權益類
6. 某企業期末銀行存款日記帳餘額為 80,000 元，銀行送來的對帳單餘額為

82,425 元，經對未達帳項調節后的余額為 83,925 元，則該企業的銀行實有存款是（　　）元。

  A. 82,425 B. 80,000 C. 83,925 D. 24,250

7. 在記帳無誤的情況下，銀行對帳單與銀行存款日記帳帳面余額不一致的原因是（　　）。

  A. 存在應付帳款   B. 存在應收帳款
  C. 存在外埠存款   D. 存在未達帳項

8. 下列項目的清查應採用向有關單位發函簽證核對帳目的方法的是（　　）。

  A. 原材料 B. 應收帳款 C. 實收資本 D. 短期投資

9. 下列財產物資中，可以採用技術推算法進行清查的是（　　）。

  A. 現金   B. 固定資產
  C. 煤炭等大宗物資   D. 應收帳款

10. 庫存商品因管理工作不善盤虧，經批准核銷時，應借記（　　）帳戶。

  A.「管理費用」   B.「營業外支出」
  C.「庫存商品」   D.「待處理財產損溢」

11. 下列屬於實物資產清查範圍的是（　　）。

  A. 現金 B. 存貨 C. 有價證券 D. 應收帳款

12. 下列說法正確的是（　　）。

  A. 現金應每日清點一次
  B. 銀行存款每月至少同銀行核對兩次
  C. 貴重物品每天應盤點一次
  D. 債權債務每年至少核對二至三次

二、多項選擇題

1. 進行局部財產清查時，正確的做法是（　　）。

  A. 現金每月清點一次
  B. 銀行存款每月至少同銀行核對一次
  C. 貴重物品每月盤點一次
  D. 債權債務每年至少核對一至二次

2. 下列有關企業進行庫存現金盤點清查時的做法，正確的是（　　）。

  A. 庫存現金的清查方法採用實地盤點法
  B. 在盤點庫存現金時，出納人員必須在場
  C. 經領導批准，借條、收據可以抵充現金
  D. 現金盤點報告表須由盤點人員和出納人員共同簽章方能生效

3. 國家統一的會計制度和單位內部會計控制制度對於財產清查結果處理的規定和要求是（　　）。

A. 分析產生差異的原因和性質，提出處理建議
B. 積極處理多余積壓財產，清理往來款項
C. 總結經驗教訓，建立健全各項管理制度
D. 及時調整帳簿記錄，保證帳實相符

4. 應記入「待處理財產損溢」帳戶借方核算的是（　　）。
A. 盤虧的財產物資數額　　　B. 盤盈財產物資的轉銷數額
C. 盤盈的財產物資數額　　　D. 盤虧財產物資的轉銷數額

5. 下列（　　）情況會使企業銀行存款日記帳余額大於銀行對帳單余額。
A. 企業已收，銀行未收　　　B. 企業已付，銀行未付
C. 銀行已收，企業未收　　　D. 銀行已付，企業未付

6. 下列各項中，關於庫存現金清查的說法錯誤的有（　　）。
A. 庫存現金只需要定期清查
B. 庫存現金清查時出納人員應該迴避
C. 清查人員應該自己動手親自盤點庫存現金
D. 現金清查后，如果存在帳實不符也不得調整庫存現金日記帳

三、銀行存款余額調節表的編製

2016年6月30日，某企業銀行存款日記帳余額為413,280元，銀行對帳單余額為418,900元。經逐筆核對，雙方記帳均無差錯，但發現有下列未達帳項：

（1）6月28日，企業收到轉帳支票一張，計46,800元，企業已作為存款收入入帳，但尚未到銀行辦理入帳手續，銀行尚未入帳。

（2）6月29日，企業開出轉帳支票一張，計70,200元，用以支付供貨單位帳款，企業已作為存款付出入帳，但支票尚未到達銀行，銀行尚未入帳。

（3）6月30日，銀行計算應付給企業存款利息800元，銀行已登記入帳，作為企業存款的增加，而企業未收到收款通知，尚未入帳。

（4）6月30日，銀行代企業付水電費18,580元，銀行已登記入帳，作為企業存款的減少，而企業尚未收到付款通知，尚未入帳。

請編製銀行存款余額調節表（見表15-5）。

表15-5　　　　　　　　　　　銀行存款余額調節表
2016年6月30日　　　　　　　　　　　　　　　單位：元

項目	金額	項目	金額
企業銀行存款帳面余額		銀行對帳單帳面余額	
加：銀行已記增加，企業未記增加的帳項		加：企業已記增加，銀行未記增加的帳項	
減：銀行已記減少，企業未記減少的帳項		減：企業已記減少，銀行未記減少的帳項	
調節后存款余額		調節后存款余額	

四、簡答題

1. 什麼是財產清查？為什麼要進行財產清查？財產清查有什麼作用？
2. 哪些因素會造成各項財產帳面數與實際數不一致？
3. 如何對現金、銀行存款進行清查？可能會出現什麼問題？如何解決？
4. 什麼是「未達帳項」？企業單位能否根據銀行存款余額調節表將未達帳項登記入帳？為什麼？

第 16 章
財務會計報告

本章闡述了財務會計報告的概念、內容、作用以及編製要求，通過本章的學習，學生應熟悉資產負債表、利潤表的概念、作用、內容和結構。

第 1 節 財務會計報告概述

企業、行政單位、事業單位等的經濟活動和財務收支，經過日常的會計核算，已在帳簿中序時、連續、系統地進行了歸集和記錄。這些核算資料是分散地反應在各個帳戶之中，不能集中地、總括地、一目了然地反應企業、行政單位、事業單位等的經濟活動和財務收支全貌。為了滿足經營管理的需要，須將日常核算資料按照科學的方法和一定的指標定期進行系統地整理，以特定的形式全面、綜合地反應企業整個經濟活動和財務收支狀況，這就形成了財務會計報告。可見財務會計報告是指單位會計部門根據經過審核的會計帳簿記錄和有關資料，編製並對外提供的反應單位某一特定日期財務狀況和某一會計期間經營成果、現金流量及所有者權益等會計信息的總結性書面文件。

一、財務會計報告的內容

財務會計報告包括會計報表、會計報表附註和財務情況說明書。

（一）會計報表

會計報表是指企業以一定的會計方法和程序由會計帳簿的數據整理得出，以表格的形式反應企業財務狀況、經營成果和現金流量的書面文件，是財務會計報告的主體和核心。企業會計報表按其反應的內容不同，分為資產負債表、利潤表、現金流量表、所有者權益（股東權益）變動表。其中，相關附表是反應企業財務狀況、經營成果和現金流量的補充報表，主要包括利潤分配表以及國家統一會計制度規定的其他附表。

（二）會計報表附註

會計報表附註是為便於會計報表使用者理解會計報表的內容而對會計報表的編製基礎、編製依據、編製原則和方法及主要項目等所進行的解釋。會計報表附註是財務會計報告的一個重要組成部分，有利於增進會計信息的可理解性，提高會計信息的可比性，突出重要的會計信息。

(三) 財務情況說明書

財務情況說明書是財務會計報告的組成部分，是指會計單位提供的財務情況至少應當對下列情況作出說明：
(1) 企業生產經營的基本情況；
(2) 利潤實現和分配情況；
(3) 資金增減和週轉情況；
(4) 對企業財務狀況經營成果、現金流量有重大影響的其他事項。

二、會計報表的作用、種類和編製要求

(一) 會計報表的作用

會計報表是會計核算的又一種專門方法，也是會計工作的一項重要內容。會計報表所提供的指標，比其他會計資料提供的信息更為綜合、系統和全面地反應企業、行政單位、事業單位等的經濟活動的情況和結果。因此，會計報表對企業和行政單位、事業單位本身及其主管部門，對企業的債權人和投資者，對財稅、銀行、審計等部門來說，都是一種十分重要的經濟資料。會計報表的作用具體表現在以下幾個方面：

第一，會計報表所提供的資料可以幫助企業領導和管理人員分析檢查企業的經濟活動是否符合制度規定；考核企業資金、成本、利潤等計劃指標的完成程度；分析評價經營管理中的成績和缺點，採取措施改善經營管理，提高經濟效益；運用會計報表的資料和其他資料進行分析，為編製下期計劃提供依據。同時，企業領導和管理人員通過會計報表，把會計經營情況和結果向職工交底，以便職工進行監督，進一步發揮職工的作用，從各個方面提出改進建議，促進企業增產節約措施的落實。

第二，單位主管部門利用會計報表考核所屬單位的業績以及各項經濟政策貫徹執行情況，並通過各單位同類指標的對比分析，可及時總結成績，推廣先進經驗；對發現的問題分析原因，採取措施，克服薄弱環節；通過報表逐級匯總所提供的資料，可以在一定範圍內反應國民經濟計劃的執行情況，為國家宏觀管理提供依據。

第三，財政、稅務、銀行和審計部門利用會計報表所提供的資料，可以瞭解企業資金的籌集與運用是否合理、檢查企業稅收解繳情況與利潤計劃的完成情況以及有無違反稅法和財經紀律的現象，更好地發揮財政、稅收的監督職能。銀行部門可以考查企業流動資金的利用情況，分析企業銀行借款的物資保證程度，研究企業流動資金的正常需要量，瞭解銀行借款的歸還以及信貸紀律的執行情況，充分發揮銀行經濟監督和經濟槓桿作用。審計部門可以利用會計報表瞭解企業財務狀況和經營情況以及財經政策、法令和紀律執行情況，從而為進行財務審計和經濟效益審計提供必要的資料。

第四，企業的投資、債權人和其他利益群體需要利用會計報表所提供的企業財務狀況和償債能力，作為投資、貸款和交易的決策依據。行政單位、事業單位等的會計報表可以總括地反應預算資金收支情況和預算執行的結果，以便總結經驗教訓，改進工作，提高單位的管理水平，並為編製下期預算提供必要的資料。

(二) 會計報表的種類

不同性質的經濟單位由於會計核算的內容不一樣，經濟管理的要求及其所編製的

會計報表的種類也不盡相同。就企業而言，其所編製的會計報表也可按不同的標誌劃分為不同的類別。

1. 按照會計報表反應的經濟內容分類

按照會計報表反應的經濟內容分類，會計報表可分為以下四種類型：

(1) 反應一定日期企業資產、負債及所有者權益等財務狀況的報表（資產負債表）。

(2) 反應一定時期企業經營成果的會計報表（利潤表）。

(3) 反應一定時期企業構成所有者權益的各組成部分的增減變動情況的報表（所有者權益變動表）。

(4) 反應一定時期內企業財務狀況變動情況的會計報表（現金流量表）。

以上四類報表可以劃分為靜態報表和動態報表。資產負債表為靜態報表，利潤表、所有者權益變動表和現金流量表為動態報表。

2. 按照會計報表的報送對象分類

按照會計報表的報送對象分類，會計報表可分為以下兩大類：

一類是對外報送的會計報表，包括資產負債表、利潤表、所有者權益變動表和現金流量表等。這些報表可用於企業內部管理，但更偏向於現在和潛在投資者、貸款人、供應商以及其他債權人、顧客、政府機構、社會公眾等外部使用者的信息要求。這類報表一般有統一格式和編製要求。

另一類是對內報送的會計報表。這類報表是根據企業內部管理需要編製的，主要用於企業內部成本控制、定價決策、投資或籌資方案的選擇等，這類報表無規定的格式、種類。

3. 按照會計報表的編製分類

按照會計報表的編製分類，會計報表可分為個別會計報表和合併會計報表兩類。這種劃分是在企業對外單位進行投資的情況下，由於特殊的財務關係所形成的。個別會計報表是指只反應對外投資企業本身的財務狀況和經營情況的會計報表，包括對外會計報表和對內會計報表。合併會計報表是指一個企業在能夠控制另一個企業的情況下，將被控制企業與本企業視為一個整體，將其有關經濟指標與本企業的數字合併而編製的會計報表。合併會計報表所反應的是企業與被控制企業共同的財務狀況與經營成果。合併會計報表一般只編製對外會計報表。

4. 按照會計報表的編製時間分類

按照會計報表的編製時間不同，會計報表可分為定期會計報表和不定期會計報表。定期會計報表又可分為年度會計報表、季度會計報表和月份會計報表三類。年度會計報表是年終編製的報表，是全面反應企業財務狀況、經營成果及其分配、現金流量等方面的報表。季度會計報表是每一季度末編製的報表，種類比年度會計報表少一些。月份會計報表是月終編製的財務報表，只包括一些主要的報表，如資產負債表、利潤表等。

在編製會計報表時，哪些報表為年度會計報表、哪些報表為季度會計報表、哪些報表為月份會計報表，都應根據《企業會計準則》的規定辦理。月度會計報表、季度會計報表稱為中期報告。企業在持續經營的條件下，一般是按年、季、月編製會計報表，但在某種特殊情況下則需編製不定期會計報表，如在企業宣布破產時應編製和報送破產清算會計報表。

5. 按照會計報表的編製單位分類

按照會計報表的編製單位分類，會計報表可分為單位會計報表和匯總會計報表兩類。單位會計報表是指由獨立核算的會計主體編製的，用以反應某一會計主體的財務狀況、經營活動成果和費用支出及成本完成情況的報表。匯總會計報表是指由上級主管部門將其所屬各基層經濟單位的會計報表，與其本身的會計報表匯總編製的，用以反應一個部門或一個地區經濟情況的會計報表。

（三）會計報表的編製要求

為了充分發揮會計報表的作用，會計報表的種類、格式、內容和編製方法，都應由財政部統一制定，企業應嚴格地按照統一規定填製和上報，才能保證會計報表口徑一致，便於各有關部門利用會計報表，瞭解、考核和管理企業的經濟活動。

為確保會計報表質量，編製會計報表必須符合以下要求：

1. 數字真實

根據客觀性原則，企業會計報表所填列的數字必須真實可靠，能準確地反應企業的財務狀況和經營成果。企業不得以估計數字填列會計報表，更不得弄虛作假、篡改、偽造數字。為了確保會計報表的數字真實準確，應做到如下幾點：

（1）報告期內所有的經濟業務必須全部登記入帳，應根據核對無誤的帳簿記錄編製會計報表，不得用估計數字編製會計報表，不得弄虛作假，不得篡改數字。

（2）在編製會計報表之前，應認真核對帳簿記錄，做到帳證相符、帳帳相符。發現有不符之處，應先查明原因，加以更正，再據以編製會計報表。

（3）企業應定期進行財產清查，對各項財產物資、貨幣資金和往來款項進行盤點、核實，在帳實相符的基礎上編製會計報表。

（4）在編製會計報表時，要核對會計報表之間的數字，有勾稽關係的數字要認真核對；本期會計報表與上期會計報表之間的數字應相對銜接一致、本年度會計報表與上年度會計報表之間相關指標數字應銜接一致。

2. 內容完整

會計報表中各項指標和數據是相互聯繫、相互補充的，必須按規定填列齊全、完整。不論主表、附表或補充資料，都不能漏填、漏報。各會計報表之間、項目之間凡有對應關係的項目的數據，應該相互一致，做到表表相符。

3. 計算正確

會計報表上的各項指標，都必須按《企業會計準則》和《企業會計制度》中規定的口徑填列，不得任意刪減或增加，凡需經計算填列的指標，應按以上兩個制度所規定的公式計算填列。

4. 編報及時

企業應按規定的時間編報會計報表，及時逐級匯總，以便報表的使用者及時、有效地利用會計報表資料。因此，企業應科學地組織好會計的日常核算工作，選擇適合本企業具體情況的會計核算組織程序認真做好記帳、算帳、對帳和按期結帳工作。

（四）報表報送裝訂要求

第一，各時間段財務報表應當按照國家及公司規定的期限報送財務報表。其中，

日報應當在每日工作時間結束之前上報；月報應當在次月 3 日之前上報；季報應當隨季度結束次月的月報上報；年報應當在會計年度結束的次年 1 月之前上報；其他臨時性報表應當按照國家及公司規定的期限報送。

第二，對外報送或內部管理需要的財務報告，應當依次編寫頁碼，加具封面，裝訂成冊，加蓋公章。封面上應當註明單位名稱，單位地址，財務報告所屬年度、季度、月度，送出日期，並由單位領導人、總會計師、會計機構負責人、會計主管人員簽名或者蓋章。

第 2 節　資產負債表

資產負債表是總括反應企業在某一特定日期（月末、季末或年末）全部資產、負債和所有者權益情況的會計報表。

一、資產負債表的作用

資產負債表可提供的信息如下：

第一，流動資產實有情況的信息，包括貨幣資金、應收及預付款項、交易性金融資產和存貨等流動資產實有情況的信息。

第二，非流動資產實有情況的信息，包括可供出售金融資產、持有至到期金融資產、長期股權投資、固定資產、無形資產等非流動資產實有情況的信息。

第三，流動負債的信息，包括短期借款、交易性金融負債、應付及預收款項等流動負債的信息。

第四，非流動負債的信息，包括長期借款、應付債券、長期應付款等信息。

第五，所有者權益的信息，包括實收資本、盈余公積和未分配利潤的信息。

資產負債表總括地提供了企業的經營者、投資者和債權人等各方面所需要的信息，其具體作用如下：

第一，通過資產負債表可以瞭解企業所掌握的經濟資源及其分佈的情況，經營者可據此分析企業資產分佈是否合理，以改進經營管理，提高管理水平。

第二，通過資產負債表可以瞭解企業資金的來源渠道和構成，投資者和債權人可據此分析企業所面臨的財務風險，以監督企業合理使用資金。

第三，通過資產負債表可以瞭解企業的財務實力、短期償債能力和支付能力，投資者和債權人可據此做出投資和貸款的正確決策。

第四，通過對前後期資產負債表的對比分析，可瞭解企業資金結構的變化情況，經營者、投資者和債權人可據此掌握企業財務狀況的變化趨勢。

二、資產負債表的結構

資產負債表的編製格式有帳戶式、報告式和財務狀況式三種。其中，帳戶式資產

負債表分為左右兩方，左方列示資產項目，右方列示負債及所有者權益項目，左右兩方的合計數應保持平衡。這種格式的資產負債表應用最廣，我國《企業會計制度》要求採用的就是這種格式的資產負債表。

資產負債表是依據「資產＝負債＋所有者權益」這一會計等式的基本原理設置的，分為左右兩方。左方反應企業所擁有的全部資產，右方反應企業的負債和所有者權益，根據會計等式的基本原理，左方的資產總額等於右方的負債和所有者權益的總額。資產負債表左右兩方各項目前后順序是按其流動性排列的。一般企業的資產負債表基本格式如表 16-1 所示：

表 16-1　　　　　　　　　　　資產負債表　　　　　　　　　　　會企 01 表
編製單位：　　　　　　　　　　　年　月　日　　　　　　　　　　　單位：元

資　　產	期末余額	年初余額	負債和所有者權益	期末余額	年初余額
流動資產：			流動負債：		
貨幣資金			短期借款		
交易性金融資產			交易性金融負債		
應收票據			應付票據		
應收帳款			應付帳款		
預付款項			預收帳款		
應收利息			應付職工薪酬		
應收股利			應交稅費		
其他應收款			應付利息		
存貨			應付股利		
一年內到期的非流動資產			其他應付款		
其他流動資產			一年內到期的非流動負債		
流動資產合計			其他流動負債		
非流動資產：			流動負債合計		
可供出售金融資產			非流動負債：		
持有至到期投資			長期借款		
長期應收款			應付債券		
長期股權投資			長期應付款		
投資性房地產			專項應付款		
固定資產			預計負債		
工程物資			遞延所得稅負債		
在建工程			其他非流動負債		
固定資產清理			非流動負債合計		
生產性生物資產			負債合計		
油氣資產			所有者權益：		
無形資產			實收資本		
開發支出			資本公積		
商譽			減：庫存股		
遞延所得稅資產			盈余公積		
其他非流動資產			未分配利潤		
非流動資產合計			所有者權益合計		
資產總計			負債和所有者權益總計		

不論是何種格式的資產負債表，在編製時，首先需要把所有項目按一定的標準進行分類，並以適當的順序加以排列。世界上大多數國家所採用的都是按流動性排序的資產負債表。該種資產負債表首先把所有項目分為資產、負債、所有者權益三個部分，並按項目的流動性程度來決定其排列順序。

資產項目按其流動性排列，流動性大的排在前，流動性小的排在后；負債項目按其到期日的遠近排列，到期日近的排在前，到期日遠的排在后；所用者權益項目按其永久程度高低排列，永久程度高的排在前，永久程度低的排在后。

(一) 資產的排列順序

1. 流動資產

流動資產包括在一年或超過一年的一個經營週期以內可以變現或耗用、售出的全部資產。流動資產在資產負債表上排列為：貨幣資金、交易性金融資產、應收票據、應收帳款、預付款項、應收利息、其他應收款、存貨、一年內到期的非流動資產等。

2. 非流動資產

非流動資產包括變現能力在一年或超過一年的一個經營週期以上的資產。非流動資產在資產負債表上排列為：可供出售金融資產、持有至到期投資、長期股權投資、長期應收款、投資性房地產、固定資產、在建工程、工程物資、固定資產清理、生產性生物資產、油氣資產、無形資產、開發支出、商譽、長期待攤費用、遞延所得稅資產等。

(二) 負債的排列順序

1. 流動負債

流動負債包括償還期在一年以內的全部負債。流動負債在資產負債表上排列為：短期借款、交易性金融負債、應付票據、應付帳款、預收款項、應付職工薪酬、應交稅費、應付利息、應付股利、其他應付款、一年內到期的非流動負債等。

2. 非流動負債

非流動負債包括償還期在一年或超過一年的一個經營週期以上的債務。非流動負債在資產負債表上排列為：長期借款、應付債券、長期應付款、專項應付款、預計負債、遞延所得稅負債等。

(三) 所有者權益的排列順序

所有者權益包括所有者投資、企業在生產經營過程中形成的盈余公積和未分配利潤。所有者權益在資產負債表上排列為：實收資本、資本公積、盈余公積和未分配利潤等。

第 3 節　利潤表

利潤表是總括反應企業在一定時期（年度、季度或月份）內經營成果的會計報表，用以反應企業一定時期內利潤（或虧損）的實際情況。

一、利潤表的內容

利潤表可以提供的信息如下：

第一，企業在一定時期內取得的全部收入，包括營業收入、投資收益和營業外收入。

第二，企業在一定時期內發生的全部費用和支出，包括營業成本、銷售費用、管理費用、財務費用和營業外支出。

第三，全部收入與支出相抵后計算出企業一定時期內實現的利潤（或虧損）總額。

二、利潤表的作用

會計報表使用者通過利潤表可以瞭解企業利潤（或虧損）的形成情況，據以分析、考核企業經營目標及利潤計劃的執行結果，分析企業利潤增減變動的原因，以促進企業改善經營管理，不斷提高管理水平和盈利水平；通過利潤表可以評比對企業投資的價值和報酬，判斷企業的資本是否保全；通過利潤表提供的信息可以預測企業在未來期間的經營狀況和盈利趨勢。

三、利潤表的結構

利潤表一般包括表首、正表兩部分。其中，表首概括說明報表名稱、編製單位、編製日期、報表編號、貨幣名稱、計量單位；正表是利潤表的主體，反應形成經營成果的各個項目和計算過程。正表的格式一般有兩種：單步式利潤表和多步式利潤表。單步式利潤表是將當期所有的收入列在一起，然后將所有的費用列在一起，兩者相減得出當期淨損益。多步式利潤表是通過對當期的收入、費用、支出項目按性質加以歸類，按利潤形成的主要環節列示一些中間性的利潤指標，如營業利潤、利潤總額、淨利潤，分步計算當期淨損益。我國《企業會計準則》規定利潤表採用多步式。

利潤表的格式如表 16-2 所示：

表 16-2　　　　　　　　　　　利潤表
編製單位：　　　　　　　　　　年　　月　　　　　　　　　　　　　　　單位：元

項目	本月數	本年累計數
一、營業收入		
減：營業成本		
營業稅金及附加		
銷售費用		
管理費用		
財務費用		
資產減值損失		
加：公允價值變動收益（損失以「-」號填列）		
投資收益		
二、營業利潤（虧損以「-」號填列）		
加：營業外收入		
減：營業外支出		
三、利潤總額（淨虧損以「-」號填列）		
減：所得稅費用		
四、淨利潤		
五、每股收益		
（一）基本每股收益		
（二）稀釋每股收益		

為了清楚地反應各項指標的報告期數及從年初到報告期為止的累計數，在利潤表中應分別設置「本月數」和「本年累計數」兩欄。

第 4 節　現金流量表

一、現金流量表的概念

現金流量表是反應企業一定會計期間內現金和現金等價物流入和流出信息的會計報表，是一張動態報表。編製現金流量表的主要目的是為會計報表使用者提供企業一定會計期間內現金和現金等價物流入和流出的會計信息，以便於會計報表使用者瞭解和評價企業獲取現金和現金等價物的能力，分析企業的支付能力、償債能力、週轉能力以及企業收益質量和影響現金淨流量的因素，並據以預測企業未來現金流量。

二、現金流量表的編製基礎

現金流量表是以現金為基礎編製的，這裡的現金是廣義的現金，包括庫存現金、可以隨時用於支付的存款以及現金等價物。

（一）庫存現金

庫存現金是指企業持有的、可隨時用於支付的現金限額。

（二）銀行存款

銀行存款是指企業存在金融企業、隨時可以用於支付的存款，即與會計核算中「銀行存款」帳戶的內容基本一致，但是編製現金流量表所指的銀行存款是可以隨時用於支付的銀行存款，如結算戶存款、通知存款等，不包括不能隨時用於支取的存款。

（三）其他貨幣資金

其他貨幣資金是指企業存在金融企業有特定用途的資金，如外埠存款、銀行匯票存款、銀行本票存款、信用證存款、信用卡存款等。

（四）現金等價物

現金等價物是指企業持有的期限短、流動性強、易於轉換為已知金額的現金、價值變動風險很小的投資。現金等價物雖然不是現金，但其支付能力相當於現金，能夠滿足企業即期支付的需要。

三、現金流量表的結構和內容

現金流量表的基本結構包括正表和補充資料兩部分。正表的內容主要如下：

（一）經營活動產生的現金流量

經營活動是指企業投資活動和籌資活動以外的所有交易和事項。經營活動產生的現金流量包括經營活動產生的現金流入和經營活動產生的現金流出。一般來說，經營活動產生的現金流入項目主要有銷售商品、提供勞務收入的現金，收到的稅費返還，收到的其他與經營活動有關的現金。經營活動產生的現金流出項目主要有購買商品、接受勞務支付的現金，支付給職工以及為職工支付的現金，支付的各項稅費，支付的其他與經營活動有關的現金。

（二）投資活動產生的現金流量

投資活動是指企業長期資產的購建和不包括在現金等價物範圍內的投資及處置活動。投資活動產生的現金流量包括投資活動產生的現金流入和投資活動產生的現金流出。一般來說，投資活動的現金流入項目主要有收回投資所收到的現金，取得投資收益所收到的現金，處置固定資產、無形資產和其他長期資產所收回的現金淨額，收到的其他與投資活動有關的現金。投資活動產生的現金流出項目主要有購建固定資產、無形資產和其他長期資產所支付的現金，投資所支付的現金，支付的其他與投資活動有關的現金。

（三）籌資活動產生的現金流量

籌資活動是指導致企業資本及債務規模和構成發生變化的活動。籌資活動產生的現金流量包括籌資活動產生的現金流入和籌資活動產生的現金流出。一般來說，籌資活動的現金流入項目主要有吸收投資所收到的現金、取得借款所收到的現金、收到的其他與籌資活動有關的現金。籌資活動的現金流出項目主要有償還債務所支付的現金，分配股利、利潤或償付利息所支付的現金，支付的與其他籌資活動有關的現金。

正表除上述三項內容外，還包括匯率變動對現金的影響和現金及現金等價物淨增

加額兩項。

現金流量表正表的格式如表 16-3 所示：

表 16-3　　　　　　　　　　　　　現 金 流 量 表

編製單位：　　　　　　　　　　　201×年度　　　　　　　　　　　單位：元

項　目	行次	金額
一、經營活動產生的現金流量：		
銷售商品、提供勞務收到的現金	1	
收到的稅費返還	3	
收到的其他與經營活動有關的現金	8	
現金流入小計	9	
購買商品、接受勞務支付的現金	10	
支付給職工以及為職工支付的現金	12	
支付的各項稅費	13	
支付的其他與經營活動有關的現金	18	
現金流出小計	20	
經營活動產生的現金流量淨額	21	
二、投資活動產生的現金流量		
收回投資所收到的現金	22	
取得投資收益所收到的現金	23	
處置固定資產、無形資產和其他長期資產所收回的現金淨額	25	
收到的其他與投資活動有關的現金	28	
現金流入小計	29	
購建固定資產、無形資產和其他長期資產所支付的現金	30	
投資所支付的現金	31	
支付的其他與投資活動有關的現金	35	
現金流出小計	36	
投資活動產生的現金流量淨額	37	
三、籌資活動產生的現金流量		
吸收投資所收到的現金	38	
借款所收到的現金	40	
收到的其他與籌資活動有關的現金	43	
現金流入小計	44	
償還債務所支付的現金	45	
分配股利、利潤或償付利息所支付的現金	46	
支付的其他與籌資活動有關的現金	52	
現金流出小計	53	

表16-3(續)

項 目	行次	金額
籌資活動產生的現金流量淨額	54	
四、匯率變動對現金的影響	55	
五、現金及現金等價物淨增加額	56	

第 5 節　所有者權益（或股東權益）變動表

所有者權益（或股東權益）變動表是反應企業年末所有者權益（或股東權益）增減變動情況的報表。通過該表，可以瞭解企業某一會計年度所有者權益（或股東權益）的各項目實收資本（或股本）、資本公積、盈余公積和未分配利潤等的增加、減少及其餘額的情況，分析其變動原因及預測未來的變動趨勢。

根據《企業會計準則第 30 號——財務報表列報》的規定，所有者權益（或股東權益）變動表至少應當單獨列示下列信息項目：

(1) 淨利潤。
(2) 直接計入所有者權益的利得和損失及其總額。
(3) 會計政策變更和差錯更正的累計影響金額。
(4) 所有者投入資本和向所有者分配利潤等。
(5) 按照規定提取的盈余公積。
(6) 實收資本（或股本）、資本公積、盈余公積、未分配利潤的期初和期末餘額及其調節情況。

所有者權益（或股東權益）變動表的格式如表 16-4 所示：

表 16-4　　　　　　　**所有者權益（或股東權益）變動表**

編製單位：　　　　　　　　　　201×年度　　　　　　　　　　單位：元

項目	本年金額							上年金額						
	實收資本（或股本）	資本公積	減：庫存股	盈余公積	未分配利潤	所有者權益合計	實收資本（或股本）	資本公積	減：庫存股	盈余公積	未分配利潤	所有者權益合計

第 6 節　會計報表附註

一、會計報表附註的概念

會計報表附註是為了便於會計報表使用者理解會計報表的內容而對會計報表的編製基礎、編製依據、編製原則和方法及主要項目等所進行的解釋。會計報表附註是對會計報表的補充說明，是財務會計報告的重要組成部分。

二、會計報表附註的內容

根據《企業會計制度》的規定，會計報表附註主要應當包括以下內容：
(1) 企業的基本情況。
(2) 財務報表的編製基礎。
(3) 遵循《企業會計準則》的申明。
(4) 重要會計政策和會計估計。
(5) 會計政策和會計估計變更以及差錯更正的說明。
(6) 報表重要項目的說明。
(7) 或有事項。
(8) 資產負債表日後事項的說明。
(9) 關聯方關係及其交易的說明。
(10) 會計報表重要項目的說明。
(11) 收入。
(12) 所得稅的會計處理方法。
(13) 合併會計報表的說明。
(14) 有助於理解和分析會計報表需要說明的其他事項。

作業與思考

一、單項選擇題

1. 國務院於 2000 年 6 月 21 日公布了（　　），對企業財務會計報告的含義、構成等，均制定了規範。
　　A.《企業會計準則》　　　　　　B.《企業財務通則》
　　C.《企業財務會計報告條例》　　D.《企業會計制度》
2. 按照《企業財務會計報告條例》的規定，（　　）對企業財務會計報告的真實性、完整性負責。

A. 企業負責人 B. 總會計師
C. 企業財務經理 D. 主管會計
3. 下列不屬於對外會計報表的是（　　）。
A. 資產負債表 B. 利潤表
C. 現金流量表 D. 產品生產成本表
4. 下列屬於靜態報表的是（　　）。
A. 資產負債表 B. 利潤表
C. 現金流量表 D. 商品產品成本表
5. 匯總會計報表與單位會計報表是會計報表按照（　　）進行的分類。
A. 報送對象 B. 反應的經濟內容
C. 編製單位 D. 會計主體
6. 個別會計報表與合併會計報表是會計報表按照（　　）進行的分類。
A. 報送對象 B. 反應的經濟內容
C. 編製單位 D. 會計主體
7. 下列會計報表中屬於月報的有（　　）。
A. 資產負債表 B. 利潤表
C. 現金流量表 D. 資產負債表和利潤表
8. 下列會計報表中屬於動態報表的有（　　）。
A. 資產負債表 B. 利潤表
C. 現金流量表 D. 管理費用明細表
9. 其全部指標均依據有關帳戶余額填列的會計報表是（　　）。
A. 資產負債表 B. 利潤表
C. 現金流量表 D. 商品產品成本表
10. 匯總會計報表是根據（　　）匯總編製的。
A. 月度會計報表 B. 季度會計報表
C. 年度會計報表 D. 單位會計報表
11. 資產負債表的資產項目，說明了企業所擁有的各種經濟資源以及企業（　　）。
A. 償還債務的能力 B. 償債期限的長短
C. 投資者的所有權 D. 財務狀況的變化
12. 資產負債表的負債項目，顯示了企業所負擔債務的（　　）。
A. 償還能力 B. 變動狀況
C. 數量和償還期長短 D. 占資產總額的比例
13. 下列資產負債表項目可根據總帳余額直接填列的是（　　）。
A. 貨幣資金 B. 存貨
C. 短期借款 D. 未分配利潤
14. 資產負債表內各項目分類與排列的依據是（　　）。

A. 項目內容的經濟性質　　　　　　B. 項目內容的流動性
C. 項目金額的大小　　　　　　　　D. 項目內容的經濟性質和流動性

15. 下列選項中正確反應了資產負債表中資產項目排列順序的是（　　）。
A. 流動資產、長期投資、固定資產、無形資產及其他資產
B. 流動資產、無形資產、固定資產、長期投資及其他長期資產
C. 固定資產、流動資產、無形資產、長期投資及其他長期資產
D. 無形資產、長期投資、固定資產、流動資產及其他長期資產

16. 下列選項中，正確反應資產負債表中所有者權益項目的排列順序是（　　）。
A. 實收資本、盈餘公積、資本公積、未分配利潤
B. 實收資本、資本公積、盈餘公積、未分配利潤
C. 未分配利潤、盈餘公積、資本公積、實收資本
D. 盈餘公積、資本公積、實收資本、未分配利潤

17. 下列資產負債表項目中，需根據總帳帳戶餘額計算填列的項目是（　　）。
A. 短期投資　　　B. 貨幣資金　　　C. 應付帳款　　　D. 累計折舊

18. 下列資產負債表項目中，需根據明細帳戶餘額計算填列的項目是（　　）。
A. 短期投資　　　B. 貨幣資金　　　C. 應付帳款　　　D. 累計折舊

19. 下列資產負債表項目中，需根據總帳帳戶和明細帳戶餘額分析計算填列的項目是（　　）。
A. 長期借款　　　B. 貨幣資金　　　C. 應付帳款　　　D. 累計折舊

二、多項選擇題

1. 年度、半年度財務會計報告應當包括（　　）。
A. 會計報表　　　　　　　　B. 會計報表附註
C. 財務情況說明書　　　　　D. 資產負債表
E. 損益表

2. 會計報表應當包括（　　）。
A. 資產負債表　　　　　　　B. 利潤表
C. 現金流量表　　　　　　　D. 相關附表
E. 財務狀況變動表

3. 反應企業財務狀況的報表有（　　）。
A. 資產負債表　　　　　　　B. 利潤表
C. 現金流量表　　　　　　　D. 商品產品成本表
E. 利潤分配表

4. 企業的對外報表有（　　）。
A. 資產負債表　　　　　　　B. 利潤表
C. 現金流量表　　　　　　　D. 商品產品成表
E. 利潤分配表

5. 下列會計報表中屬於動態報表的有（　　）。
   A. 資產負債表　　　　　　　　B. 利潤表
   C. 現金流量表　　　　　　　　D. 商品產品成表
   E. 利潤分配表

6. 下列會計原則中，屬於為保證會計信息質量而規定的原則有（　　）。
   A. 權責發生制原則　　　　　　B. 實際成本原則
   C. 客觀性原則　　　　　　　　D. 相關性原則
   E. 可比性原則

7. 資產負債表從表內的項目構成及其數據看，其特徵有（　　）。
   A. 平衡　　　　　　　　　　　B. 分類
   C. 比較　　　　　　　　　　　D. 以收抵支
   E. 項目間相互關聯

8. 下列資產負債表項目中，可根據有關總帳帳戶余額直接填列的有（　　）。
   A. 應收票據　　　　　　　　　B. 短期借款
   C. 應收股利　　　　　　　　　D. 應收帳款
   E. 應付帳款

9. 下列資產負債表項目中，需根據有關總帳及其所屬明細帳戶余額計算填列的有（　　）。
   A. 應收票據　　　　　　　　　B. 短期借款
   C. 應收股利　　　　　　　　　D. 貨幣資金
   E. 應付帳款

10. 下列資產負債表項目中，需根據帳戶余額減去其備抵項目后的淨額填列的有（　　）。
    A. 應收票據　　　　　　　　　B. 短期投資
    C. 貨幣資金　　　　　　　　　D. 存貨
    E. 應收帳款

11. 資產負債表的格式有（　　）。
    A. 報告式　　　　　　　　　　B. 帳戶式
    C. 單步式　　　　　　　　　　D. 多步式
    E. 直接式

12. 損益表的結構形式有（　　）。
    A. 報告式　　　　　　　　　　B. 帳戶式
    C. 單步式　　　　　　　　　　D. 多步式
    E. 直接式

13. 現金流量表把現金來源和運用分為（　　）。
    A. 銷售產品產生的現金流量　　B. 提供勞務產生的現金流量
    C. 經營活動產生的現金流量　　D. 投資活動產生的現金流量
    E. 籌資活動產生的現金流量

第4篇　會計方法的運用

學習目標

　　會計專門方法運用於工業企業從資金的籌集到生產準備、生產過程、銷售過程、結算及利潤分配的整個資金的運動過程中。在現實的企業中，會計日常工作流程主要是填製憑證、登記帳簿、編製報表。

重點與難點

- 設置帳戶、借貸記帳法在工業企業的運用
- 憑證、帳簿、報表在會計工作中的運用

第 17 章
工業企業中的會計運用

本章主要以製造企業生產經營過程中的基本經濟業務為線索，闡述帳戶和復式記帳方法的具體應用。通過本章的學習，學生應理解企業資金籌集、供應過程、生產過程、銷售過程以及財務成果形成與分配等業務的活動內容；掌握主要經營過程核算設置的主要帳戶，並能用這些帳戶對企業主要經營過程的基本業務進行正確的帳務處理。

第 1 節　工業企業的資金運動過程

資金運動包括工業企業的資金投入、資金運用（循環和週轉）、資金退出等過程。

一、資金投入

工業企業要進行生產經營，必須擁有一定的資金，這些資金的來源包括所有者投入的資金和債權人投入的資金兩部分，前者屬於企業的所有者權益，後者屬於企業的債權人權益，即企業的負債。

二、資金循環和週轉

工業企業的經營過程包括供應、生產、銷售三個階段。在供應過程中，企業要購買原材料等勞動對象，發生材料買入價、運輸費、裝卸費等材料採購成本，與供應單位發生貨款的結算關係。在生產過程中，勞動者借助於勞動手段將勞動對象加工成特定的產品，同時發生原材料消耗、固定資產磨損的折舊費、生產工人勞動耗費的人工費，使企業與職工之間發生工資結算關係、與有關單位之間發生勞務結算關係等。在銷售過程中，企業將生產的產品銷售出去，支付銷售費用、收回貨款、繳納稅金等業務活動，並同購貨單位發生貨款結算關係、同稅務機關發生稅務計算關係。

綜上所述，資金的循環就是從貨幣資金開始依次轉化為儲備資金、生產資金、產品資金，最後又回到貨幣資金的過程，資金周而復始的循環稱為資金的循環。

三、資金退出

資金退出包括償還債務、上繳各項稅金、向所有者分配利潤等，使得這部分資金

離開本企業，退出企業的資金循環與週轉。

上述資金運用的三階段是相互支持、相互制約的統一體，沒有資金投入，就沒有資金循環與週轉，就不會有債務的償還、稅金的上繳和利潤的分配等；沒有資金退出，就不會有新一輪的資金投入，也就不會有企業的進步和發展。

為了全面、連續、系統地反應和監督由上述企業主要經濟業務所形成的生產經營活動過程和結果，也就是企業再生產過程中的資金運動，企業必須根據各項經濟業務的具體內容和管理要求，相應地設置不同的帳戶，並運用借貸記帳法，對各項經濟業務的發生進行帳務處理，以提供管理上所需要的各種會計信息。

工業企業是依法自主經營、自負盈虧、獨立核算的產品生產和經營的單位。工業企業的基本經濟業務按其與生產經營過程及其經營資金運動的關係分類，主要包括資金籌集業務、材料採購業務、產品生產業務、銷售業務以及財務成果核算業務。

資金籌集是企業經營資金運動全過程的起點。企業通過吸收投資、向債權人借款籌集企業生產經營所必需的資金。投資者向企業投入資金，形成企業的所有者權益；企業向債權人借入的資金，形成企業的負債。企業將籌集到的資金投入到企業生產經營過程就形成了企業的經營資金。因此，投資者向企業投入資金、企業向債權人借入資金，就構成了資金籌集過程中的基本經濟業務。

在材料採購過程中，企業要購買、建造固定資產為生產經營準備必要的勞動資料，要購買原材料等為生產經營準備必要的勞動對象，這時資金從貨幣資金轉化為儲備資金。固定資產的購建業務和原材料採購業務以及與供應單位之間的貸款結算業務，就構成了材料採購過程中的基本經濟業務。

在產品生產過程中，一方面，勞動者借助於勞動資料對勞動對象進行加工，製造出各種工業產品；另一方面，企業要發生各種勞動耗費，主要有原材料耗費、工資耗費、固定資產折舊以及其他各種費用等。這些費用需要按一定的標準分配、歸集到各種產品中去，以計算各種產品的生產成本。這時隨著生產費用的支出及產品的加工製成，資金就從儲備資金轉化為生產資金和成品資金。因此，生產費用的發生、歸集與分配，產品成本的計算，完工產品的驗收入庫等就構成了生產過程的基本經濟業務。

在產品銷售過程中，企業將產品投放市場，銷售給購貨單位，並根據等價交換的原則收取貨款。這時資金又從成品資金轉化為貨幣資金，完成一次資金循環。因此，取得銷售收入、發生各種銷售費用、繳納銷售稅金以及由此發生的企業與其他單位之間的結算業務，就構成了銷售過程中的基本經濟業務。

產品銷售過程結束後，企業應將實現的各種收入和發生的費用進行對比，計算企業的最終經營成果，並進行合理分配。因此，計算盈虧、繳納所得稅、進行利潤分配等構成了財務成果核算過程中的基本經濟業務。

以下以工業企業的基本經濟業務為例，說明會計日常核算中應開設哪些帳戶以及如何運用借貸記帳法對這些帳戶進行帳務處理。

第 2 節　資金籌集業務的核算

籌集資金是企業主要經濟業務之一。為了進行生產經營活動，企業必須擁有一定數量的資金，作為生產經營活動的物質基礎。企業籌集資金是指企業根據生產經營、對外投資和調整資金結構等需要，通過資金市場和籌集渠道，運用籌資方式，有效地籌集資金的過程。企業籌集資金的渠道有兩種：一是接受投資者投入的資本；二是向銀行或其他金融機構借款，或發行債券向社會集資，構成企業的借債。因此，實收資本和借款業務的核算就構成了資金籌集業務核算的主要工作內容。

一、投入資本的核算

投資者對企業進行投資，便成為企業的股東，進而可以參與企業的經營決策、並獲得企業盈利分配。企業吸收投資者的投資后，企業的資產增加了，同時投資者在企業中所享有的權益也增加了。所有者權益包括投入資本（實收資本和資本公積）、利得與損失、留存收益（盈餘公積和未分配利潤）。本節只介紹投入資本部分業務的核算方法，其他內容的核算在后續章節中講述。

（一）實收資本業務的核算

企業投資者的投資一般是在企業籌建階段投入的，也可以是為了擴大經營規模對原企業的追加投資。投資一般是現金投資，也可以是固定資產、無形資產等非現金資產投資。投資主體可以是國家、其他法人單位、個人或外商等，我國國有企業的投資者是國家或其他國有企業，股份制企業的投資者可以是國家、外商、其他單位法人等，私營企業的投資者是個人。

1. 實收資本的含義

實收資本是指企業的投資者按照企業章程或合同、協議的約定實際投入企業的資本金以及按照有關規定由資本公積、盈餘公積轉為資本的資本金。

2. 實收資本的分類

實收資本按投資主體分為國家資本金、法人資本金、個人資本金和外商資本金。

實收資本按投資形式分為貨幣資金投資和非貨幣資產投資（如材料、機器設備、商標權等投資）。

3. 實收資本入帳價值的確定

貨幣資金投資按實際收到的貨幣資金金額入帳。

非貨幣資產投資以投資各方確認的價值入帳。

企業實際收到貨幣資金金額或投資各方確認的資產價值超過投資方在註冊資本中所占份額部分，不計入實收資本，而是計入資本公積。

4. 帳戶的設置

(1)「庫存現金」帳戶。「庫存現金」帳戶用來核算企業存放在保險櫃現金的增減變動和結存情況。

本帳戶是資產類帳戶，借方登記企業增加的庫存現金；貸方登記減少的庫存現金；期末為借方餘額，反應企業持有的庫存現金。

企業應當設置庫存現金日記帳，採用專用的庫存現金日記帳，帳頁格式一般為三欄式，根據收付款記帳憑證，按照業務發生順序逐日逐筆登記。

「庫存現金」帳戶的 T 形結構如圖 17-1 所示：

庫存現金

提現，罰款收入等庫存現金增加額	報銷、日常零星開支等庫存現金減少額
余：期末庫存現金結余	

圖 17-1 「庫存現金」帳戶的 T 形結構

(2)「銀行存款」帳戶。「銀行存款」帳戶用來核算企業存入銀行或其他金融機構的各種款項。

本帳戶是資產類帳戶，借方登記增加的銀行存款；貸方登記減少的銀行存款；期末為借方餘額，反應企業存在銀行或其他金融機構的各種款項的結存數。

企業應該設置銀行存款日記帳，採用專用的銀行存款日記帳，帳頁格式一般為三欄式，根據收付款記帳憑證，按照業務的發生順序逐日逐筆登記。

「銀行存款」帳戶的 T 形結構如圖 17-2 所示：

銀行存款

銷售商品等銀行存款增加額	採購材料等銀行存款減少額
余：期末銀行存款結余額	

圖 17-2 「銀行存款」帳戶的 T 形結構

(3)「實收資本」帳戶。實收資本是指企業實際收到投資者投入的資本，是企業所有者權益中的主要組成部分。

「實收資本」帳戶用來核算企業實收資本的增減變動情況及其結果，股份有限公司應將本帳戶稱為「股本」。

本帳戶是所有者權益類帳戶，貸方登記企業實際收到投資者投入的資本數；借方登記企業按法定程序報經批准減少的註冊資本數；期末為貸方餘額，表示企業實收資本或股本總額。

本帳戶應按投資者設置明細帳，進行明細分類核算，適合採用三欄式明細帳。

企業收到所有者的投資都應按實際投資數額入帳。其中，以貨幣資金投資的，應

按實際收到的款項作為投資額入帳；以固定資產、原材料等實物形態投資，或以專利權、商標權等無形資產投資，應按照投資各方共同確認的價值（或評估值）作為實際投資額入帳。企業在生產經營過程中所取得的收入或收益、所發生的費用或損失，不得直接增減投入資本或股本。

「實收資本」帳戶的 T 形結構如圖 17-3 所示：

實收資本（或股本）（按投資人設置明細帳）

①合同期滿或破產清算時收回的投資額	①所有者投入
	②所有者追加投資
	③資本公積轉增資本
	余：企業實有的資本(或股本)數額

圖 17-3 「實收資本」帳戶的 T 形結構

(4)「固定資產」帳戶。「固定資產」帳戶用來核算和監督企業固定資產的增減變動及結果情況。

本帳戶是資產類帳戶，借方登記企業增加（包括外購、接受投資、盤盈等原因增加）的固定資產原始價值；貸方登記因各種原因減少的固定資產原始價值（包括處置、投資轉出、盤虧等原因減少）；期末為借方餘額，表示企業實際持有的固定資產原始價值。

本帳戶應按固定資產的類別和項目設置明細帳，進行明細分類核算，適合採用專用的固定資產及折舊明細帳。

「固定資產」帳戶的 T 形結構如圖 17-4 所示：

固定資產

外購、接收投資者投入等增加的固定資產原始價值	出售、報廢、毀損等減少的固定資產原始價值
余：現有固定資產的原始價值	

圖 17-4 「固定資產」帳戶的 T 形結構

(5)「無形資產」帳戶。「無形資產」帳戶用來核算企業持有的沒有實物形態的、價值可以辨認的資產，包括專利權、非專利技術、商標權、著作權、土地使用權等。

本帳戶是資產類帳戶，借方登記取得無形資產的實際成本；貸方登記減少無形資產的實際成本；期末為借方餘額，表示企業實際持有的無形資產成本。

本帳戶應按無形資產的項目設置明細帳，進行明細分類核算，適合採用三欄式明細帳。

「無形資產」帳戶的 T 形結構如圖 17-5 所示：

無形資產

外購、接收投資者投入等增加的無形資產價值	轉讓等減少的無形資產價值
余：現有無形資產的價值	

圖 17-5 「無形資產」帳戶的 T 形結構

5. 核算舉例

為使讀者更加直觀具體地掌握企業會計核算內容與方法，本教材以「A 公司」為模擬企業，進行詳盡具體地講解。

A 公司是增值稅一般納稅人企業，適用的增值稅稅率為 17%，企業所得稅稅率為 25%。

【例 17-1】A 公司註冊成立，接受 B 公司投入的貨幣資金 100 萬元，款項已通過銀行轉入。

分析：A 公司接受投資者投入資金，獲得一筆銀行存款，故「銀行存款」增加，記借方；同時，A 公司接受投資者投入的資本增加，即「實收資本」增加，記貸方。A 公司會計人員應根據業務內容編製會計分錄如下：

借：銀行存款　　　　　　　　　　　　　1,000,000
　　貸：實收資本——B 公司　　　　　　　　　　1,000,000

【例 17-2】A 公司註冊成立，接受 C 公司投入的機器設備一臺，價值為 60 萬元；接受 D 公司投入的發明專利一項，協議價為 20 萬元。

分析：A 公司接受投資者投入的機器設備，獲得一筆固定資產，故「固定資產」增加，記借方；同時，A 公司接受投資者投入的資本增加，即「實收資本」增加，記貸方。A 公司會計人員應根據業務內容編製會計分錄如下：

借：固定資產　　　　　　　　　　　　　600,000
　　無形資產　　　　　　　　　　　　　200,000
　　貸：實收資本　　　　　　　　　　　　　　800,000

（二）資本公積業務的核算

1. 資本公積的含義

投資者投入企業的投資金額超過其法定註冊資本的部分，其所有權歸屬於投資者，是所有者權益的重要組成部分，其實質上是一種準資本。

2. 資本公積的來源

（1）投資者投入企業的在金額上超過其法定註冊資本的部分。

（2）直接計入資本公積的利得和損失。

3. 資本公積的用途

資本公積主要用於轉增註冊資本金。

4. 帳戶的設置

「資本公積」帳戶用於核算投資者投入企業、所有權歸屬投資者、金額上超過法定資本部分的資本。

本帳戶借方登記用資本公積轉增資本及資本公積的減少數；貸方登記從不同渠道取得的資本公積的增加數；余額在貸方，表示資本公積期末結余額。本帳戶設置「資本溢價」「其他資本公積」等明細帳戶，進行明細核算。

「資本公積」帳戶的 T 形結構如圖 17-6 所示：

資本公積——資本溢價

資本公積轉增實收資本減少額	資本溢價等資本公積增加額
	余：企業資本公積的結余額

圖 17-6 「資本公積」帳戶的 T 形結構

5. 核算舉例

【例 17-3】A 公司接受投資者的貨幣資金投資 5,000,000 元。其中，4,000,000 元作為實收資本，另外 1,000,000 元作為資本公積。

分析：A 公司會計人員應根據業務內容編製會計分錄如下：

借：銀行存款　　　　　　　　　　　　　　　　　　　5,000,000
　貸：實收資本　　　　　　　　　　　　　　　　　　　4,000,000
　　　資本公積——資本溢價　　　　　　　　　　　　　1,000,000

【例 17-4】A 公司經股東大會批准，將公司的資本公積 200,000 元轉作實收資本。

分析：A 公司會計人員應根據業務內容編製會計分錄如下：

借：資本公積　　　　　　　　　　　　　　　　　　　　200,000
　貸：實收資本　　　　　　　　　　　　　　　　　　　　200,000

二、借入資金的核算

企業自有資金不足以滿足企業經營運轉需要時，可以通過從銀行或其他金融機構借款的方式籌集資金，並按借款協議約定的利率承擔支付利息及到期歸還借款本金的義務。企業借入資金時，一方面銀行存款增加，另一方面負債也相應增加。借入資金按償還期限長短可分為短期借款和長期借款。

（一）短期借款業務的核算

1. 短期借款的含義

短期借款是指償還期在 1 年以內（含 1 年）的借款。短期借款主要是滿足企業生產經營臨時週轉需要。如購買材料、償付債務等。

短期借款必須按期歸還本金並按時支付利息。短期借款的利息支出屬於企業在經營過程中為籌集資金而發生的一項耗費。在會計核算中，企業應將其作為財務費用加

以確認。由於短期借款利息支付方式和支付時間不同，會計處理的方法也有一定的區別。如果銀行對企業的短期借款按月計收利息，或者雖然在借款到期收回本金時一併收回利息，但利息數額不大，企業可以在收到銀行的計息通知或者在實際支付利息時，直接將發生的利息費用計入財務費用；如果銀行對企業的短期借款採取按季或半年等較長時間計收利息，或者是在借款到期收回本金時一併計收利息且利息數額較大，為了正確計算各期的利潤，保持各個期間利潤的均衡性，企業通常按權責發生制核算基礎的要求，按月確認該月的利息費用，一方面計入當期的財務費用，另一方面計入應付利息，待到季度或者半年結息期末或到期支付利息時，再衝銷應付利息。

2. 短期借款本金及利息的確認與計量

(1) 本金的確認與計量。本金按借款單據上的金額確認與計量。

(2) 利息的確認與計量。

①確認方法：按月確認為借款使用期間的財務費用（期間費用）。

②計算公式如下：

短期借款利息＝借款本金×利率×時間（按月）

公式中的利率是指年利率，為計算企業在各月、每天應支付的利息應換算為月利率、日利率。

月利率＝年利率÷12

日利率＝月利率÷30＝年利率÷360

3. 短期借款的核算方法

(1) 帳戶設置。

①「短期借款」帳戶。短期借款是指企業為了滿足其生產經營活動對資金的臨時需要而向銀行或金融機構等借入的，償還期在一年以內（含一年）的各種借款。

「短期借款」帳戶是負債類帳戶，用來核算企業向銀行或其他金融機構借入的期限在1年以下（含1年）的各種借款。該帳戶的貸方登記借入的各種短期借款本金；借方登記歸還的短期借款本金；其貸方余額表示尚未歸還的短期借款本金。該帳戶按貸款單位和貸款種類設置明細分類帳。

「短期借款」帳戶的T形結構如圖17-7所示：

短期借款

企業歸還的短期借款本金	企業借入的短期借款本金
	余：企業尚未歸還的短期借款本金

圖17-7 「短期借款」帳戶的T形結構

②「財務費用」帳戶。「財務費用」帳戶是損益類帳戶，用來核算企業為籌集生產經營所需資金等而發生的費用。財務費用包括利息支出（減利息收入）以及相關的手續費等。該帳戶借方登記企業本期為生產經營活動借款而發生的財務費用；貸方登

記企業的利息收入以及期末轉入「本年利潤」帳戶的財務費用；期末，「財務費用」帳戶的餘額應轉入「本年利潤」帳戶，結轉后「財務費用」科目應無餘額。「財務費用」帳戶應按費用項目設置明細帳。

為購入固定資產而籌集長期資金所發生的諸如借款利息支出等費用，在固定資產尚未完工交付使用之前發生的，應對其予以資本化，計入有關固定資產的購建成本，不在該帳戶核算；在固定資產建造工程完工投入使用之后再發生的利息支出，則應計入當期損益，計入該帳戶。

「財務費用」帳戶的 T 形結構如圖 17-8 所示：

財務費用

利息、手續費等財務費用增加額	期末轉入「本年利潤」帳戶的財務 財務費用轉出額

圖 17-8 「財務費用」帳戶的 T 形結構

③「應付利息」帳戶。該帳戶是負債類帳戶，用來核算企業按照借款合同約定應支付的利息，如應向銀行支付的短期借款的利息、應向債權人支付的企業債券的利息等。「應付利息」帳戶借方登記實際支付的利息費用；貸方登記預提的短期借款的利息以及應付未付的企業債券利息等；期末餘額在貸方，表示尚未支付的應付利息。

「應付利息」帳戶的 T 形結構如圖 17-9 所示：

應付利息

實際支付的利息費用	應付未付的利息費用
	余：尚未支付的利息費用

圖 17-9 「應付利息」帳戶的 T 形結構

（2）核算舉例。

【例 17-5】月初 A 公司從 B 銀行借入半年期借款 10 萬元，年利率為 12%，每月付息一次，到期一次還本。

分析：A 公司從 B 銀行借入資金后，銀行存款增加，故借記「銀行存款」；同時，A 公司增加了一項負債，即「短期借款」增加，故貸記「短期借款」。A 公司會計人員應根據上述業務內容編製如下會計分錄：

借：銀行存款　　　　　　　　　　　　　　　　　　　　　100,000
　　貸：短期借款——B 銀行　　　　　　　　　　　　　　　100,000

A 公司借入上述短期借款后，必須承擔支付利息的義務。對於發生的利息費用，應通過「財務費用」等帳戶進行核算。

【例 17-6】A 公司計提本月短期借款利息 1,000 元。

分析：A 公司在期末確認發生的利息費用時，費用增加，應記「財務費用」帳戶的借方；同時，利息費用已經發生可是不需要每個月月末支付給銀行，而是到期一次支付，應貸記「應付利息」帳戶的貸方。A 公司會計人員應根據上述業務內容編製如下會計分錄：

借：財務費用　　　　　　　　　　　　　　　　　　　　　1,000
　　貸：應付利息　　　　　　　　　　　　　　　　　　　　　1,000

【例 17-7】A 公司到期還本付息。

分析：A 公司歸還借款，則負債減少，故應借記「短期借款」；同時，A 公司還應確認並支付下半年的借款利息，因此還應借記「財務費用」、貸記「銀行存款」。A 公司會計人員應根據上述業務內容編製如下會計分錄：

借：短期借款——B 銀行　　　　　　　　　　　　　　　　100,000
　　應付利息　　　　　　　　　　　　　　　　　　　　　　6,000
　　貸：銀行存款　　　　　　　　　　　　　　　　　　　106,000

(二) 長期借款業務的核算

1. 長期借款的基本含義

長期借款是指企業向銀行及其他金融機構借入的，償還期在 1 年以上的各種借款。長期借款主要用於滿足企業進行固定資產購建的需要，如購買設備、建造廠房等。在會計核算中，應當區分長期借款的性質，按照申請獲得貸款時實際收到的貸款數額進行確認和計量，並按照規定的利率和使用期限定期計息，確認為長期借款入帳。

2. 長期借款本金及利息的確認與計量

(1) 本金的確認與計量。本金按申請借款時實際收到的借款數額進行確認與計量。

(2) 利息的確認與計量。長期借款的利息費用按照權責發生制核算的要求，按期計算提取計入所構建資產的成本或直接計入財務費用。具體來說，按照規定的利率和使用期限定期計息並確認。在工程項目完工之前發生的利息，應將其資本化，計入工程成本。工程完工投入使用后發生的利息，應將其費用化，計入財務費用。

3. 長期借款的核算方法

(1) 帳戶設置——「長期借款」帳戶。

「長期借款」帳戶是負債類帳戶，用來核算企業向銀行或其他金融機構借入的期限在 1 年以上（不含 1 年）的各種借款。該帳戶的貸方登記借入的長期借款的本金；借方登記歸還的長期借款的本金；貸方余額表示尚未歸還的長期借款的本金。該帳戶按本金和應計利息設置明細分類帳。

「長期借款」帳戶的 T 形結構如圖 17-10 所示：

長期借款

企業歸還的長期借款本金利息數額	企業借入的長期借款本金利息金額
	余：企業尚未歸還的長期借款本金利息

圖 17-10 「長期借款」帳戶的 T 形結構

企業借入的長期借款，除應按規定辦理借入手續外，還應按期支付利息，並按規定期限歸還借款。因此，長期借款的會計處理應反應長期借款的借入、利息的結算和借款本息的歸還情況。

（2）核算舉例

【例 17-8】A 公司於 201×年 12 月向某銀行借入兩年期借款 10 萬元，年利率為 12%，到期一次還本付息。

分析：A 公司借入資金，則銀行存款增加，應借記「銀行存款」；同時，A 公司也增加了一筆負債，故應貸記「長期借款——本金」。A 公司會計人員應根據上述業務內容編製如下會計分錄：

借：銀行存款　　　　　　　　　　　　　　　　100,000
　　貸：長期借款——本金　　　　　　　　　　　　100,000

【例 17-9】A 公司計提 12 月長期借款的利息。

分析：A 公司從 12 月借入資金，產生利息費用，則財務費用增加，應借記「財務費用」；同時，A 公司也增加了一筆負債，故應貸記「長期借款——應計利息」。A 公司會計人員應根據上述業務內容編製如下會計分錄：

借：財務費用　　　　　　　　　　　　　　　　　1,000
　　貸：長期借款——應計利息　　　　　　　　　　1,000

【例 17-10】A 公司在 201×年 12 月全部償還該筆借款的本金和利息。

分析：A 公司償還本金和利息，則負債減少，應借記「長期借款」；同時，A 公司用銀行存款償還，故應貸記「銀行存款」。A 公司會計人員應根據上述業務內容編製如下會計分錄：

借：長期借款——本金　　　　　　　　　　　　100,000
　　長期借款——應計利息　　　　　　　　　　　24,000
　　貸：銀行存款　　　　　　　　　　　　　　　124,000

第 3 節　生產準備業務的核算

為了進行產品的生產，企業必須購建廠房建築物和機器設備等固定資產，並進行材料採購。因此，固定資產購建業務和材料採購業務的核算，就成為企業生產準備業

務核算的主要內容。

一、固定資產購置業務的核算

（一）固定資產的含義

固定資產是企業經營過程中使用的長期資產，包括房屋建築物、機器設備、運輸車輛以及工具、器具等。根據我國《企業會計準則》的規定，固定資產是指同時具有下列兩個特徵的有形資產：第一，為生產商品、提供勞務、出租或經營管理而持有的；第二，使用壽命超過一個會計期間。這裡的使用壽命是指企業使用固定資產的預計時間，或者該固定資產所能生產產品或提供勞務的數量。

根據《企業會計準則第 4 號──固定資產》規定，固定資產應當按照歷史成本計量。

固定資產取得的時間成本是指企業構建固定資產達到預計可使用狀態前所發生的一切合理的、必要的支出，其反應的是固定資產處於可使用狀態時的實際成本。對於所建造的固定資產已經達到預計可使用狀態，但尚未辦理竣工決算的，《企業會計準則》規定應自達到可使用狀態之日起，根據工程決算、造價或工程實際成本等相關資料，按估計的價值轉入固定資產，並計提折舊。是否達到「預計可使用狀態」是衡量是否作為固定資產進行核算和管理的標誌，而不再是「竣工決算」，這是實質重於形式的重要體現。企業的固定資產在達到預定可使用狀態前發生的合理的、必要的支出中，既有直接發生的，如支付的固定資產的買價、運雜費、包裝費、安裝費等，也有間接發生的，如固定資產在建造過程中的利息費用等，這些直接、間接的支出對形成固定資產的能力都有一定的作用，應計入固定資產的價值。一般來說，固定資產取得時的實際成本包括買價、運雜費、保險費、包裝費、安裝費等。

（二）企業取得固定資產入帳價值的確定

1. 建造固定資產價值的確定

對建造固定資產已達到預定可使用狀態（不管是否辦理竣工決算），即可按估計價值入帳，包括人工、材料、機械等成本。

2. 購置固定資產價值的確定

對購入設備等固定資產，應按發生的實際支出確定入帳價值，包括買價、運輸費、包裝費和安裝成本等。

二、在建工程的核算

為了反應和監督固定資產原始價值的增減變化及結余情況，需要設置「固定資產」帳戶（該帳戶在第 2 節資金籌集業務的核算中已設置）。同時，為了反應和監督構建固定資產的實際支出，還需要設置「在建工程」帳戶。「在建工程」帳戶是指企業正在施工、安裝、尚未達到預計使用狀態的基建工程、安裝工程等。

(一) 帳戶設置——「在建工程」帳戶

「在建工程」帳戶是資產類帳戶。核算企業進行固定資產基建、安裝、技術改造以及大修理等工程而發生的全部支出（包括安裝設備的支出），並據以計算確定各項工程成本的帳戶。「在建工程」帳戶借方登記工程支出的增加；貸方結轉已完工工程的成本；期末余額在借方，表示未完工工程的成本。「在建工程」帳戶按工程內容，如建築工程、安裝工程、在安裝設備、待攤支出以及單項工程等設置明細帳戶，進行明細核算。

「在建工程」帳戶的 T 形結構如圖 17-11 所示：

在建工程

基建、安裝、技術改造等發生的全部支出	已經完工轉入「固定資產」帳戶的工程支出的轉出額
余：未完工工程的成本	

圖 17-11 「在建工程」帳戶的 T 形結構

(二) 核算舉例

【例 17-11】 A 公司購入一臺不需要安裝的設備，該設備買價為 125,000 元，發生包裝及運雜費等 2,000 元，全部貨款用銀行存款支付，設備當即投入使用。

分析：A 公司購入不需要安裝的設備，則 A 公司固定資產增加，借記「固定資產」；同時，A 公司用銀行存款支付相關費用，則 A 公司資產減少，貸記「銀行存款」科目。A 公司會計人員應根據上述業務內容編製如下會計分錄：

借：固定資產　　　　　　　　　　　　　　127,000
　　貸：銀行存款　　　　　　　　　　　　　　127,000

企業購置固定資產，對於其中需要安裝的部分，在交付使用之前，也就是達到預定可使用狀態之前，由於沒有形成完整的取得成本 (原始價值)，因此必須通過「在建工程」帳戶進行核算。在購建過程中所發生的全部支出，都歸集在「在建工程」帳戶，待工程達到預定可使用狀態形成固定資產之後，方可將該工程成本從「在建工程」帳戶轉入「固定資產」帳戶。

【例 17-12】 A 公司用銀行存款購入一臺需要安裝的設備，買價為 480,000 元，包裝及運雜費等 5,000 元，設備投入安裝。

分析：A 公司購入的設備因需要安裝，發生的安裝費均構成需要安裝設備的實際成本，先借記「在建工程」帳戶。發生安裝費用時，在建工程成本增加，同時銀行存款減少。待安裝完工時，則將「在建工程」帳戶借方發生額合計轉入「固定資產」帳戶。A 公司會計人員應根據上述業務內容編製會計分錄如下：

借：在建工程　　　　　　　　　　　　　　485,000
　　貸：銀行存款　　　　　　　　　　　　　　485,000
借：固定資產　　　　　　　　　　　　　　485,000
　　貸：在建工程　　　　　　　　　　　　　　485,000

三、材料採購業務的核算

企業在供應過程中，一方面要從購買單位取得所需的各種材料，另一方面要向材料供應商支付材料的買價和增值稅，並可能會發生各種採購費用（包括運輸費、裝卸費、包裝費、運輸途中的保險費和入庫前的挑選整理費用等）。所有這些款項的發生都需要企業與各相關單位發生結算業務。材料運達企業，經驗收入庫後，即為企業可供生產領用的庫存材料。材料的買價加上各項採購費用，就構成了材料的採購成本。因此，材料的買價、增值稅和各項採購費用的發生和結算以及材料採購成本的計算，就構成了供應過程經濟業務核算的主要內容。

企業對材料採購業務的核算通常有實際成本計價和計劃成本計價兩種。

（一）原材料按實際成本計價的業務核算

1. 實際成本計價的基本含義

實際成本計價是指材料的收、發、結存量都按其取得或生產過程中所發生的實際成本計價。這種計價方法適用於材料品種較少，材料收、發次數不多的企業。在按實際成本計價時，同一種材料因進貨批次不同、成本不同而會出現多種價格，而材料管理按材料品類分類保管，庫存同一品種的材料會有多種價格。因此，企業領用或發出的存貨必須選定一種方法進行計價核算。企業領用或發出存貨通常有以下幾種計價方法：先進先出法、加權平均法、移動加權平均法、后進先出法、個別計價法。

2. 原材料採購實際成本的構成

材料採購實際成本＝買價＋相關採購費用

買價，即購貨發票所註明的貨款金額。相關採購費用包括：

（1）採購過程中發生的運雜費、運輸費、裝卸費、包裝費、保險費、倉儲費，不包括按規定根據運輸費的一定比例計算的可抵扣的增值稅稅額。

（2）材料在運輸途中發生的合理損耗。對於材料採購途中發生的物資毀損、短缺等，合理損耗部分應當作為材料採購費用計入材料的採購成本，其他損耗不得計入材料採購成本，如供應單位、外部運輸機構等收回的物資短缺、毀損賠款，而應衝減材料採購成本。

（3）材料入庫前發生的整理挑選費用。

（4）按規定應計入材料採購成本中的各種稅金，如為國外進口材料支付的關稅等。

（5）其他費用，如大宗物資的市內運雜費。

購入材料過程中發生的除買價之外的採購費用，如能夠分清是某種材料直接負擔的，可直接計入該材料的採購成本，否則就應進行分配。如果購買一種材料發生的買價和採購費用，則構成了該種材料的實際採購成本；如果購買兩種或兩種以上材料，共同支付一筆採購費用時，則需要將這筆採購費用按照一定的標準分配，分別計入所購材料的實際成本。分配時，首先根據材料的特點確定分配標準，一般來說可以選擇的分配標準有材料的重量、體積、價格等，然後計算材料採購費用的分配率，最后計

算各種材料的採購費用負擔額。

$$採購費用分配率 = \frac{共同發生的採購費用}{運輸材料重量（體積、價格）之和}$$

某種材料應負擔的採購費用＝某種材料重量（體積、價格）×分配率

3. 原材料按實際成本計價的核算

（1）帳戶設置。

①「在途物資」帳戶。該帳戶屬於資產類帳戶，用於核算企業外購材料的買價和各種採購費用，據以計算、確定購入材料的實際採購成本。該帳戶借方登記購入材料的買價和各種採購費用；貸方結轉完成採購過程、驗收入庫材料的實際成本；期末余額在借方，表示尚未運達企業或者已經運達企業尚未驗收入庫的在途材料的成本。

企業對於購入的材料，不論是否已經付款，一般都應該先計入「在途物資」帳戶，在材料驗收入庫結轉成本時，再將其成本轉入「原材料」帳戶。

「在途物資」帳戶的 T 形結構如圖 17-12 所示：

在途物資——品種、規格

外購材料物資的買價和採購費用	已經驗收入庫轉入「原材料」帳戶的買價和採購費用轉出額
余：在途材料的買價和採購費用	

圖 17-12 「在途物資」帳戶的 T 形結構

②「原材料」帳戶。該帳戶屬於資產類帳戶，用於核算企業庫存材料實際成本的增減變動及其結存情況。該帳戶借方登記已驗收入庫材料實際成本的增加；貸方登記已發出材料的實際成本的減少；期末余額在借方，表示庫存材料實際成本的期末結余額。該帳戶按照材料的保管地點、材料的種類或類別設置明細帳戶，進行明細核算。

「原材料」帳戶的 T 形結構如圖 17-13 所示：

原材料——品種、規格

驗收入庫材料的實際成本	發出、領用材料的實際成本
余：庫存材料的實際成本	

圖 17-13 「原材料」帳戶的 T 形結構

③「應付帳款」帳戶。該帳戶是負債類帳戶，用於核算企業因購買原材料、商品和接受勞務供應等經營活動應支付的款項。該帳戶貸方登記應付供應單位款項的增加（買價、稅金和代墊運雜費等）；借方登記應付供應單位款項的減少（即償還）；期末余額在貸方，表示尚未償還的應付款的余額。該帳戶按照供應單位的名稱設置明細帳戶，進行明細核算。

「應付帳款」帳戶的 T 形結構如圖 17-14 所示：

應付帳款──供應商

已經償還的購貨款	應付未付的購貨款
	余：尚未支付的購貨款

圖 17-14 「應付帳款」帳戶的 T 形結構

④「應付票據」帳戶。該帳戶是負債類帳戶，用於核算企業採用商業匯票結算方式購買材料物資等開出商業匯票的增減變動及其結余情況。該帳戶貸方登記企業應付未付貨款而開出商業匯票的增加；借方登記到期承兌貨款商業匯票的減少；期末餘額在貸方，表示尚未到期的商業匯票的期末結余額。該帳戶按照供應商的不同設置明細帳戶，進行明細核算。同時，設置「應付票據備查簿」，詳細登記商業票據的種類、號數、出票日期、到期日、票面金額、交易合同號和收款人姓名或收款單位名稱以及付款日期和金額等資料。應付票據到期結清時，在備查簿中註銷。

商業匯票是一種信用結算票據，具有一定的付款期限，一般附有一定的利率，可用於企業之間的往來結算。

「應付票據」帳戶的 T 形結構如圖 17-15 所示：

應付票據──供應商

票據到期承兌	開出商業票據
	余：尚未支付的購貨款

圖 17-15 「應付票據」帳戶的 T 形結構

⑤「預付帳款」帳戶。該帳戶是資產類帳戶，用於核算企業按照合同規定向供應單位預付購料款而與供應單位發生的結算債權的增減變動及其結余情況。該帳戶借方登記結算債權的增加，即預付款的增加；貸方登記收到供應單位提供的材料物資而應衝銷的預付款債權，即預付款減少；期末餘額在借方，表示尚未結算的預付款的結余額。該帳戶按照供應單位的名稱設置明細帳戶，進行明細核算。

「預付帳款」帳戶的 T 形結構如圖 17-16 所示：

預付帳款──供應商

預付款的增加額	以貨物抵預付款或退回多付預付款等預付款的減少額
余：已經預付尚未收到貨物	

圖 17-16 「預付帳款」帳戶的 T 形結構

⑥「應交稅費」帳戶。該帳戶是負債類帳戶，用於核算企業按照稅法規定計算應繳納的各種稅費，包括增值稅、消費稅、營業稅、所得稅、資源稅、土地增值稅、城市維護建設稅、房產稅、土地使用稅、車船使用稅、教育費附加、礦產資源補償費等。

該帳戶貸方登記計算出的各種應繳納而未繳納稅費的增加；借方登記實際繳納的各種稅費；期末余額在貸方，表示未繳納稅費的結余額，余額在借方，表示多繳納稅費的結余額。該帳戶按照稅費品種設置明細帳戶，進行明細分類核算。

「應交稅費」帳戶的 T 形結構如圖 17-17 所示：

應交稅費——稅種

實際繳納的各種稅費	應繳納未繳納的稅費
余：多繳納的稅款	余：應繳納未繳納的稅款

應交稅費——應交增值稅

進項稅額	銷項稅額
余：多繳納尚未抵扣的增值稅	余：尚未繳納的增值稅

圖 17-17 「應交稅費」帳戶的 T 形結構

增值稅（Value-added Tax）是以商品（含應稅勞務）在流轉過程中產生的增值額作為計稅依據而徵收的一種流轉稅。從計稅原理上說，增值稅是對銷售貨物或者提供加工、修理修配勞務以及進口貨物的單位和個人，就其取得的貨物或者應稅勞務銷售額計算稅款，並實行稅款抵扣制的一種流轉稅。由於增值稅是對商品生產或流通的各個環節的新增價值或商品附加值進行徵稅，因此稱為增值稅。增值稅已經成為中國最主要的稅種之一，增值稅一般稅率為 17%。增值稅是一種價外稅，採取兩段徵收法，分為增值稅進項稅額和銷項稅額。當期應繳納的增值稅的計算公式如下：

當期應繳納的增值稅＝當期銷項稅額－當期進項稅額

其中，銷項稅額是指納稅人銷售貨物或者提供應稅勞務，按照銷售額和規定的稅率計算並向購買方收取的增值稅額。其計算公式如下：

銷項稅額＝銷售額×稅率

進項稅額是指納稅人購進貨物或者接受應稅勞務所支付或負擔的增值稅稅額。其計算公式如下：

進項稅額＝購貨款等×稅率

（2）核算舉例。

【例 17-13】A 公司從本溪鋼鐵公司購買原材料鐵板 100 噸，單價 2,000 元，增值稅稅率為 17%，貨款通過銀行電匯，原材料驗收入庫。

分析：該筆經濟業務發生后，引起 A 公司資產要素與負債要素同時發生變化。

一方面，A 公司購買原材料，引起資產要素中的原材料項目增加 200,000 元，應借記「原材料」帳戶；同時，A 公司作為一般納稅人，按照採購材料價款的 17% 支付增值稅 34,000 元，由賣方代收並代繳，應記入「應交稅費——應交增值稅」帳戶的借

方，表示A公司應盡義務的完成。

另一方面，A公司委託銀行電匯給本溪鋼鐵公司234,000元，資產要素中的銀行存款項目減少，應貸記「銀行存款」帳戶。

A公司會計人員應根據上述業務內容編製如下會計分錄：

借：原材料——鐵板　　　　　　　　　　　　　　　200,000
　　應交稅費——應交增值稅（進項稅額）　　　　　 34,000
　貸：銀行存款　　　　　　　　　　　　　　　　　 234,000

【例17-14】12月8日，A公司從鞍山鋼鐵公司採購鋼管10噸，單價13,000元，購買鋼板20噸，單價6,000元，增值稅稅率為17%。A公司開出銀行承兌匯票一張，票面金額為292,500元，約定201×年3月8日（3個月後）付款，原材料尚未驗收入庫。

分析：該項經濟業務發生後，引起A公司資產和負債要素發生變化。

一方面，鋼管買價130,000元，構成資產要素中的原材料成本增加130,000元，鋼板買價120,000元，構成資產要素中的原材料成本增加120,000元，但由於材料正在運輸途中，尚未驗收入庫，應借記「在途物資」帳戶；同時，應交增值稅42,500元由賣方代收代繳，應借記「應交稅費——應交增值稅」帳戶。

另一方面，銀行承兌匯票約定3個月以後付款，A公司負債增加，應貸記「應付票據」292,500元。

A公司會計人員應根據上述業務內容編製如下會計分錄：

借：在途物資——鋼管　　　　　　　　　　　　　　130,000
　　　　　　——鋼板　　　　　　　　　　　　　　120,000
　　應交稅費——應交增值稅（進項稅額）　　　　　 42,500
　貸：應付票據——鞍山鋼鐵公司　　　　　　　　　 292,500

【例17-15】12月9日，A公司用電匯方式支付從鞍山鋼鐵公司採購材料運雜費3,000元，原材料驗收入庫。

分析1：A公司因為運輸材料而支付運雜費3,000元，使材料成本除買價外又增加3,000元，應該記入「在途物資」帳戶的借方；同時，通過銀行電匯3,000元，使銀行存款減少，應該記入「銀行存款」帳戶的貸方。

A公司支付3,000元的運雜費，由於購買的是鋼管和鋼板兩種材料，因此運費須共同分攤。本例按照運輸鋼管和鋼板兩種原材料的重量分配採購費用最為合適，計算過程如下：

採購費用分配率 = $\dfrac{3,000}{10+20}$ = 100（元/噸）

鋼管應負擔的運雜費 = 10×100 = 1,000（元）

鋼板應負擔的運雜費 = 20×100 = 2,000（元）

因此，A公司支付並分配採購費用應編製如下會計分錄：

借：在途物資——鋼管　　　　　　　　　　　　　　　1,000
　　　　　　——鋼板　　　　　　　　　　　　　　　2,000
　貸：銀行存款　　　　　　　　　　　　　　　　　　3,000

分析 2：由於原材料驗收入庫，在途材料的核算任務已經完成，引起企業資產要素中兩個項目發生此增彼減的變化。一方面，資產要素中庫存材料的增加，應借記「原材料」帳戶；另一方面，隨著原材料的驗收入庫，資產要素中的在途材料減少，應貸記「在途物資」帳戶。

因此，A 公司該筆經濟業務應編製如下會計分錄：
借：原材料——鋼管　　　　　　　　　　　　　　　131,000
　　　　——鋼板　　　　　　　　　　　　　　　122,000
　貸：在途物資——鋼管　　　　　　　　　　　　　　131,000
　　　　　　——鋼板　　　　　　　　　　　　　　122,000

【例 17-16】12 月 9 日，A 公司從撫順星光電機廠購入電腦板儀表 500 臺，單價共計 800 元，價款 400,000 元，增值稅稅率為 17%，增值稅為 68,000 元，價稅合計為 468,000 元，約定 3 日內付款。A 公司用現金支付市內運雜費 10 元，材料運達 A 公司並驗收入庫。

分析 1：A 公司用現金支付運雜費，一方面，市內運雜費應該在管理費用中核算，應記入「管理費用」帳戶的借方；另一方面，庫存現金減少 10 元，應該記入「庫存現金」帳戶的貸方。因此，該筆經濟業務 A 公司應編製如下會計分錄：

借：管理費用——運雜費　　　　　　　　　　　　　　10
　貸：庫存現金　　　　　　　　　　　　　　　　　　10

分析 2：材料入庫業務發生後，引起 A 公司資產和負債要素發生變化。一方面，因為原材料入庫，應借記「原材料」帳戶 400,000 元；同時，應納增值稅 68,000 元，應記在「應交稅費」帳戶的借方（增值稅是購買電腦板儀表的時候已經繳納給撫順星光電子公司，而不欠國家稅款）；另一方面，約定 3 日內付款，導致企業債務增加 468,000 元，應貸記「應付帳款」帳戶。因此，該筆經濟業務 A 公司應編製如下會計分錄：

借：原材料——電腦板儀表　　　　　　　　　　　　400,000
　　應交稅費——應交增值稅（進項稅額）　　　　　　68,000
　貸：應付帳款——撫順星光電子公司　　　　　　　　468,000

【例 17-17】A 公司因訂購專用成套配件而預付給 B 鋼廠 320,000 元，轉帳支票正聯交給 B 鋼廠，收到對方開具的專用收款收據一張。

分析：該項經濟業務發生後，引起 A 公司資產要素中兩個項目—增一減發生變化。

一方面，開具的「專用收款收據」表明 A 公司因預付定金而使本企業索取貨物或定金的權力增加，即資產要素中的預付帳款項目增加了 320,000 元，應借記「預付帳款」；另一方面，「轉帳支票」表明 A 公司通過轉帳付款，銀行存款減少 320,000 元，應貸記「銀行存款」帳戶。

因此，該筆經濟業務 A 公司應編製如下會計分錄：
借：預付帳款——B 鋼廠　　　　　　　　　　　　320,000
　　貸：銀行存款　　　　　　　　　　　　　　　　　320,000

【例 17-18】A 公司收到從 B 鋼廠預訂專用套件的增值稅專用發票，單件 800 元/套，數量 900 套，價款為 720,000 元，增值稅為 122,400 元，已預付定金 320,000 元，尚欠部分款項，約定次日付款，材料運達 A 公司並驗收入庫。

分析：該項經濟業務發生后，引起 A 公司資產要素和負債要素發生變化。

一方面，因為原材料入庫 720,000 元，應借記「原材料」720,000 元，應交增值稅 122,400 元由賣方代收代繳，應借記「應交稅費」帳戶；另一方面，由於預付定金，結算時應該把價稅合計 842,400 元先抵預付款 320,000 元，不足的部分記在「應付帳款」帳戶的貸方。

因此，該筆經濟業務 A 公司應編製如下會計分錄：
借：原材料——專用套件　　　　　　　　　　　　720,000
　　應交稅費——應交增值稅（進項稅額）　　　　122,400
　　貸：應付帳款——B 鋼廠　　　　　　　　　　　522,400
　　　　預付帳款——B 鋼廠　　　　　　　　　　　320,000

【例 17-19】次日，A 公司開出轉帳支票，支付 B 鋼廠預付不足尚欠的貨款 522,400 元，收到對方開具的專用收款收據。

分析：該項經濟業務發生后，引起 A 公司資產要素中兩個項目發生變化。

一方面，因為補付預付不足款 522,400 元，應借記「預付帳款」，這樣預付帳款帳戶餘額為零；另一方面，銀行存款減少 522,400 元，應貸記「銀行存款」帳戶。

因此，該筆經濟業務 A 公司應編製如下會計分錄：
借：應付帳款——B 鋼廠　　　　　　　　　　　　522,400
　　貸：銀行存款　　　　　　　　　　　　　　　　　522,400

【例 17-20】12 月 11 日，A 公司應付撫順新鋼銀行承兌匯票 581,000 元，到期支付。

分析：該項經濟業務發生后，引起 A 公司資產要素中兩個項目發生變化。

一方面，因為應付票據到期支付 581,000 元，使負債減少，應借記「應付票據」帳戶，這樣應付票據帳戶餘額為零；另一方面，銀行存款減少 581,000 元，應貸記「銀行存款」帳戶。

因此，該筆經濟業務 A 公司應編製如下會計分錄：
借：應付票據——撫順新鋼　　　　　　　　　　　581,000
　　貸：銀行存款　　　　　　　　　　　　　　　　　581,000

（二）原材料按計劃成本計價的業務核算

在企業材料種類比較多、收發次數比較頻繁的情況下，其核算的工作量較大，實際成本法不便於考核材料採購業務的成果，分析材料採購計算的完成情況。因此，我

國一些大、中型工業企業，材料按計劃成本計價。

1. 計劃成本計價的基本含義

計劃成本計價是指企業存貨的日常收入、發出和結餘均按預先制訂的計劃成本計價，材料總帳及明細帳按計劃成本登記，同時另設材料成本差異帳戶，作為計劃成本和實際成本聯繫的紐帶，用來登記實際成本和計劃成本的差額。月末再通過對存貨成本差異的分攤，將發出存貨的計劃成本和結存存貨的計劃成本調整為實際成本，進而確定發出材料的實際成本的一種核算方法。

採購時，先以實際支付的價款入帳；材料入庫時，按計劃成本入帳，差額計入材料成本差異帳戶。月末結轉材料成本差異，將計劃成本調整為實際成本。

2. 原材料按計劃成本計價的核算

（1）帳戶設置。

①「材料採購」帳戶。該帳戶是資產類帳戶。該帳戶借方登記核算材料購進的實際成本及結轉入庫材料的節約差異；貸方登記核算入庫原材料的計劃成本及結轉入庫材料的超支差異；期末余額一般在借方，反應期末為止在途原材料的成本。在計劃成本下，取得的材料要先通過「材料採購」帳戶進行核算，企業支付的貨款和運雜費等構成的實際成本，記入此帳戶。

「材料採購」帳戶的 T 形結構如圖 17-18 所示：

材料採購

購入材料的實際成本 結轉入庫材料的節約差異	入庫材料的計劃成本 結轉入庫材料的超支差異
余：在途材料的成本	

圖 17-18 「材料採購」帳戶的 T 形結構

②「材料成本差異」帳戶。該帳戶是資產類帳戶，用來核算企業各種材料的實際成本與計劃成本的差異，以及調整發出材料應負擔的成本差異。該帳戶的借方登記驗收入庫材料成本的超支差異及發出材料的節約差異；貸方登記驗收入庫材料成本的節約差異以及發出材料應負擔的超支差異；期末余額在借方，反應企業庫存材料擁有的超支差異，期末余額在貸方，反應企業庫存材料擁有的節約差異。

「材料成本差異」帳戶的 T 形結構如圖 17-19 所示：

材料成本差異

入庫材料超支差異及發出材料 節約差異	入庫材料節約差異及發出材料 超支差異
余：庫存材料的超支差異	余：庫存材料的節約差異

圖 17-19 「材料成本差異」帳戶的 T 形結構

(2) 核算舉例。

【例 17-21】A 公司購進 A 材料 3,000 千克，增值稅專用發票上反應貨款為 120,000 元，增值稅為 20,400 元，發票收到，材料已入庫，款項已支付。A 公司另用 3,000 元現金支付了該批材料的運雜費。

A 公司會計處理如下：
①購入時。

借：材料採購——A 材料　　　　　　　　　　（實際成本）123,000
　　應交稅費——應交增值稅（進項稅額）　　　　　　　20,400
　　貸：銀行存款　　　　　　　　　　　　　　　　　　140,400
　　　　庫存現金　　　　　　　　　　　　　　　　　　　3,000

②入庫時，計劃成本為 120,000 元，結轉該批材料的計劃成本和差異額。

借：原材料　　　　　　　　　　　　　　　　　　　120,000
　　貸：材料採購　　　　　　　　　　　　　　　　120,000
借：材料成本差異　　　　　　　　　　　　　　　　　3,000
　　貸：材料採購　　　　　　　　　　　　　　　　　3,000

③領用時，A 公司本月生產產品，領用 A 材料計劃成本總額 150,000 元，月末計算確定材料應負擔的差異額，並予以結轉。假設期初庫存 A 材料計劃成本為 300,000 元，成本差異額為超支差異 5,400 元。

$$\text{材料成本差異率} = \frac{\text{月初庫存材料差異額} + \text{本月購入材料差異額}}{\text{期初庫存材料計劃成本} + \text{本月入庫材料計劃成本}}$$

發出材料應負擔的差異額 = 成本差異率 × 發出材料的計劃成本

$$\text{本月 A 材料的成本差異率} = \frac{5,400 + 3,000}{300,000 + 120,000} \times 100\% = 2\%$$

發出 A 材料應負擔的差異額 = 150,000 × 2% = 3,000（元）

A 公司編製會計分錄如下：

借：生產成本　　　　　　　　　　　　　　　　　　150,000
　　貸：原材料　　　　　　　　　　　　　　　　　150,000
借：生產成本　　　　　　　　　　　　　　　　　　　3,000
　　貸：材料成本差異——A 材料　　　　　　　　　　3,000

第 4 節　生產業務的核算

一、生產業務的核算內容

產品生產是工業企業生產經營活動的中心環節，是工業企業生產經營的第二個階段。這一階段工業企業從原材料投入生產起，到產品完工入庫止。在這個過程中，既

有勞動資料的耗費，又有勞動對象的耗費；既有物化勞動的耗費，又有活勞動的耗費。企業為了生產產品所發生的各種耗費，最終要歸集分配到具體的產品成本計算對象中。因此，產品生產業務核算的內容，概括而言就是生產費用的歸集與分配和產品生產成本的計算。

二、生產費用的分類

企業在一定時期的生產經營活動中發生的各項耗費統稱為生產費用。

（一）生產費用按是否構成產品的生產成本（或按經濟用途）劃分，可分為生產費用和期間費用

1. 生產費用

生產費用是指企業在一定時期為生產產品所發生的各項費用。生產費用具體包括有關勞動對象消耗的費用，如消耗的原料、燃料、輔助材料等；有關勞動資料消耗的費用，如固定資產折舊費、修理費等；有關勞動者消耗的費用，如支付給職工的工資及提取的職工福利費等；其他有關費用，如辦公費、水電費、旅差費、租金支出、書報費；等等。

以上各項費用，有的能夠直接計入產品的生產成本，有的需要分配后才能計入產品的生產成本。能夠直接計入產品生產成本的生產費用稱為直接生產費用，需要分配后才能計入產品生產成本的生產費用稱為間接生產費用，間接生產費用也稱製造費用。

2. 期間費用

期間費用是指與產品生產無直接關係，屬於某一期間耗費的費用，不計入產品成本，而是直接計入當期損益。期間費用包括管理費用、財務費用、銷售費用。管理費用是指企業行政管理部門為組織和管理生產經營活動而發生的費用，包括行政管理人員工資和福利費、行政部門固定資產折舊費和修理費、工會經費、業務招待費、職工教育經費、勞動保險費、待業保險費、無形資產攤銷、壞帳損失等。這些費用發生后，按月匯集，月末直接轉入當期損益。財務費用是指企業為籌集生產經營所需資金等而發生的費用，包括借款利息支出（減利息收入）、發行債券的利息支出以及相關手續費、支付給金融機構的手續費等。這些費用發生后，按月匯集，月末直接轉入當期損益。銷售費用是指企業專設銷售機構的各項經費和銷售商品、提供勞務等日常活動中發生的除營業成本以外的各項費用。

（二）生產費用按是否計入成本劃分，可分為計入成本的費用和計入損益的費用

1. 計入成本的費用

計入成本的費用又稱生產費用，是指在生產領域發生的各項耗費，按照其與產品之間的關係，可以分為直接費用和間接費用。

（1）直接費用。直接費用是指直接為生產產品或提供勞務而發生的費用，包括直接材料、直接人工和其他直接費用。直接費用直接計入「生產成本」帳戶。

①直接材料是指直接用於產品生產、構成產品主要實體的原材料、主要材料以及

有助於產品形成的輔助材料，包括直接耗用的原材料、輔助材料、外購配件、燃料、包裝物等。

②直接人工是指直接參加生產產品的工人工資、獎金、福利費及津貼等支出。

③其他直接費用是指直接用於產品生產的、不能歸入直接材料和直接人工中的各種耗費，如能夠直接計量的生產產品用電、用水的耗費。

(2) 間接費用。間接費用是指企業各生產單位（分廠、車間）為組織和管理生產所發生的共同費用，如生產車間為組織和管理生產發生的各項費用，包括車間管理人員的工資、福利、獎金、津貼等支出，車間固定資產的折舊費、保險費、車間辦公費、水費、電費、電話費、修理費等支出。

生產車間發生的間接費用平時計入「製造費用」帳戶，月末將全月發生的製造費用按照一定的標準在不同產品中進行分配，結轉計入「生產成本」帳戶。

生產費用按一定種類和數量的產品進行歸集，就形成了產品的生產成本。因此，在產品生產過程中費用的發生、歸集和分配以及產品成本的形成，就構成了生產過程核算的主要工作內容。

2. 計入損益的費用

計入損益的費用又稱期間費用，是指發生在非生產領域、不計入生產成本，而在發生的會計期間直接計入當期損益的費用，包括銷售費用、管理費用和財務費用。

(1) 銷售費用。銷售費用是指企業在銷售產品、自製半成品和提供勞務等過程中發生的各項費用以及為銷售本企業產品而專設的銷售機構的各項費用支出。銷售費用包括由企業負擔的包裝費、運輸費、廣告費、裝卸費、保險費、委託代銷手續費、展覽費、租賃費（不含融資租賃費）和銷售服務費、銷售部門人員工資、職工福利費、差旅費、折舊費、修理費、物料消耗、低值易耗品攤銷以及其他經費等。與銷售有關的差旅費應計入銷售費用。

(2) 管理費用。管理費用是指企業行政管理部門為組織和管理生產經營活動而發生的費用。管理費用包括公司經費、職工教育經費、業務招待費、稅金、技術轉讓費、無形資產攤銷、諮詢費、訴訟費、開辦費攤銷、上繳上級管理費、勞動保險費、待業保險費、董事會會費、財務報告審計費、籌建期間發生的開辦費以及其他管理費用。

(3) 財務費用。財務費用是指企業在生產經營過程中為籌集資金而發生的籌資費用。財務費用包括企業生產經營期間發生的利息支出（減利息收入）、匯兌損益、金融機構手續費以及企業發生的現金折扣或收到的現金折扣等。

三、生產成本

生產成本亦稱製造成本，是企業為生產一定種類和數量的產品所發生的生產費用，即將生產費用按照一定的產品成本計算對象進行歸集分配，便形成該產品的生產成本。簡言之，生產成本就是對象化的生產費用。

生產成本的基本項目由直接材料費用、直接人工費用和製造費用三個部分構成，

這三項成本項目簡稱為料、工、費。

（1）直接材料費用。直接材料費用是為了生產某種產品直接消耗的各種原材料、燃料和輔助材料的價值。這些費用發生時就能辨明屬於哪種產品，因此這些費用發生后直接歸集到各個產品成本中。

（2）直接人工費用。直接人工費用是直接從事產品生產的生產工人的工資以及按規定提取的福利費。由於生產工人直接從事產品生產，人工費用的發生能夠辨明應由哪種產品負擔，因此這些費用的發生直接歸集到各產品成本中。

（3）製造費用。製造費用是指企業生產車間為組織和管理生產活動而發生的各項間接生產費用。製造費用包括車間管理人員的工資、提取的福利費；車間一般消耗的材料費用；車間機器設備等固定資產折舊費、修理費；車間發生的辦公費、水電費、勞動保護費等。這些費用通常不能直接認定應由哪種產品負擔，因此平時按月歸集、匯總，月末再按一定標準分配計入各種產品成本中去。製造費用分配的主要標準有生產工人的工資、生產工時等。

四、生產過程的業務核算

（一）帳戶設置

1.「生產成本」帳戶

「生產成本」帳戶是用來歸集和分配產品生產過程中所發生的各項費用，包括生產各種產品（產成品、自製半成品等）、自製材料、自製工具、自製設備等。

「生產成本」帳戶是成本類帳戶，借方登記應計入產品生產成本的各項直接費用和月末分配轉入的製造費用；貸方登記完工入庫產品的生產成本；期末借方余額，表示企業尚未加工完成的在產品成本。

「生產成本」帳戶的T形結構如圖17-20所示：

生產成本

①直接材料 ②直接人工 ③期末分配轉來的製造費用	完工入庫轉入「庫存商品」帳戶的生產成本轉出額
余：未完工的在產品的成本	

圖17-20 「生產成本」帳戶的T形結構

2.「製造費用」帳戶

「製造費用」帳戶用來核算企業生產車間為生產產品和提供勞務而發生的各項間接費用，包括生產車間管理人員的工資等職工薪酬、生產車間計提的固定資產折舊、辦公費、水電費、修理費、機物料消耗等。

「製造費用」帳戶是成本類帳戶，借方登記實際發生的各項製造費用；貸方登記分配轉入產品生產成本的製造費用；期末結轉后，該帳戶一般沒有余額。

「製造費用」帳戶應按不同車間設置明細帳（小型企業可按費用項目設置明細帳），進行明細分類核算，適合採用借方多欄式明細帳，也有專用的明細帳。

「製造費用」帳戶的 T 形結構如圖 17-21 所示：

製造費用

本期在車間範圍實際發生的各種間接費用	期末分配轉入「生產成本」帳戶的製造費用轉出額

圖 17-21 「製造費用」帳戶的 T 形結構

3.「應付職工薪酬」帳戶

職工薪酬是指企業因獲得職工提供的服務而給予職工的各種形式的報酬。

「應付職工薪酬」帳戶用來核算企業根據有關規定應付給職工的各種薪酬，包括以下內容：

（1）職工工資、獎金、津貼和補貼。

（2）職工福利。

（3）各項保險待遇（醫療、養老、失業、工傷、生育保險費等社會保險以及企業為職工購買的各種商業保險）和住房公積金。

（4）工會經費和職工教育經費等項目。

「應付職工薪酬」帳戶是負債類帳戶，貸方登記應由本月負擔但尚未支付的職工薪酬；借方登記本月實際支付的職工薪酬；期末通常為貸方余額，表示企業應付未付的職工薪酬。

「應付職工薪酬」帳戶可按「工資」「職工福利」「社會保險費」「住房公積金」「工會經費」等設置明細帳，進行明細分類核算，適合採用貸方多欄式明細帳，也有專用的明細帳。

「應付職工薪酬」帳戶的 T 形結構如圖 17-22 所示：

應付職工薪酬

實際支付的職工薪酬	應負擔但尚未支付的職工薪酬
	余：應付未付的職工薪酬

圖 17-22 「應付職工薪酬」帳戶的 T 形結構

4.「累計折舊」帳戶

在會計核算中，為了反應企業固定資產的增減變動及其結果，提供管理需要的有用會計信息，除了核算「固定資產」原始價值的增減變動情況與結存情況，還應核算固定資產在其使用期限內其價值隨著固定資產的損耗而逐漸減少的金額。固定資產由於損耗而減少的價值就是固定資產的折舊，將每月計提的折舊加起來，就是累計折舊。

企業的固定資產在使用過程中其價值因損耗而逐漸地、部分地轉移到產品成本或費用中，成為產品成本或費用的構成內容。這部分因固定資產損耗而轉移的價值稱為固定資產折舊，其價值量稱為折舊額。固定資產折舊額一般應該在固定資產使用期間內按月計提，計算方法有直線法、工作量法和加速折舊法等。

（1）直線法也稱平均年限法，是將固定資產的折舊額均衡地分攤到各個會計期間的一種方法。採用這種折舊方法，每年折舊額是相同的，每月折舊額是相等的。其計算公式如下：

$$年折舊額 = \frac{固定資產原值 - 預計淨殘值}{預計使用年限} \times 100\%$$

$$月折舊額 = \frac{年折舊額}{12}$$

（2）工作量法是按實際工作量計提固定資產折舊額的一種方法，按固定資產所能工作的時數平均計算折舊額。實質上，工作量法是平均年限法的補充和延伸，「年折舊率」為固定值。工作量法適用於在使用期間負擔程度差異很大，提供經濟效益很不均衡的固定資產。其計算公式如下：

$$每工作量折舊額 = 原值 \times (1 - 預計淨殘值率) \div 工作總量$$

（3）加速折舊法也稱遞減費用法，是指在固定資產使用初期計提折舊較多而在后期計提折舊較少，從而相對加速折舊的方法。

①年數總和法又稱總和年限法或年限合計法，是固定資產加速折舊法的一種。年數總和法是將固定資產的原值減去殘值后的淨額乘以一個逐年遞減的分數計算確定固定資產折舊額的一種方法。

年數總和法的計算公式如下：

$$年折舊率 = 尚可使用年數 \div 年數總和 \times 100\%$$
$$年折舊額 = (固定資產原值 - 預計殘值) \times 年折舊率$$
$$月折舊率 = 年折舊率 \div 12$$
$$月折舊額 = (固定資產原值 - 預計淨殘值) \times 月折舊率$$

②雙倍余額遞減法是在不考慮固定資產殘值的情況下，根據每期期初固定資產帳面余額和雙倍的直線法折舊率計算折舊的一種方法。

雙倍余額遞減法的公式如下：

①$$年折舊率 = \frac{2}{預計折舊年限} \times 100\%$$

$$折折舊額 = 期初帳面余額 \times 年折舊率$$

②$$最后兩年年折舊額 = \frac{原值 - 累計折舊 - 殘值}{2}$$

為了不影響「固定資產」帳戶按固定資產的原始價值反應期間增減變動和結存情況，又要能夠核算固定資產因損耗而減少的價值，需要專門設置帳戶，即「累計折舊」帳戶。

「累計折舊」帳戶用來核算企業固定資產的累計折舊。

「累計折舊」帳戶是資產類帳戶，每月計提的固定資產折舊，記入「累計折舊」帳戶的貸方，表示固定資產因損耗增加而減少的價值；對於固定資產因出售、報廢等原因引起的價值減少，在註銷固定資產的原始價值（即貸記「固定資產」帳戶）的同時，應借記「累計折舊」帳戶，註銷其已提取的折舊額；期末貸方餘額，表示現有固定資產已提取的累計折舊額。

「累計折舊」帳戶可按固定資產的類別或項目進行明細分類核算，適合採用專用的固定資產及折舊明細帳。

「累計折舊」帳戶的 T 形結構如圖 17-23 所示：

累計折舊

固定資產因出售、報廢等原因引起折舊的減少或註銷數	計提的固定資產折舊
	余：現有固定資產已提取的累計折舊額

圖 17-23 「累計折舊」帳戶的 T 形結構

5.「庫存商品」帳戶

「庫存商品」帳戶是資產類帳戶，用來核算企業庫存的各種商品的實際成本。該帳戶借方登記已驗收入庫商品的實際成本；貸方登記發出商品的實際成本；期末借方餘額，表示庫存商品的實際成本。

「庫存商品」帳戶應按商品的種類、品種和規格設置明細帳，進行明細分類核算，適合採用數量金額式明細帳。

「庫存商品」帳戶的 T 形結構如圖 17-24 所示：

庫存商品——品種、規格

驗收入庫商品的實際成本	發出、領用商品的實際成本
余：庫存商品的實際成本	

圖 17-24 「庫存商品」帳戶的 T 形結構

6.「管理費用」帳戶

「管理費用」帳戶用來核算企業行政管理部門為組織和管理生產經營活動而發生的費用，包括企業在籌建期間內發生的開辦費、董事會和行政管理部門在企業的經營管理中發生的或者應由企業統一負擔的公司經費（包括行政管理部門職工工資及福利費、辦公費和差旅費等）、工會經費、董事會費、聘請仲介機構費、諮詢費（含顧問費）、訴訟費、業務招待費、房產稅、車船使用稅、土地使用稅、印花稅、技術轉讓費、礦產資源補償費、研究費用、排污費等。

「管理費用」帳戶是損益類帳戶，借方登記發生的各種費用；貸方登記期末轉入

「本年利潤」帳戶的費用；期末結轉後，該帳戶無餘額。

「管理費用」帳戶應按費用項目設置明細帳，進行明細分類核算，適合採用借方多欄式明細帳，也有專用明細帳。

「管理費用」帳戶的 T 形結構如圖 17-25 所示：

管理費用——項目

組織和管理生產發生的各種費用	期末轉入「本年利潤」帳戶的管理費用轉出數

圖 17-25 「管理費用」帳戶的 T 形結構

7. 「銷售費用」帳戶

「銷售費用」帳戶用來核算企業在銷售商品過程中發生的各種費用，包括保險費、包裝費、展覽費、廣告費、運輸費、裝卸費以及為銷售本企業商品而專設銷售機構（含銷售網點、售後服務網點等）的職工薪酬、業務費、折舊費等經營費用。

「銷售費用」帳戶是損益類帳戶，借方登記發生的各種銷售費用；貸方登記轉入「本年利潤」帳戶的銷售費用；期末結轉後，該帳戶無餘額。

「銷售費用」帳戶應按照費用項目設置明細帳，進行明細分類核算，適合採用借方多欄式明細帳。

「銷售費用」帳戶的 T 形結構如圖 17-26 所示：

銷售費用——項目

為了促銷發生的各種費用	期末轉入「本年利潤」帳戶的銷售費用轉出數

圖 17-26 「銷售費用」帳戶的 T 形結構

(二) 核算舉例

【例 17-22】A 公司生產 A 產品領用甲材料 20,000 元，生產 B 產品領用甲材料 10,000 元。

分析：該項經濟業務發生後，引起 A 公司資產要素、費用要素發生變化。材料從倉庫領出，則庫存的原材料減少；同時，因為生產產品領用各種材料，使生產成本增加。A 公司應編製如下會計分錄：

借：生產成本——A 產品　　　　　　　　　　　　　　20,000
　　　　　　——B 產品　　　　　　　　　　　　　　10,000
　貸：原材料——甲材料　　　　　　　　　　　　　　30,000

【例 17-23】A 公司車間領用甲材料，價值 20,000 元；行政部門領用甲材料，價值 15,000 元；銷售部門領用甲材料，價值 5,000 元。

分析：該項經濟業務發生後，引起 A 公司資產要素、費用要素發生變化。材料從倉庫領出，則庫存的原材料減少；同時，車間耗用原材料，使間接費用製造費用增加。行政部門耗用材料，使管理費用增加。銷售機構耗用，使銷售費用增加。A 公司應編製如下會計分錄：

借：製造費用 20,000
　　管理費用 15,000
　　銷售費用 5,000
　貸：原材料——甲材料 40,000

【例 17-24】A 公司期末計算確認當期應付人員的薪酬為 50,000 元，其中生產 A 產品的工人工資 20,000 元，生產 B 產品的工人工資 16,000 元，車間管理人員的工資 14,000 元。企業管理人員工資 10,000 元，專設銷售部門人員工資 10,000 元。

分析：該筆經濟業務發生後，引起 A 公司費用要素和負債要素發生變化。一方面，費用要素中的生產成本、製造費用、管理費用、銷售費用項目分別增加，應按受益單位分別借記「生產成本」「製造費用」「管理費用」和「銷售費用」帳戶，表示成本費用的增加；另一方面，引起負債要素中的應付職工薪酬項目增加，應貸記「應付職工薪酬」帳戶。因此，A 公司應編製如下會計分錄：

借：生產成本——A 產品 20,000
　　　　　　——B 產品 16,000
　　製造費用 14,000
　　管理費用 10,000
　　銷售費用 10,000
　貸：應付職工薪酬——工資 70,000

【例 17-25】A 公司以銀行存款支付上述生產人員薪酬，同時代扣職工個人所得稅 1,000 元。

分析：該筆經濟業務發生後，引起 A 公司費用要素和負債要素發生變化。A 公司以銀行存款支付職工薪酬，一方面，引起企業銀行存款減少，同時減少了企業的應付職工薪酬；另一方面，企業代扣了職工的個人所得稅，應交稅費相應增加。因此，A 公司應編製如下會計分錄：

借：應付職工薪酬——工資 70,000
　貸：銀行存款 69,000
　　　應交稅費——應交個人所得稅 1,000

【例 17-26】公司決定發放職工福利，其中生產 A 產品的工人福利費 14,000 元，生產 B 產品的工人福利費 16,000 元，車間管理人員的工資 14,000 元，企業管理人員工資 10,000 元，專設銷售部門人員的工資 10,000 元。

分析：該筆經濟業務發生後，引起 A 公司費用要素和負債要素發生變化。一方面，費用要素中的生產成本、製造費用、管理費用、銷售費用項目分別增加，應按受益單

位分別借記「生產成本」「製造費用」「管理費用」和「銷售費用」帳戶，表示成本費用的增加；另一方面，引起負債要素中的應付職工薪酬項目增加，應貸記「應付職工薪酬」帳戶。因此，A 公司應編製如下會計分錄：

借：生產成本——A 產品	14,000
——B 產品	16,000
製造費用——職工福利	14,000
管理費用——職工福利	10,000
銷售費用——職工福利	10,000
貸：應付職工薪酬——職工福利	64,000

【例 17-27】A 公司當月計提車間固定資產折舊 16,000 元，行政部門折舊 4,000 元。

分析：固定資產在生產過程中，由於使用而損耗的價值，叫做固定資產折舊。生產車間的折舊費是產品成本的組成部分，應按期計入產品成本，由於 A 公司生產多種產品，折舊費不能直接確定計入哪一種產品，因此先記入「製造費用」帳戶，然後再進行分配，轉入「生產成本」帳戶，最終列入產品成本。企業行政管理部門的固定資產計提的折舊，應按期記入「管理費用」帳戶，期末餘額轉入「本年利潤」帳戶，抵減本期收入。計提固定資產折舊，表明固定資產價值因磨損而減少，固定資產價值的減少本應記入「固定資產」帳戶的貸方，但為了反應固定資產的原始價值、折舊和淨值情況，固定資產因磨損而減少的價值不直接記入固定資產帳戶的貸方，而是設置「累計折舊」帳戶，在「累計折舊」帳戶的貸方反應計提的固定資產折舊。企業對固定資產計提折舊，一方面表明企業所有在產品應承擔的間接生產費用增加，另一方面表明固定資產的帳面價值在減少。因此，A 公司應編製如下會計分錄：

借：製造費用——折舊費	16,000
管理費用——折舊費	4,000
貸：累計折舊	20,000

【例 17-28】A 公司開出轉帳支票一張，支付本月生產車間機器修理費 4,000 元。

分析：該筆經濟業務發生后，引起 A 公司費用和資產要素發生變化。一方面，車間修理費用增加 4,000 元，使企業費用要素中的製造費用增加，應借記「製造費用」帳戶；另一方面，付款引起資產要素中的銀行存款項目減少 4,000 元，應貸記「銀行存款」帳戶。因此，A 公司應編製如下會計分錄：

借：製造費用——修理費	4,000
貸：銀行存款	4,000

【例 17-29】A 公司本月以銀行存款支付下一年度財產保險費 6,000 元。

分析：A 公司預先支付下一年度財產保險費，該項費用雖在本期支付，但根據按權責發生制的要求，不屬於本期的費用支出，即使支付也不應作為本期費用處理，故應作為預付費用。該項經濟業務發生後，引起 A 公司資產要素內部發生此增彼減的變化。一方面，資產要素中的預付款項增加，應借記「預付帳款」帳戶；另一方面，資

產要素中的銀行存款項目減少，應貸記「銀行存款」帳戶。因此，A 公司應編製如下會計分錄：

借：預付帳款——保險費　　　　　　　　　　　　6,000
　　貸：銀行存款　　　　　　　　　　　　　　　　　　　6,000

【例 17-30】A 公司將年初預付的報刊費分配計入本期成本、費用，其中生產車間計 2,000 元，行政部門計 4,000 元。

分析：該項經濟業務發生後，引起 A 公司費用要素和資產要素發生變化。一方面，報刊費應由本期車間和廠部分別負擔，費用要素中的製造費用與管理費用增加，應借記「製造費用」和「管理費用」帳戶；另一方面，該款項已經在年初預先支付，使資產要素中的預付帳款減少，應貸記「預付帳款」帳戶。因此，A 公司應編製如下會計分錄：

借：製造費用——辦公費　　　　　　　　　　　　2,000
　　管理費用——辦公費　　　　　　　　　　　　4,000
　　貸：預付帳款——報紙雜誌費　　　　　　　　　　　6,000

【例 17-31】A 公司按計劃預提本月應負擔的短期借款利息 2,000 元。

分析：A 公司向銀行借款，根據規定應按期結算借款利息，借款利息應在財務費用中列支。為了正確計算各月損益，每月應將借款利息平均預提。預提時，一方面企業費用要素中的財務費用增加了 2,000 元，應借記「財務費用」帳戶；另一方面負債要素中的應付利息項目增加了 6,000 元，應貸記「應付利息」帳戶。因此，A 公司應編製如下會計分錄：

借：財務費用——利息費　　　　　　　　　　　　2,000
　　貸：應付利息　　　　　　　　　　　　　　　　　　　2,000

【例 17-32】A 公司通過銀行支付辦理匯款的手續費 300 元。

分析：該項經濟業務發生後，引起 A 公司費用要素和資產要素發生變化。一方面，支付匯款手續費，使費用要素中財務費用增加了 300 元，應借記「財務費用」帳戶；另一方面，該款項已通過銀行存款戶直接劃轉，使資產要素中的銀行存款減少了 300 元，應貸記「銀行存款」帳戶。因此，A 公司應編製如下會計分錄：

借：財務費用——手續費　　　　　　　　　　　　300
　　貸：銀行存款　　　　　　　　　　　　　　　　　　　300

【例 17-33】A 公司用銀行存款支付本月電費 4,200 元，按電表計算，A 產品生產耗電 1,500 元，B 產品生產耗電 1,800 元，車間照明用電 300 元，企業管理部門照明用電 600 元。

分析：該項經濟業務的發生，一方面使 A 公司的銀行存款減少了 4,200 元，應記入「銀行存款」帳戶的貸方；另一方面，A 公司支付的直接用於 A 產品和 B 產品的電費應記入「生產成本」帳戶的借方，車間照明用電費 300 元應記入「製造費用」帳戶的借方，企業管理部門照明用電 600 元應記入「管理費用」帳戶的借方。因此，A 公

司應編製如下會計分錄：

借：生產成本——A 產品　　　　　　　　　　　　1,500
　　　　　　——B 產品　　　　　　　　　　　　1,800
　　製造費用——電費　　　　　　　　　　　　　　300
　　管理費用——電費　　　　　　　　　　　　　　600
　貸：銀行存款　　　　　　　　　　　　　　　　4,200

【例17-34】A 公司以現金購買車間辦公用品 400 元，企業管理部門辦公用品 300 元。

分析：這項經濟業務的發生，使現金減少了 700 元，應記入「庫存現金」帳戶的貸方；車間購買的辦公用品，應記入「製造費用」帳戶的借方，管理部門購買的辦公用品，應記入「管理費用」帳戶的借方。因此，A 公司應編製如下會計分錄：

借：製造費用——辦公費　　　　　　　　　　　　400
　　管理費用——辦公費　　　　　　　　　　　　300
　貸：庫存現金　　　　　　　　　　　　　　　　700

【例17-35】月末，A 公司分配並結轉本月製造費用，其中 A 產品的工時為 600 小時，B 產品的工時為 400 小時。

月末，A 公司應將本月累計發生的「製造費用」在不同的產品間進行分配，並將其轉入相應的產品「生產成本」帳戶中去。具體分配標準一般有產品數量、產品生產工時、產品重量等。

分配程序如下：

第一，計算分配率。

$$製造費用分配率＝製造費用總額÷分配標準$$

第二，計算各種產品應負擔的製造費用。

$$某種產品應負擔的製造費用＝分配率×該種產品的分配標準$$

要想分配製造費用，必須首先知道本月的製造費用總額是多少。綜合例 7-23、例 7-24、例 7-26、例 7-27、例 7-28、例 7-30、例 7-33、例 7-34，可以計算出本月的製造費用總額為 70,700 元（20,000＋14,000＋14,000＋16,000＋4,000＋2,000＋300＋400）。

其中，A 產品的生產工時為 600 小時，B 產品的生產工時為 400 小時。月末，A 公司將上述間接生產費用分別轉入兩種產品的「生產成本」帳戶。

分配率＝70,700÷(600＋400)＝70.7（元／小時）

A 產品應分配＝600×70.7＝42,420（元）

B 產品應分配＝400×70.7＝28,280（元）

分析：將間接生產費用製造費用分配轉入產品的生產成本，則「製造費用」因分配結轉而減少，「生產成本」因轉入分配的「製造費用」而增加。因此，A 公司應編製如下會計分錄：

借：生產成本——A 產品　　　　　　　　　　　42,420

——B 產品		28,280
貸：製造費用		70,700

【例 17-36】月末，A 公司結轉本月生產完工驗收入庫產品的生產成本。本期生產兩種產品，期初無在產品，其中 A 產品為 300 件，B 產品為 590 件。

生產成本是指企業為生產一定種類和數量的產品所發生的各項生產費用的總和。生產成本是對象化的生產費用，一般包括四個成本項目：直接材料費用、直接人工費用、分配過來的製造費用和其他直接費用。

月末，A 公司根據歸集的生產費用，結合有關期初在產品數量、本期投入量和期末在產品數量等資料，按照一定的成本計算方法，將每一種產品歸集的生產費用在完工產品和在產品之間進行分配，計算出完工產品的總成本和單位成本。

假設 A 產品的總成本為 88,500 元，B 產品的總成本為 59,000 元。因此，可以計算出 A 產品的單位成本為 295 元/件，B 產品的單位成本為 100 元/件。

分析：該筆經濟業務發生後，引起資產和費用兩個要素發生變化。一方面，引起資產要素中的庫存商品項目增加，應借記「庫存商品」帳戶；另一方面，伴隨著產品完工入庫，引起費用要素中的生產成本項目減少，應貸記「生產成本」帳戶。因此，A 公司應編製如下會計分錄：

借：庫存商品——A 產品		88,500
——B 產品		59,000
貸：生產成本——A 產品		88,500
——B 產品		59,000

第 5 節　產品銷售業務的核算

銷售過程是企業生產經營活動的關鍵階段。在這個階段，製造企業要將生產過程中生產的產品銷售出去，收回貨幣資金，以保證企業再生產活動的順利進行。

企業的銷售過程就是將已驗收入庫的合格產品，按照銷售合同規定的條件送交訂貨單位或組織發運，並按照銷售價格和結算制度規定，辦理結算手續，及時收取貨款、確認收入實現的過程。

在銷售過程中，企業一方面取得了銷售產品的收入，另一方面還會發生一些銷售費用，如銷售產品的運輸費、裝卸費、包裝費和廣告費等。企業還應當根據國家有關稅法的規定，計算繳納企業銷售活動應負擔的稅金及附加。企業銷售產品取得的收入，扣除因銷售產品而發生的實際成本、企業銷售活動應負擔的稅金及附加，即為企業的主營業務利潤，這是企業營業利潤的主要構成部分。除此以外，企業還可能發生一些其他經濟業務，取得其他業務收入和發生其他業務成本。

因此，銷售過程業務核算的內容，主要包括確定和記錄產品銷售收入，因為銷售

產品而發生的實際成本和銷售費用，計算企業銷售活動應負擔的營業稅金及附加，反應企業與購貨單位所發生的貨款結算情況，考核銷售計劃的執行情況，監督營業稅金及附加的及時繳納等。通過銷售過程業務的核算，促使企業努力增加收入、節約費用，實現盡可能多的營業利潤。

一、商品銷售收入的確認條件

第一，商品所有權上的主要風險和報酬等已轉移給購貨方。
第二，企業已經失去了與所有權相聯繫的繼續管理權和控制權。
第三，收入的金額能夠可靠計量。
第四，與交易相關的經濟利益能夠可靠地流入銷售企業。
第五，相關的成本能夠可靠地計量。

二、商品銷售收入的計量

商品銷售收入一般應按照從購貨方已收貨款金額或合同等確定的應收款金額計量。

三、商品銷售業務的核算

(一) 帳戶設置

1.「主營業務收入」帳戶

「主營業務收入」帳戶用來核算企業因開展銷售商品、提供勞務等日常活動中發生的收入。

「主營業務收入」帳戶是損益類帳戶，貸方登記企業銷售商品（包括產成品和自製半成品等）、提供勞務所實現的收入；借方登記發生的銷售退回或銷售折讓和期末轉入「本年利潤」帳戶的收入；期末將本帳戶的余額結轉到「本年利潤」帳戶后，本帳戶應無余額。

「主營業務收入」帳戶應按主營業務的種類設置明細帳，進行明細分類核算，適合採用「貸方多欄式」明細帳。

「主營業務收入」帳戶的T形結構如圖17-27所示：

主營業務收入

①銷售退回 ②期末轉入「本年利潤」帳戶的 　收入轉出數	企業銷售商品、提供勞務所實現 收入

圖17-27　「主營業務收入」帳戶的T形結構

2.「主營業務成本」帳戶

「主營業務成本」帳戶用來核算企業因開展銷售商品、提供勞務等主營業務收入時

應結轉的成本。

「主營業務成本」帳戶是損益類帳戶，借方登記本期（月）銷售各種商品、提供各種勞務應結轉的實際成本；本期（月）發生銷售退回，如果已結轉銷售成本，則應記在本帳戶的貸方；期末，將本帳戶的余額轉入「本年利潤」帳戶，本帳戶無余額。

「主營業務成本」帳戶應按照主營業務的種類設置明細帳，進行明細分類核算，適合採用借方多欄式明細帳。

「主營業務成本」帳戶的 T 形結構如圖 17-28 所示：

主營業務成本

①銷售商品、提供勞務所應結轉的實際成本	期末轉入「本年利潤」帳戶的主營業務成本轉出數

圖 17-28 「主營業務成本」帳戶的 T 形結構

3.「營業稅金及附加」帳戶

「營業稅金及附加」帳戶用來核算企業經營活動應發生的營業稅、消費稅、城市維護建設稅、資源稅和教育費附加等相關稅費。

「營業稅金及附加」帳戶是損益類帳戶，借方登記按照規定計算的與經營活動相關的稅費；貸方登記期末轉入「本年利潤」帳戶的營業稅金及附加；期末結轉後，本帳戶無余額。

「營業稅金及附加」帳戶明細帳適合採用三欄式。

「營業稅金及附加」帳戶的 T 形結構如圖 17-29 所示：

營業稅金及附加

按照規定計算的與經營活動相關的稅費	期末轉入「本年利潤」帳戶的營業稅金及附加轉出數

圖 17-29 「營業稅金及附加」帳戶的 T 形結構

4.「應收帳款」帳戶

「應收帳款」帳戶用來核算企業因開展銷售商品、提供勞務等經營活動應收取的款項。

「應收帳款」帳戶是資產類帳戶，借方登記因開展銷售商品、提供勞務等經營活動應收取的貨款、增值稅以及代購貨單位墊付的包裝費、運雜費等款項；貸方登記實際收回的應收款項；月末余額通常是借方性質，表示應收而未收回的款項，如果出現貸方性質，表示企業預收的款項。

「應收帳款」帳戶應按照債務人、購貨單位或接受勞務單位設置明細帳，進行明細分類核算，適合採用三欄式明細帳。

「應收帳款」帳戶的 T 形結構如圖 17-30 所示：

應收帳款——債務人

應收未收的銷貨款	實際收回的應收款項
余：應收而未收回的款項	余：預收的款項

圖 17-30 「應收帳款」帳戶的 T 形結構

5.「應收票據」帳戶

「應收票據」帳戶用來核算企業因銷售商品、提供勞務等而收到的商業匯票，包括銀行承兌匯票和商業承兌匯票。

「應收票據」帳戶是資產類帳戶，借方登記企業因銷售商品、提供勞務等而收到開出的商業匯票的票面金額；貸方登記商業匯票到期收到的金額；月末借方余額，表示企業持有的商業匯票的票面金額。

「應收票據」帳戶應當按照開出、承兌商業匯票的單位進行明細核算，適合採用三欄式明細帳。

「應收票據」帳戶的 T 形結構如圖 17-31 所示：

應收票據

收到開出的商業匯票	匯票到期承兌貨款
余：仍持有的商業匯票金額	

圖 17-31 「應收票據」帳戶的 T 形結構

6.「預收帳款」帳戶

預收帳款帳戶用來核算企業按照合同規定向購貨單位預收的款項。

「預收帳款」帳戶是負債類帳戶，貸方登記企業向購貨單位預收的款項；借方登記企業銷售實現的收入。購貨單位補付的款項，貸記本帳戶；退回多付的款項，借記本帳戶。

「預收帳款」帳戶期末余額如果是貸方性質，表示企業向購貨單位預收的款項（尚未結算或結算后應退還部分）；如果是借方性質余額，表示應收的款項。

「預收帳款」帳戶應按購貨單位進行明細核算，適合採用三欄式明細帳。

「預收帳款」帳戶的 T 形結構如圖 17-32 所示：

預收帳款

發出商品抵預收款	向購貨單位預收的款項
余：應收的款項	余：預收的款項

圖 17-32 「預收帳款」帳戶的 T 形結構

7.「其他業務收入」帳戶

「其他業務收入」帳戶用來核算企業根據收入準則確認的除主營業務活動以外的其他經營活動實現的收入，包括出租固定資產、出租無形資產、出租包裝物和商品、銷售材料、用材料進行非貨幣性交換或債務重組等實現的收入。

「其他業務收入」帳戶是損益類帳戶，貸方登記企業確認的其他業務收入；借方登記期末結轉到「本年利潤」帳戶的已實現的其他業務收入；期末結轉以後，本帳戶無餘額。

「其他業務收入」帳戶應按其他業務的收入種類設置明細帳，進行明細分類核算，適合採用「貸方多欄式」明細帳。

「其他業務收入」帳戶的 T 形結構如圖 17-33 所示：

其他業務收入——種類

期末轉入「本年利潤」帳戶的其他業務收入轉出數	其他經營活動實現的收入

圖 17-33 「其他業務收入」帳戶的 T 形結構

8.「其他業務成本」帳戶

「其他業務成本」帳戶用來核算企業確認的除主營業務活動以外的其他經營活動所發生的支出，包括銷售材料的成本、出租固定資產的折舊額、出租無形資產的攤銷額、出租包裝物的成本或攤銷額等。

「其他業務成本」帳戶是損益類帳戶，借方登記企業發生的其他業務成本；貸方登記期末結轉到「本年利潤」帳戶的數額；期末結轉以後，本帳戶無餘額。

「其他業務成本」帳戶應按其他業務成本的種類設置明細帳，進行明細分類核算，適合採用借方多欄式明細帳。

「其他業務成本」帳戶的 T 形結構如圖 17-34 所示：

其他業務成本——種類

其他經營活動所發生的支出	期末轉入「本年利潤」帳戶的其他業務成本轉出數

圖 17-34 「其他業務成本」帳戶的 T 形結構

(二) 核算舉例

【例 17-37】A 公司售給大康公司 A 產品 80 件，每件售價 500 元，貨款 40,000 元，增值稅稅率為 17%，增值稅額 6,800 元，貨款存入銀行。

分析：該筆經濟業務發生后引起資產和收入及負債三個要素發生變動。一方面，使企業資產要素中的銀行存款項目增加，應借記「銀行存款」帳戶；另一方面，使企

業收入要素中的主營業務收入項目增加，應貸記「主營業務收入」帳戶。同時，一般納稅企業在銷售商品時，不僅要向客戶收取貨款，還應按適用的稅率計算並代收增值稅。因此，企業在確認收入的同時，還應確認一筆應交稅費使負債要素中的應交稅費——應交增值稅（銷項稅額）項目增加，應貸記「應交稅費——應交增值稅（銷項稅額）」帳戶。A 公司應編製如下會計分錄：

借：銀行存款　　　　　　　　　　　　　　　　　　　46,800
　　貸：主營業務收入——A 產品　　　　　　　　　　　40,000
　　　　應交稅費——應交增值稅（銷項稅額）　　　　　6,800

【例 17-38】A 公司售給大豐公司 A 產品 100 件，單價 300 元，貨款 30,000 元，增值稅稅率為 17%，增值稅額 5,100 元，採用商業匯票結算，當即收到票面金額為 35,100 元的商業匯票一張，承兌期 3 個月。

分析：該筆經濟業務發生後引起資產和收入及負債三個要素發生變動。一方面，使企業資產要素中的應收票據項目增加，應借記「應收票據」帳戶；另一方面，使企業收入要素中的主營業務收入項目增加，應貸記「主營業務收入」帳戶。同時，一般納稅企業在銷售商品時，不僅要向客戶收取貨款，還應按適用的稅率計算並代收增值稅。因此，企業在確認收入的同時，還應確認一筆應交稅費使負債要素中的應交稅費——應交增值稅（銷項稅額）項目增加，應貸記「應交稅費——應交增值稅（銷項稅額）」帳戶。A 公司應編製如下會計分錄：

借：應收票據　　　　　　　　　　　　　　　　　　　35,100
　　貸：主營業務收入——A 產品　　　　　　　　　　　30,000
　　　　應交稅費——應交增值稅（銷項稅額）　　　　　5,100

【例 17-39】A 公司售給大華公司 A 產品 20 件，每件售價 500 元，貨款 10,000 元，增值稅稅率為 17%，增值稅額 1,700 元，貨款尚未收訖。

分析：該筆經濟業務發生後引起資產和收入及負債三個要素發生變動。一方面，使企業資產要素中的應收帳款項目增加，應借記「應收帳款」帳戶；另一方面，使企業收入要素中的主營業務收入項目增加，應貸記「主營業務收入」帳戶。同時，一般納稅企業在銷售商品時，不僅要向客戶收取貨款，還應按適用的稅率計算並代收增值稅。因此，企業在確認收入的同時，還應確認一筆應交稅費使負債要素中的應交稅費——應交增值稅（銷項稅額）項目增加，應貸記「應交稅費——應交增值稅（銷項稅額）」帳戶。因此，A 公司應編製如下會計分錄：

借：應收帳款　　　　　　　　　　　　　　　　　　　11,700
　　貸：主營業務收入——A 產品　　　　　　　　　　　10,000
　　　　應交稅費——應交增值稅（銷項稅額）　　　　　1,700

【例 17-40】A 公司預收 C 商業城購買商品定金 1,000 元，收到對方開具的可在全國通用的支票。

分析：該筆經濟業務發生後引起資產和負債兩個要素發生變動。一方面，使企

資產要素中的銀行存款項目增加了1,000元,應借記「銀行存款」帳戶;另一方面,使企業負債要素中的預收帳款項目增加了1,000元,應貸記「預收帳款」帳戶。因此,A公司應編製如下會計分錄:

借:銀行存款　　　　　　　　　　　　　　　　　1,000
　　貸:預收帳款——C商業城　　　　　　　　　　　　1,000

【例17-41】A公司向C商業城銷售A產品20件,單價400元/件,B商品10件,單價200元/件,增值稅稅率為17%,已於前日預收定金10,00元,雙方約定余款次日結清。

分析:該筆經濟業務發生后引起A公司收入和負債兩個要素發生變動。一方面,A公司發出購貨方預定的貨物,使A公司負債要素中的預收帳款項目處於結算狀態,應該將全部金額記在「預收帳款」帳戶的借方;另一方面,使A公司收入要素中的主營業務收入項目增加,應貸記「主營業務收入」帳戶。同時,一般納稅企業在銷售商品時,不僅要向客戶收取貨款,還應按適用的稅率計算並代收增值稅。因此,A公司在確認收入的同時,還應確認一筆應交稅費使負債要素中的應交稅費——應交增值稅(銷項稅額)項目增加,應貸記「應交稅費——應交增值稅(銷項稅額)」帳戶。A公司應編製如下會計分錄:

銷項稅額=(20×400+10×200)×17%=1,700(元)
價稅合計=20×400+10×200+1,700=11,700(元)

借:預收帳款——C商業城　　　　　　　　　　　　11,700
　　貸:主營業務收入——A產品　　　　　　　　　　　8,000
　　　　　　　　　　——B商品　　　　　　　　　　　2,000
　　　　應交稅費——應交增值稅(銷項稅額)　　　　　1,700

【例17-42】A公司收到C商業城補付的不足款10,700元。

分析:該筆經濟業務發生后引起A公司資產要素兩個帳戶發生變動。一方面,A公司補收貨款,使企業資產要素中的銀行存款增加,應該記在「銀行存款」帳戶的借方;另一方面,補收貨款應記在「預收帳款」帳戶的貸方。因此,A公司應編製如下會計分錄:

借:銀行存款　　　　　　　　　　　　　　　　　10,700
　　貸:預收帳款——C商業城　　　　　　　　　　　10,700

【例17-43】A公司銷售A產品10件,價稅合計117,000元,增值稅稅率為17%,收到款項並存入銀行。

增值稅是以商品生產流通和勞動服務各個環節的增值因素為徵稅對象的一種流轉稅。所謂增值,是指一個納稅人在其生產經營活動中所創造的新增價值,也可認為是納稅人在一定時期內銷售產品或提供勞務所取得的收入大於其購進商品或接受勞務時所支付金額的差額。由於增值因素在經濟生活中是一個難以精確計算的數據,增值操作大都採用間接操作辦法,即以商品銷售額為計稅依據,同時允許從稅額中扣除上一

道環節已繳納的稅款。增值稅徵收範圍包括生產、批發、零售和進口商品及加工修理修配，還包括公用事業中水、電、熱、氣及食鹽。

所有銷售增值稅應稅產品和應稅勞務的工商企業單位及個人均為增值稅納稅義務人。增值稅實行價外計稅，即以不含增值稅稅金的價格為計稅依據，一般納稅人的基本稅率為17%，增值稅應納稅額計算公式如下：

$$應納稅額 = 當期銷項稅額 - 當期進項稅額$$

$$銷項稅額 = 銷售額 \times 適用稅率$$

銷售額如包含了增值稅額，則應換算為不含稅銷售額，計算方法為：

$$銷售額 = 含稅銷售額 \div (1 + 增值稅稅率)$$

銷售額進項稅額為當期購進貨物時從銷售方取得的增值稅專用發票上註明的增值稅額。

分析：該筆經濟業務發生後引起 A 公司資產、收入和負債三個要素發生變動。一方面，使 A 公司資產要素中的銀行存款項目增加，應借記「銀行存款」帳戶；另一方面，使 A 公司收入要素中的主營業務收入項目增加，應貸記「主營業務收入」帳戶。同時，一般納稅企業在銷售商品時，不僅要向客戶收取貨款，還應按適用的稅率計算並代收增值稅。因此，企業在確認收入的同時，還應確認一筆應交稅費使負債要素中的應交稅費——應交增值稅（銷項稅額）項目增加，應貸記「應交稅費——應交增值稅（銷項稅額）」帳戶。A 公司應編製如下會計分錄：

應繳納的增值稅 = 117,000 ÷ (1 + 17%) × 17% = 17,000（元）

主營業務收入 = 117,000 - 17,000 = 100,000（元）

借：銀行存款	117,000
貸：主營業務收入	100,000
應交稅費——應交增值稅（銷項稅額）	17,000

【例 17-44】 A 公司以銀行存款支付宣傳廣告費 600 元。

分析：該筆經濟業務發生後引起 A 公司費用和資產兩個要素發生變動。一方面，A 公司廣告費用增加，應借記「銷售費用」帳戶；另一方面，付款使 A 公司資產要素中的銀行存款減少，應貸記「銀行存款」帳戶。因此，A 公司應編製如下會計分錄：

借：銷售費用——廣告費	600
貸：銀行存款	600

【例 17-45】 A 公司支付由本企業承擔的銷售運雜費 500 元。

分析：該筆經濟業務發生後引起費用和資產兩個要素發生變動。一方面，根據銷售合同，由 A 公司承擔銷售商品的運雜費 500 元，應借記「銷售費用」帳戶；另一方面，付款使 A 公司資產要素中的銀行存款減少了 500 元，應貸記「銀行存款」帳戶。因此，A 公司應編製如下會計分錄：

借：銷售費用——運雜費	500
貸：銀行存款	500

【例 17-46】經計算，A 公司當期銷售商品應繳納的消費稅為 4,000 元、城市維護建設稅為 1,000 元。

分析：A 公司因銷售商品必須承擔相應的納稅義務，由此而產生的費用增加記入「營業稅金及附加」帳戶的借方，同時確認相應的負債（應交稅費）增加。A 公司應編製如下會計分錄：

借：營業稅金及附加　　　　　　　　　　　　　　　　5,000
　　貸：應交稅費——應交消費稅　　　　　　　　　　4,000
　　　　　　　　——應交城市維護建設稅　　　　　　1,000

【例 17-47】A 公司出售鋼管 1 噸，售價 15,000 元，增值稅額 2,550 元，開出增值稅專用發票一張，收到轉帳支票一張。

分析：該筆經濟業務發生後，引起了 A 公司資產、收入和負債要素發生變化。A 公司資產要素中的銀行存款增加，應借記「銀行存款」帳戶；收入要素中的其他業務收入增加，應貸記「其他業務收入——銷售材料」帳戶；負債要素中的應交稅費——應交增值稅（銷項稅額）項目增加，應貸記「應交稅費——應交增值稅（銷項稅額）」帳戶。因此，A 公司應編製如下會計分錄：

借：銀行存款　　　　　　　　　　　　　　　　　　17,550
　　貸：其他業務收入——銷售材料　　　　　　　　15,000
　　　　應交稅費——應交增值稅（銷項稅額）　　　 2,550

【例 17-48】月末，A 公司結轉本月銷售產品的銷售成本。A 公司本月銷售 A 產品 230 件，B 產品 10 件。

由例 17-36 可知：

銷售 A 產品的成本＝230×295＝67,850（元）

銷售 B 產品的成本＝10×100＝1,000（元）

分析：該筆經濟業務發生後引起 A 公司費用和資產兩個要素發生變化。一方面，A 公司銷售商品引起費用要素中的主營業務成本項目增加，應借記「主營業務成本」帳戶；另一方面，資產要素中的庫存商品項目減少，應貸記「庫存商品」帳戶。因此，A 公司應編製如下會計分錄：

借：主營業務成本——A 商品　　　　　　　　　　　67,850
　　　　　　　　——B 商品　　　　　　　　　　　 1,000
　　貸：庫存商品——A 商品　　　　　　　　　　　67,850
　　　　　　　——B 商品　　　　　　　　　　　　 1,000

【例 17-49】結轉出售 1 噸鋼管材料的成本 13,050 元。

分析：此項業務引起了 A 公司資產、費用要素發生變化。一方面，A 公司費用要素中的其他業務支出增加了 13,050 元，應借記「其他業務成本」帳戶；另一方面，A 公司資產要素中的原材料減少了 13,050 元，應貸記「原材料」帳戶。因此，A 公司應編製如下會計分錄：

借：其他業務成本——銷售材料　　　　　　　　　　　13,050
　　貸：原材料——鋼管　　　　　　　　　　　　　　　　13,050

第 6 節　其他業務的核算

在企業經濟業務的核算內容中，除了上述資金籌集業務、供應過程業務、生產過程業務、銷售過程業務等主要經濟活動需要會計人員進行帳務處理，還會發生一些其他經濟業務，如個人借款、報銷差旅費、收取押金、歸還押金、繳納罰款、收取罰款、捐贈等業務。

一、帳戶設置

1.「其他應收款」帳戶

「其他應收款」帳戶用來核算企業除應收票據、應收帳款、預付帳款、應收股利等經營活動以外的其他各種應收、暫付的款項。

「其他應收款」帳戶是資產類帳戶，借方登記企業發生其他各種應收、暫付款項；貸方登記收回或轉銷的各種應收、暫付款項；期末借方余額，反應企業尚未收回的其他應收款。

「其他應收款」帳戶應當按照其他應收款的項目和對方單位（或個人）設置明細帳，進行明細分類核算，適合採用三欄式明細帳。

「其他應收款」帳戶的 T 形結構如圖 17-35 所示：

其他應收款

應收未收的罰款、職工借等其他應收款項款	實際收回的職工借款、罰款等
余：尚未收回的其他應收款	

圖 17-35　「其他應收款」帳戶的 T 形結構

2.「其他應付款」帳戶

「其他應付款」帳戶用來核算企業除應付票據、應付帳款、預收帳款、應付職工薪酬、應付利息、應交稅費等經營活動以外的其他各項應付、暫收的款項。

「其他應付款」帳戶是負債類帳戶，貸方登記企業發生其他各種應付、暫收款項；借方登記支付的其他各種應付、暫收款項；期末貸方余額，反應企業尚未支付的其他應付款項。

「其他應付款」帳戶應當按照其他應付款的項目和對方單位（或個人）設置明細帳，進行明細分類核算，適合採用三欄式明細帳。

「其他應付款」帳戶的 T 形結構如圖 17-36 所示：

其他應付款

支付的其他各種應付、暫收款項	發生其他各種應付、暫收款項
	余：尚未支付的其他應付款項

圖 17-36 「其他應付款」帳戶的 T 形結構

3.「營業外收入」帳戶

「營業外收入」帳戶用來核算企業發生的與日常生產經營活動無直接關係的各項營業外收入，主要包括政府補助、捐贈利得、罰款利得、確定無法支付的應付款等。

「營業外收入」帳戶是損益類帳戶，貸方登記企業發生的各種營業外收入；借方登記期末轉入「本年利潤」帳戶的營業外收入；期末結轉后，本帳戶應無余額。

「營業外收入」帳戶應按照營業外收入的項目設置明細帳，進行明細分類核算，適合採用貸方多欄式明細帳。

「營業外收入」帳戶的 T 形結構如圖 17-37 所示：

營業外收入——項目

期末轉入「本年利潤」帳戶的營業外收入轉出數	發生的各種營業外收入

圖 17-37 「營業外收入」帳戶的 T 形結構

4.「營業外支出」帳戶

「營業外支出」帳戶用來核算企業發生的與日常生產經營活動無直接關係的各項營業外支出，包括非流動資產處置損失、非貨幣性資產交換損失、債務重組損失、公益性捐贈支出、非常損失、盤虧損失等。

「營業外支出」帳戶是損益類帳戶，借方登記企業發生的各種營業外支出；貸方登記期末轉入「本年利潤」帳戶的營業外支出；期末結轉后，本帳戶無余額。

「營業外支出」帳戶應按照營業外支出的項目設置明細帳，進行明細分類核算，適合採用借方多欄式明細帳。

「其他業務成本」帳戶的 T 形結構如圖 17-38 所示：

營業外支出——種類

發生的各種營業外支出	期末轉入「本年利潤」帳戶的營業外支出的轉出數

圖 17-38 「營業外支出」帳戶的 T 形結構

5.「投資收益」帳戶

「投資收益」帳戶用來核算企業確認的對外投資收益或投資損失。

「投資收益」帳戶是損益類帳戶，貸方登記取得的投資收益或期末投資淨損失的轉出數；借方登記發生的投資損失和期末投資淨收益的轉出數；無論發生投資收益還是投資損失，都要結轉到「本年利潤」帳戶，期末結轉后，本帳戶無餘額。

「投資收益」帳戶應按照投資項目設置明細帳，進行明細分類核算，適合採用三欄式明細帳，也可以採用借貸雙方多欄式明細帳。

「投資收益」帳戶的 T 形結構如圖 17-39 所示：

投資收益

發生的投資損失和期末投淨收益的轉出數資	取得的投資收益或期末投資淨損失的轉出數

圖 17-39 「投資收益」帳戶的 T 形結構

二、核算舉例

【例 17-50】採購員李強出差預借差旅費 3,000 元，A 公司開出現金支票一張。

分析：該筆經濟業務發生后，一方面，職工借款 3,000 元，應借記「其他應收款」帳戶；另一方面，銀行存款減少了 3,000 元，應貸記「銀行存款」帳戶。因此，A 公司應編製如下會計分錄：

借：其他應收款——李強　　　　　　　　　　　　　　3,000
　　貸：銀行存款　　　　　　　　　　　　　　　　　　　3,000

【例 17-51】採購員李強出差回來報銷差旅費，原借款 3,000 元，報銷 2,800 元，余額退回現金 200 元。

分析：該筆經濟業務發生后，引起費用要素和資產要素之間以及資產要素內部發生變動。一方面，A 公司費用要素中的管理費用增加了 2,800 元，應借記「管理費用」帳戶，同時收回現金 200 元，使資產要素中的現金項目增加了 200 元，應借記「庫存現金」帳戶；另一方面，採購員李強借支的差旅費 3,000 元應予以核銷，A 公司資產要素中的其他應收款項目減少 3,000 元，應貸記「其他應收款」帳戶。因此，A 公司應編製如下會計分錄：

借：管理費用——差旅費　　　　　　　　　　　　　2,800
　　庫存現金　　　　　　　　　　　　　　　　　　 200
　　貸：其他應收款——李強　　　　　　　　　　　　　3,000

【例 17-52】A 公司收到員工張山交來的服裝押金 300 元。

分析：該項業務發生后，一方面，A 公司庫存現金增加，應借記「庫存現金」帳戶；另一方面，押金是需要在未來返還的，導致 A 公司負債增加，應貸記「其他應付

款」帳戶。因此，A 公司應編製如下會計分錄：

借：庫存現金　　　　　　　　　　　　　　　　　　　300
　貸：其他應付款——張山　　　　　　　　　　　　　　　　300

【例 17-53】A 公司收到政府的補助 200,000 元。

分析：該項業務發生后，一方面，銀行存款增加 200,000 元；另一方面，營業外收入增加 200,000 元。因此，A 公司應編製如下會計分錄：

借：銀行存款　　　　　　　　　　　　　　　　　　200,000
　貸：營業外收入——政府補助　　　　　　　　　　　　　200,000

【例 17-54】A 公司捐贈給市福利院 50,000 元，開出轉帳支票一張。

分析：該項業務發生后，一方面，銀行存款減少 50,000 元；另一方面，營業外支出增加 50,000 元。因此，A 公司應編製如下會計分錄：

借：營業外支出——捐贈支出　　　　　　　　　　　　50,000
　貸：銀行存款　　　　　　　　　　　　　　　　　　　50,000

【例 17-55】A 公司將其從二級證券市場購入的 B 公司股票出售后，獲得收益 8,000 元存入銀行。

分析：該筆經濟業務發生后，引起資產要素和收入要素發生變化。一方面，資產要素中的銀行存款增加，應借記「銀行存款」帳戶；另一方面，收入要素中的投資收益同時增加，應貸記「投資收益」帳戶。因此，A 公司應編製如下會計分錄：

借：銀行存款　　　　　　　　　　　　　　　　　　　8,000
　貸：投資收益　　　　　　　　　　　　　　　　　　　　8,000

第 7 節　財務成果的形成和利潤分配業務的核算

一、財務成果的形成

財務成果是指企業在一定時期內（月、季、年度）從事生產經營活動所取得的利潤或發生的虧損。財務成果是反應企業工作質量的一個重要指標。

工業企業的利潤總額由營業利潤和營業外收支淨額構成。

$$利潤總額 = 營業利潤 + 營業外收支淨額$$

其中：

營業利潤 = 營業收入 - 營業成本 - 營業稅金及附加 - 銷售費用 - 管理費用 - 財務費用 - 資產減值損失 + 公允價值變動收益 + 投資收益

營業收入 = 主營業務收入 + 其他業務收入

營業成本 = 主營業務成本 + 其他業務成本

營業外收支淨額 = 營業外收入 - 營業外支出

營業利潤由營業收入（包括主營業收入和其他業務收入）減去營業成本（包括主營業務成本和其他業務成本）、營業稅金及附加、銷售費用、管理費用和財務費用等。

投資收益是指企業對外投資分得的利潤或者股利及債券投資的利息收入。投資損失是指企業轉讓、出售股票、債券，其收回投資小於投出資金數額的差額。投資淨收益是指投資收益扣除投資損失後的數額。

營業外收入是指與企業生產經營無直接關係的各項收入，包括固定資產盤盈、固定資產清理后的淨收益、出售無形資產收益、罰款淨收入等。

營業外支出是指與企業生產經營無直接關係的各項支出，包括固定資產盈虧、固定資產清理后的淨損失、非常損失、捐贈支出、罰款支出等。

營業外收支淨額為營業外收入減去營業外支出後的數額。

二、淨利潤的形成

淨利潤是指利潤總額減去企業所得稅后的利潤。為了核算企業按規定從本期損益中減去的所得稅的情況，應設置「所得稅費用」帳戶。

「所得稅費用」帳戶是損益類帳戶，按所得稅條例的規定計算確定應繳納的所得稅額，借記「所得稅費用」帳戶，貸記「應交稅費——應交所得稅」帳戶。繳納所得稅時，借記「應交稅費——應交所得稅」帳戶，貸記「銀行存款」等帳戶。期末將「所得稅費用」帳戶余額轉入「本年利潤」帳戶，借記「本年利潤」帳戶，貸記「所得稅費用」帳戶，結轉后「所得稅費用」帳戶無余額。

$$應納所得稅額 = 應納稅所得額 \times 稅率$$

三、利潤的分配

根據《中華人民共和國公司法》等有關法規的規定，企業當年實現的淨利潤，一般應當按照如下順序進行分配：

第一，彌補以前年度的虧損。按照企業財務制度規定，企業當年發生的虧損可連續5年用以後年度實現的利潤彌補。

第二，提取盈余公積金。盈余公積金是企業按規定從淨利潤中提取的用於累積的資金，提取比例不低於淨利潤的10%，也可多提。

第三，向投資者分配利潤（投資者包括國家、其他單位、個人、外商）。

第四，未分配利潤。留下一定比例的利潤作為未分配利潤，留待以後年度分配，以豐補歉。

上述利潤的分配順序是企業以前年度虧損未彌補完，不得提取法定公積金，在未提法定公積金前，不得向投資者分配股利。

提取的法定公積金可以用於彌補虧損、轉增資本等用途。

企業以前年度未分配的利潤可以並入本年度向投資者分配，當年無利潤時，一般不向投資者分配利潤。公司制企業從稅后利潤中提取法定公積金後，經股東會或者股

東大會決議，還可以從稅後利潤中提取任意公積金。公司持有的本公司股份不得分配股利。

四、財務成果的核算

(一) 帳戶設置

1.「本年利潤」帳戶

「本年利潤」帳戶屬於所有者權益類帳戶，用來核算企業當年實現的淨利潤（或發生的淨虧損）。「本年利潤」帳戶貸方登記轉入的「主營業務收入」「其他業務收入」「營業外收入」等帳戶的期末余額；借方登記轉入的「主營業務成本」「銷售費用」「營業稅金及附加」「管理費用」「財務費用」「其他業務成本」「營業外支出」等帳戶的期末余額。投資收益帳戶，如為淨收益，轉入本帳戶的貸方；如為投資損失，轉入本帳戶的借方。經上述結轉後，就可算出企業本期實現的利潤總額。「所得稅費用」帳戶余額轉入「本年利潤」帳戶借方，將所得稅額結轉後，「本年利潤」帳戶的貸方余額即為企業稅後淨利潤。

年度終了，應將本年利潤淨額或虧損淨額結轉「利潤分配」帳戶，結轉後本帳戶應無余額。

「本年利潤」帳戶的 T 形結構如圖 17-40 所示：

本年利潤

期末轉入的各項費用	期末轉入的各項收入
主營業務成本	主營業務收入
其他業務成本	其他業務收入
營業稅金及附加	投資淨收益
管理費用	營業外收入
銷售費用	
財務費用	
投資淨損失	
營業外損失	
所得稅費用	
虧損淨額	盈利淨額

圖 17-40 「**本年利潤**」帳戶的 T 形結構

2.「利潤分配」帳戶

「利潤分配」帳戶屬於所有者權益類帳戶，用來核算企業利潤的分配（或虧損的彌補）和歷年分配（或彌補虧損）後的結存余額。「利潤分配」帳戶的借方登記利潤分配數和年終結轉的虧損總額；貸方登記彌補的虧損數和年終結轉的利潤淨額；年末貸方余額為歷年積存未分配利潤，借方余額為未彌補虧損。「利潤分配」帳戶分別設置「提取法定盈余公積」「提取任意盈余公積」「應付股利」「盈余公積補虧」「未分配利潤」等進行明細核算。

「利潤分配」帳戶的 T 形結構如圖 17-41 所示：

利潤分配

實際分配的利潤額 彌補以前年度虧損 提取法定盈余公積 應付股利	「本年利潤」帳戶轉入可供分配利潤
未彌補虧損	未分配利潤

圖 17-41　「利潤分配」帳戶的 T 形結構

3.「所得稅費用」帳戶

「所得稅費用」帳戶屬於損益類帳戶，用來核算企業根據所得稅條例確認的應從當期利潤總額中扣除的所得稅費用。「所得稅費用」帳戶借方登記應記入當期損益的所得稅費用，貸方登記期末結轉「本年利潤」帳戶的數額，結轉后本帳戶應無余額。

「所得稅費用」帳戶的 T 形結構如圖 17-42 所示：

所得稅費用

計算出的所得稅費用額	期末轉入「本年利潤」帳戶的 營業稅金及附加轉出數

圖 17-42　「所得稅費用」帳戶的 T 形結構

4.「應付股利」帳戶

「應付股利」帳戶用來核算企業根據股東大會或類似機構審議確定分配的現金股利或利潤。

「應付股利」帳戶是負債類帳戶，貸方登記根據通過的股利或利潤分配方案計算的應支付的現金股利或利潤；借方登記實際支付的金額；期末貸方余額，反應企業應付未付的現金股利或利潤。非股份有限公司通常將「應付股利」帳戶改為「應付利潤」帳戶。

「應付股利」帳戶應按投資者設置明細帳，進行明細分類核算，適合採用三欄式明細帳。

「應付股利」帳戶的 T 形結構如圖 17-43 所示：

應付股利

實際支付的股利金額	通過股利分配方案計算的應支付但 尚未支付的股利金額
	余：應付未付的股利

圖 17-43　「應付股利」帳戶的 T 形結構

(二) 核算舉例

1. 財務成果的形成核算

【例17-56】假設本章相關例題的業務為A公司本月發生的全部與費用有關的業務，月末結轉當月的費用餘額。

分析：該筆經濟業務發生後，引起了A公司費用要素和所有者權益要素發生變化。費用在發生時，記入費用類帳戶的借方，在期末則應全額從貸方轉出，記入「本年利潤」帳戶的借方。一方面，使所有者權益要素中的「本年利潤」項目減少，應借記「本年利潤」帳戶；另一方面，引起費用要素中的主營業務成本減少、營業稅金及附加減少、其他業務成本減少、營業外支出減少、管理費用減少、財務費用減少、銷售費用減少，應分別貸記「主營業務成本」「營業稅金及附加」「其他業務成本」「營業外支出」「管理費用」「財務費用」「銷售費用」帳戶。因此，A公司應編製如下會計分錄：

借：本年利潤　　　　　　　　　　　　　　　　196,200
　　貸：財務費用　　　　　　　　　　　　　　　2,300
　　　　主營業務成本　　　　　　　　　　　　67,850
　　　　其他業務成本　　　　　　　　　　　　13,050
　　　　營業稅金及附加　　　　　　　　　　　5,000
　　　　銷售費用　　　　　　　　　　　　　　20,100
　　　　管理費用　　　　　　　　　　　　　　37,900
　　　　營業外支出　　　　　　　　　　　　　50,000

【例17-57】假設本章相關例題的業務為A公司當月發生的與收入有關的業務，月末結轉當月的收入餘額。

分析：該筆經濟業務發生後，引起了A公司收入要素和所有者權益要素發生變化。一方面，使收入要素中的主營業務收入減少、其他業務收入減少、營業外收入減少和投資收益減少，應分別借記「主營業務收入」「其他業務收入」「營業外收入」和「投資收益」帳戶；另一方面，轉入收入使所有者權益要素中的本年利潤項目增加，應貸記「本年利潤」帳戶。因此，A公司應編製如下會計分錄：

借：主營業務收入　　　　　　　　　　　　　　190,000
　　其他業務收入　　　　　　　　　　　　　　15,000
　　營業外收入　　　　　　　　　　　　　　　200,000
　　投資收益　　　　　　　　　　　　　　　　8,000
　　貸：本年利潤　　　　　　　　　　　　　　413,000

根據例17-56和例17-57可知，結轉損益類帳戶后，「本年利潤」帳戶有貸方餘額（413,000－193,200＝216,800），表示A公司年實現的利潤總額為216,800元。

【例17-58】月末，A公司計算本月應交所得並予以結轉，所得稅稅率為25%。

根據「本年利潤」帳戶實現的利潤總額，按稅收有關規定，計算本期應納所得稅。

其計算公式如下：

$$企業所得稅 = 應納稅所得額 \times 適用稅率$$

應納稅所得額是根據稅法規定計算確認的利潤數，利潤總額是根據會計制度規定計算的利潤數，兩者可能不一致，需要按稅法規定將利潤總額調整為應納稅所得額。另外，企業所得稅通常按月計算，按季預繳。在基礎會計中，我們暫且將應納稅所得額等同於利潤總額，並選擇按月計算、按月繳納企業所得稅。

A 公司應納企業所得稅 = 216,800×25% = 54,200（元）

分析：該筆經濟業務發生後，引起了 A 公司費用要素和負債要素發生變化。一方面，費用要素中的所得稅費用項目增加，應借記「所得稅費用」帳戶；另一方面，只計算未繳納企業所得稅，引起負債要素中的應交稅費——應交所得稅項目也增加，應貸記「應交稅費——應交所得稅」帳戶。因此，A 公司應編製如下會計分錄：

借：所得稅費用　　　　　　　　　　　　　　　　　54,200
　　貸：應交稅費——應交所得稅　　　　　　　　　　54,200

【例 17-59】A 公司將所得稅費用轉入「本年利潤」帳戶。

分析：該筆經濟業務發生後，引起了 A 公司費用要素和所有者權益要素發生變化。一方面，所有者權益要素中的本年利潤項目減少，應借記「本年利潤」帳戶；另一方面，所有者權益要素中的所得稅費用也減少，應貸記「所得稅費用」帳戶。因此，A 公司應編製如下會計分錄：

借：本年利潤　　　　　　　　　　　　　　　　　　54,200
　　貸：所得稅費用　　　　　　　　　　　　　　　　54,200

結合例 17-56、例 17-57、例 17-58、例 17-59 可知企業當月的淨利潤計算如下：

當月淨利潤 = 當月利潤總額 - 當月所得稅費用 = 216,800 - 54,200 = 162,600（元）

【例 17-60】月末，A 公司將當月實現的淨利潤結轉到利潤分配帳戶。

結合例 17-59 可知 A 公司當月的淨利潤為 162,600 元。

A 公司應編製如下會計分錄：

借：本年利潤　　　　　　　　　　　　　　　　　　162,600
　　貸：利潤分配——未分配利潤　　　　　　　　　　162,600

2. 利潤分配的核算

【例 17-61】假設 A 公司當年的利潤分配方案為：按淨利潤的 10% 提取法定盈余公積金、按淨利的 20% 提取任意盈余公積金、按當年淨利潤的 50% 向投資者分配，剩余部分留待以後年度分配。

分析：

當年提取的法定盈余公積 = 162,600×10% = 16,260（元）

當年提取的任意盈余公積 = 162,600×20% = 32,520（元）

當年應向投資者分配的利潤 = 162,600×50% = 81,300（元）

進行利潤分配只是對 A 公司當年可分配利潤用途的一個劃分，而不是在發放利潤。

通過利潤分配，A 公司的盈余公積、應付利潤增加，利潤因分配而減少。在 A 公司按利潤分配方案進行會計處理時，應編製如下會計分錄：

  借：利潤分配——提取法定盈余公積   16,260
      ——提取任意盈余公積   32,520
      ——應付現金股利   81,300
   貸：盈余公積——法定盈余公積   16,260
     盈余公積——任意盈余公積   32,520
     應付股利   81,300

【例 17-62】A 公司把「利潤分配」明細帳中其他帳戶余額結轉到「未分配利潤」明細帳。

分析：該筆經濟業務發生後，一方面，將「利潤分配——提取法定盈余公積」「利潤分配——提取任意盈余公積」「利潤分配——應付股利」的貸方轉入「利潤分配——未分配利潤」，使「利潤分配——未分配利潤」減少，應借記「利潤分配——未分配利潤」帳戶；另一方面，將已分配利潤明細帳余額轉出，應分別記在「利潤分配——提取法定盈余公積」「利潤分配——提取任意盈余公積」「利潤分配——應付股利」的貸方。因此，A 公司應編製如下會計分錄：

  借：利潤分配——未分配利潤   130,080
   貸：利潤分配——提取法定盈余公積   16,260
     利潤分配——提取任意盈余公積   32,520
     利潤分配——應付現金股利   81,300

作業與思考

一、單項選擇題

1. 採購材料業務必須（ ）才可能借記「原材料」帳戶。
  A.　已簽訂經濟合同   B.　已結算貨款
  C.　已收到發票帳單   D.　材料已驗收入庫

2. 採購材料支付的增值稅為價外稅，以後可以從產品銷售時取得的銷項稅額中抵扣。因此，企業收到的增值稅專用發票上列示的增值稅額應借記（ ）帳戶。
  A.　「材料採購——甲材料」   B.　「應交稅費——應交增值稅」
  C.　「應收帳款——甲材料」   D.　「營業外支出——材料損耗」

3. 「生產成本」帳戶借方余額表示（ ）。
  A.　完工產品成本   B.　期末在產品成本
  C.　本期生產費用合計   D.　庫存產成品成本

4.「庫存商品」帳戶的期末借方余額表示（　　）。
　　A. 期末庫存產成品的實際成本　　　B. 期末在產品的實際成本
　　C. 本期生產完工產品的實際成本　　D. 本期發出產成品的實際成本
5.（　　）帳戶在期末費用分配以後，一般沒有余額。
　　A.「材料採購」　B.「生產成本」　C.「製造費用」　D.「累計折舊」
6. 下列哪項業務引起資產和所有者權益同時減少（　　）。
　　A. 購料一批、貨款未付
　　B. 以現金存入銀行
　　C. 經批准某企業收回投資，以銀行存款支付
　　D. 用銀行存款償還前欠購貨款
7. 生產成本帳戶的貸方登記（　　）。
　　A. 為生產產品發生的各項費用　　　B. 完工入庫產品的生產成本
　　C. 已銷產品的生產成本　　　　　　D. 期末轉入本年利潤帳戶的成本
8. 待攤費用指的是（　　）。
　　A. 先分期計入成本，后一次支付的費用
　　B. 已經支付，於當期計入成本的費用
　　C. 已經支付，於本期及后期攤銷的費用
　　D. 先一次計入成本，后分期支付的費用
9. 銷售部門人員的工資費用應計入（　　）。
　　A. 管理費用　　B. 銷售費用　　C. 預提費用　　D. 製造費用
10. 企業銷售產品獲得的收入應（　　）。
　　A. 貸記主營業務收入　　　　　B. 貸記營業成本
　　C. 借記本年利潤　　　　　　　D. 貸記營業外收入
11. 累計折舊帳戶余額反應了固定資產的（　　）。
　　A. 原價　　　B. 淨值　　　C. 本年損耗價值　　D. 累計損耗價值
12. 本年利潤帳戶3月31日的貸方余額表示（　　）。
　　A. 年初至3月份累計實現的淨利潤　　B. 3月份實現的淨利潤
　　C. 3月31日實現的淨利潤　　　　　　D. 年初至3月份已分配的利潤
13. 按協議規定，企業發給紅星工廠A產品1,000件，含稅價23,400元，則A產品的銷售收入是（　　）。
　　　A. 23,400元　　B. 20,000元　　C. 27,378元　　D. 16,600元
14. 年末，「本年利潤」貸方余額200,000元，「利潤分配」借方余額為180,000元，則年末未分配利潤為（　　）。
　　　A. 20,000元　　B. 200,000元　　C. 180,000元　　D. 380,000元
15. 本年利潤總額是10,000元，應納所得稅2,500元，提取公積金750元，未分配利潤是（　　）。

A. 7,500元　　　B. 3,250元　　　C. 9,250元　　　D. 6,750元

16. 下列屬於期間費用結轉帳戶的是（　　）。
　　A. 管理費用　　　B. 生產成本　　　C. 待攤費用　　　D. 庫存商品
17. 企業在銷售過程中發生的廣告費屬於（　　）。
　　A. 直接費用　　　B. 期間費用　　　C. 間接費用　　　D. 製造費用
18. 企業的營業利潤加營業外收入減營業外支出以後的余額為（　　）。
　　A. 利潤總額　　　B. 計稅利潤　　　C. 淨利潤　　　D. 營業利潤

二、多項選擇題

1. 下列帳戶中，可能與「本年利潤」帳戶發生對應關係的有（　　）。
　　A.「庫存商品」　　　　　　B.「主營業務成本」
　　C.「主營業務收入」　　　　D.「投資收益」
　　E.「所得稅費用」
2. 某項經濟業務發生后引起銀行存款減少5,000元，則相應有可能引起（　　）。
　　A. 應付職工薪酬增加5,000元　　B. 固定資產增加5,000元
　　C. 預提費用減少5,000元　　　　D. 短期借款增加5,000元
3. 構成生產成本的組成項目是（　　）。
　　A. 直接材料　　B. 直接人工　　C. 製造費用　　D. 管理費用
4. 下列項目屬於營業外支出的有（　　）。
　　A. 非常損失　　　　　　　B. 罰款支出
　　C. 公益救濟性捐贈　　　　D. 確實無法收回的應收帳款
5. 材料的採購成本包括（　　）。
　　A. 材料買價　　　　　　　　B. 材料運雜費
　　C. 運輸途中的合理損耗　　　D. 材料驗收入庫后的保管費用
　　E. 材料採購人員的旅差費
6. 企業每月按工資總額的一定比例提取的職工福利費，主要用於（　　）。
　　A. 職工的醫藥費　　　　　B. 醫務人員的工資
　　C. 職工生活困難補助　　　D. 發放職工獎金

三、判斷題

1. 企業購入材料物資，其運雜費應計入材料物資的採購成本。（　　）
2. 應付帳款是指因購買材料、商品或接受勞務供應等而發生的債務。（　　）
3. 企業發生的廣告費，應計入「管理費用」帳戶的借方。（　　）
4. 原材料的實際成本包括材料的買價、採購費用和應負擔的增值稅。（　　）
5. 行政部門發生的管理人員的工資，應計入「管理費用」帳戶的借方。（　　）
6. 年終結轉以後，「本年利潤」帳戶和「利潤分配」帳戶均無余額。（　　）

7. 企業所有者投入的資本應當保全，在任何情況下，企業所有者都不得抽走投資。
（　　）

8. 企業的籌集資金業務包括接受外單位或個人捐贈資產。（　　）

9. 在材料採購過程中支付的各種採購費用，不構成材料的成本，故應將其列為期間費用處理。
（　　）

10.「在途物資」帳戶期末如有餘額，應為借方餘額，表示在途材料的實際成本。
（　　）

11. 在途材料是指企業採購的材料尚未運達企業或尚未驗收入庫，故不應該包括在企業的存貨內。
（　　）

12.「本年利潤」和「利潤分配」帳戶月末一般都沒有餘額。（　　）

四、業務題

資料：大偉公司 2015 年 12 月發生如下交易或事項：

(1) 1 日，收到甲單位投入人民幣 10,000 元存入銀行。

(2) 1 日，向銀行借入期限為 9 個月的借款 500,000 元，年利率為 4.8%，按季（季末）支付利息，到期還本（做出借款、預提及支付本月借款利息的會計分錄）。

(3) 3 日，從華豐工廠購入材料 100 千克，單價 200 元，共計價款 20,000 元，增值稅為 3,400 元，對方代墊運雜費 800 元，款項尚未支付，材料尚未運達企業。

(4) 6 日，以銀行存款歸還前欠華豐工廠貨款等共計 24,200 元。

(5) 6 日，從華豐工廠購入的材料到達企業並驗收入庫。

(6) 8 日，從信達工廠購入甲材料 100 千克，單價 190 元，共計價款 19,000 元，增值稅為 3,230 元；乙材料 150 千克，單價 200 元，共計價款 30,000 元，增值稅為 5,100 元，對方代墊運雜費 3,000 元，款項以銀行存款支付。材料運達企業並驗收入庫（按材料重量比例分配運雜費）。

(7) 12 日，基本生產車間為生產 A 產品領用甲材料 10,000 元，為生產 B 產品領用乙材料 40,000 元，一般耗用領用乙材料 5,000 元，行政管理部門領用丙材料 3,000 元。

(8) 12 日，從銀行提取現金 110,000 元，準備發放工資。

(9) 12 日，以現金發放本月職工工資 110,000 元。

(10) 12 日，以銀行存款支付本月水電費 8,600 元，其中基本生產車間應負擔 5,600 元，行政管理部門應負擔 3,000 元。

(11) 12 日，銷售 A 產品 800 件，單價 500 元，貨款為 400,000 元，增值稅為 68,000 元，款項收到並存入銀行。

(12) 13 日，以銀行存款支付產品展覽費 5,000 元。

(13) 14 日，銷售材料一批，售價 50,000 元，增值稅為 8,500 元，款項收到並存入銀行。

（14）14 日，銷售 B 產品 200 件，單價 400 元，貨款為 80,000 元，增值稅為 13,600 元，商品已發出，款項尚未收到。

（15）15 日，以銀行存款支付違約罰款 8,000 元。

（16）18 日，收到罰款收入 12,000 元，存入銀行。

（17）23 日，向希望工程捐款 50,000 元，以銀行存款支付。

（18）31 日，攤銷應由本月負擔的財產保險費 3,000 元，其中基本生產車間負擔 1,000 元，行政管理部門負擔 2,000 元。

（19）31 日，計提本月固定資產折舊 8,000 元，其中基本生產車間 5,000 元，行政管理部門 3,000 元。

（20）31 日，分配本月工資費用，其中生產 A、B 產品的工人工資 60,000 元（以實際生產工時為標準在 A、B 產品之間分配，A 產品生產工時為 6,000 工時，B 產品生產工時為 4,000 工時）；車間管理人員工資 5,000 元；行政管理人員工資 45,000 元。

（21）31 日，按職工工資總額的 14% 計提職工福利費。

（22）31 日，以實際生產工時為標準分配並結轉本月製造費用。

（23）31 日，A、B 產品全部完工，計算並結轉本月完工產品成本。

（24）31 日，結轉本月已銷商品成本，A 產品每件單位生產成本 350 元，B 產品每件單位生產成本 280 元。

（25）31 日，結轉本月已銷材料成本 40,000 元。

（26）31 日，計算本月應納城市維護建設稅 3,150 元，教育費附加 1,350 元。

（27）31 日，按規定稅率（25%）計算本月應納企業所得稅。

（28）31 日，結轉損益類帳戶。

（29）31 日，按稅後利潤的 10% 提取法定盈余公積。

（30）31 日，結轉本年利潤。

（31）31 日，將「利潤分配」各明細帳轉帳。

要求：根據上述經濟交易或事項編製有關會計分錄。

第 18 章
會計實際工作

本章闡述了會計實際工作「三件事」：填製與審核憑證、登記帳簿和編製報表。通過本章的學習，學生應重點掌握三種會計方法的運用。

第 1 節　填製與審核憑證

通過本章的學習，學生應掌握會計核算的基本方法——填製和審核憑證；掌握原始憑證和記帳憑證的填製要求和填製方法。

一、原始憑證

（一）原始憑證的填製

經辦人員在填製原始憑證時，要對經濟業務的內容進行審核，審核無誤后才能填製原始憑證。填製原始憑證要由填製人員將各項原始憑證要素按規定方法填寫齊全，辦妥簽章手續，明確經濟責任。

由於各種憑證的內容和格式千差萬別，因此原始憑證的具體填製方法也不同。

自製原始憑證通常有三種形式：一是根據經濟業務的執行和完成的實際情況直接填列，如根據具體借支出差的金額填寫借支單；二是根據帳簿記錄對某項經濟業務進行加工整理填列，如月末計算產品成本時，需將本月發生的製造費用按照一定的分配標準分配到有關產品成本中去，然后再計算出某種產品的生產成本；三是根據若干張反應同類業務的原始憑證定期匯總填列，如發出材料匯總表。

外來原始憑證是在企業同外單位發生經濟業務時，由外單位經辦人員填製的。外來原始憑證一般由稅務局等部門統一印製，或經稅務部門批准由經濟單位印製。外來原始憑證在填製時加蓋出具憑證單位公章方為有效，對於一式多聯的原始憑證必須用復寫紙填寫。

原始憑證是具有法律效力的證明文件，是進行會計核算的依據，必須認真填製。為了保證原始憑證能清晰地反應各項經濟業務的真實情況，原始憑證的填製必須符合以下要求：

1. 記錄要真實

原始憑證上填製的日期、經濟業務內容和數字必須符合經濟業務發生或完成的實際情況，不得弄虛作假，不得以估計數填入。

2. 內容要完整

原始憑證中應該填寫的項目要逐項填寫，不可缺漏；名稱要寫全稱，不可簡化；品名和用途要填寫明確，不能含糊不清；有關部門和人員的簽名和蓋章必須齊全。

3. 手續要完備

自製的原始憑證必須有經辦業務的部門和人員簽名蓋章；對外開出的憑證必須加蓋本單位的公章或財務專用章；從外部取得的原始憑證必須有填製單位公章或財務專用章。總之，取得的原始憑證必須手續完備，以明確經濟責任，確保憑證的合法性、真實性、有效性。

4. 填製要及時

所有業務的有關部門和人員，在經濟業務實際發生或完成時，必須及時填寫原始憑證，做到不拖延、不積壓、不事后補填，並按規定的程序審核。

5. 編號要連續

原始憑證要順序連續或分類編號，在填製時要按照編號的順序使用，跳號的憑證要加蓋「作廢」戳記，連同存根一起保管，不得撕毀。

6. 原始憑證不得塗改、挖補

發現原始憑證有錯誤的，應當由開出單位重開或者更正，更正處應當加蓋開出單位的公章。

7. 書寫要規範

原始憑證中的文字、數字的書寫都要清晰、工整、規範，做到字跡端正、易於辨認，不草、不亂、不造字，大小寫金額要一致。復寫的憑證要不串行、不串格、不模糊。一式幾聯的原始憑證應當註明各聯的用途，只能以一聯作為報銷憑證。

數字和貨幣符號的書寫要符合下列要求：

（1）數字要一個一個地寫，不得連筆寫。特別是在要連寫幾個「0」時，也一定要逐個地寫，不能將幾個「0」連在一起。數字排列要整齊，數字之間的空格要均勻，不宜過大。此外阿拉伯數字的書寫還應有高度的標準，一般要求數字的高度占憑證橫格的1/2為宜。書寫時還要注意緊靠橫格底線，使上方能有一定的空位，以便需要進行更正時可以再次書寫。

（2）阿拉伯數字前面應該書寫貨幣幣種或者貨幣名稱簡寫和幣種符號。幣種符號與阿拉伯數字之間不得留有空白。凡阿拉伯金額數字前寫有貨幣幣種符號的，數字后面不再寫貨幣單位。所有以元為單位的阿拉伯數字，除表示單價等情況外，一律填寫到角分；無角分的，角位和分位寫「00」或者符號「—」；有角無分的，分位應當寫「0」，不得用符號「—」代替。在發貨票等須填寫大寫金額數字的原始憑證上，如果大寫金額數字前未印有貨幣名稱，應當加填貨幣名稱，然后在其后緊接著填寫大寫金額

數字,貨幣名稱和金額數字之間不得留有空白。

(3) 漢字填寫金額如零、壹、貳、叁、肆、伍、陸、柒、捌、玖、拾、佰、仟、萬、億等,應一律用正楷或行書體填寫,不得用〇、一、二、三、四、五、六、七、八、九、十、百、千等簡化字代替。大寫金額數字到元或角為止的,在元或角之後應當寫「整」或「正」字。阿拉伯數字金額之間有「0」時,漢字大寫金額應寫「零」字;阿拉伯數字金額中間連續有幾個「0」時,大寫金額中可以只寫一個「零」字;阿拉伯數字金額元位為「0」或者數字中間連續有幾個「0」,元位也是「0」,但角位不是「0」時,漢字大寫金額可以只寫一個「零」字,也可以不寫「零」字。

(二) 原始憑證的審核

為了正確反應和監督各項經濟業務,財務部門對取得的原始憑證,必須進行嚴格審查和核對,保證核算資料的真實、完整、合法,只有經過審查無誤的憑證,方可作為編製記帳憑證和登記帳簿的依據。原始憑證的審核是會計監督工作的一個重要環節,一般應從以下三個方面進行:

第一方面,審核原始憑證的真實性。所謂真實,指原始憑證上反應的應當是經濟業務的本來面目,不得掩蓋、歪曲和顛倒真實情況。審核原始憑證的基本內容,如憑證的名稱、接受憑證單位的名稱、填製憑證的日期、經濟業務的內容、總金額、填製單位和填製人員及有關人員的公章和簽名、憑證的附件和憑證的編號等,是否真實和正確。主要審核經濟業務雙方當事單位和當事人的真實性,經濟業務發生的時間、地點和填製憑證的日期的真實性,經濟業務內容的真實性,經濟業務的「量」的真實性,以及重點審核單價、金額的真實性。凡有下列情況之一者不能作為正確的會計憑證:一是未寫接受單位名稱或名稱不符;二是數量和金額計算不正確;三是有關責任人員未簽字或未蓋章;四是憑證聯次不符;五是有污染、刮擦、刀刮和挖補痕跡。

第二方面,審核原始憑證的完整性。所謂完整,是指原始憑證應具備的要素要完整,手續要齊全。審核時要檢查原始憑證必備的要素是否都填寫了。要素不完整的原始憑證,原則上應退回重填。特殊情況下,需有旁證並經領導批准才能報帳。審核原始憑證的手續是否齊全主要包括:雙方經辦人是否簽字或蓋章;需要旁證的原始憑證,旁證不齊也應視為手續不齊全。手續不齊全的原始憑證,應退回補辦手續后再予以受理。

第三方面,審核原始憑證的合法性。所謂合法性,是指要按會計法規、會計制度辦事。在實際工作中,要審核經濟業務的發生是否符合相關政策和法規。違法的原始憑證主要有三種情況:明顯的假發票、假車票;雖是真實的,但制度規定不允許報銷的;雖能報銷,但制度對報銷的比例或金額有明顯限制的,超過比例和限額的不能報銷。

原始憑證的審核是一項很細緻而且十分嚴肅的工作。要做好原始憑證的審核,充分發揮會計監督的作用,會計人員應該做到精通會計業務;熟悉有關的政策、法規和各項財務規章制度;對本單位的生產經營活動有深入的瞭解。這樣才能在審核原始憑證時正確掌握標準,及時發現問題。

原始憑證經過審核后，對於符合要求的原始憑證，應及時編製記帳憑證並登記帳簿；對於手續不完備、內容記載不全或數字計算不正確的原始憑證，應退回有關經辦部門或人員補辦手續或更正；對於偽造、塗改或經濟業務不合法的憑證，應拒絕受理，並向本單位領導匯報，提出拒絕執行的意見；對於弄虛作假、營私舞弊、偽造塗改憑證等違法亂紀行為，必須及時揭露並嚴肅處理。

二、記帳憑證

（一）記帳憑證的填製

記帳憑證上會計人員根據審核無誤后的原始憑證或匯總原始憑證，應用復式記帳法和會計科目，按照經濟業務的內容加以分類，並據以確定會計分錄而填製的，作為登記帳簿依據的憑證。在實際工作中，編製會計分錄是通過填製記帳憑證來完成的。因此，正確填製記帳憑證，對於保證帳簿記錄的正確性有重要意義。

1. 記帳憑證的填製要求

填製記帳憑證是一項重要的會計工作，為了便於登記帳簿，保證帳簿記錄的正確性，填製記帳憑證應符合以下要求：

（1）依據真實。除結帳和更正錯誤外，記帳憑證應根據審核無誤的原始憑證及有關資料填製，記帳憑證必須附有原始憑證並如實填寫所附原始憑證的張數。如果記帳憑證中附有原始憑證匯總表，則應該把所附的原始憑證匯總表作為一張原始憑證計入。報銷差旅費等零散票券，可以粘貼在一張紙上，作為一張原始憑證。一張原始憑證如果涉及幾張記帳憑證的，可以將原始憑證附在一張主要的記帳憑證后面，在該主要記帳憑證摘要欄註明「本憑證附件包括××號記帳憑證業務」字樣，並在其他記帳憑證上註明該主要記帳憑證的編號或者附上該原始憑證的複印件，以便復核查閱。

（2）內容完整。記帳憑證應具備的內容都要具備，要按照記帳憑證上所列項目逐一填寫清楚，金額欄數字的填寫必須規範、準確，與所附原始憑證的金額相符。金額登記方向、數字必須正確，角分位不留空格。有關人員的簽名或者蓋章要齊全，不可缺漏。

（3）分類正確。填製記帳憑證，要根據經濟業務的內容，區別不同類型的原始憑證，正確應用會計科目和記帳憑證。記帳憑證可以根據每一張原始憑證填製，或者根據若干張同類原始憑證匯總填製，也可以根據原始憑證匯總表填製，但不得將不同內容或類別的原始憑證匯總填製在一張記帳憑證上，會計科目要保持正確的對應關係。一般情況下，現金或銀行存款的收、付款業務，應使用收款憑證或付款憑證；不涉及現金和銀行存款收付的業務，應使用轉帳憑證。在一筆經濟業務中，如果既涉及現金或銀行存款收、付，又涉及轉帳業務，則應分別填製收款或付款憑證及轉帳憑證。例如，單位職工出差歸來報銷差旅費並交回剩餘現金時，就應根據有關原始憑證按實際報銷的金額填製一張轉帳憑證，同時按收回的現金數額填製一張收款憑證。如果一筆經濟業務涉及現金收款、銀行存款付款，應該填製付款憑證。

（4）日期正確。記帳憑證的填製日期一般應填製經濟業務發生當天的日期，不能

提前或拖后。

（5）連續編號。為了分清會計事項處理的先后順序，以便記帳憑證與會計帳簿之間的核對，確保記帳憑證完整無缺，填製記帳憑證時，應當對記帳憑證連續編號。記帳憑證編號的方法有多種：第一種是不分類的通用憑證，將全部記帳憑證作為一類，統一編號；第二種是分成收付轉的專用憑證，分別按現金和銀行存款收款業務、付款業務、轉帳業務三類進行編號，這樣記帳憑證的編號應分為收字第×號、付字第×號、轉字第×號；還有一種是分別按現金收入、現金支出、銀行存款收入、銀行存款支出和轉帳業務五類進行編號，這種情況下，記帳憑證的編號應分為現收字第×號、現付字第×號、銀收字第×號、銀付字第×號和轉字第×號。各單位應當根據本單位業務繁簡程度、會計人員多寡和分工情況來選擇便於記帳、查帳的原則選擇編號方法。無論採用哪一種編號方法，都應該按月順序編號，即每月都從 1 號編起，按自然數 1、2、3、4、5……順序編至月末，不得跳號、重號。一筆經濟業務需要填製兩張或兩張以上記帳憑證的，可以採用分數編號法進行編號。例如，有一筆經濟業務需要填製 3 張記帳憑證，憑證順序號為 2，就可以編成 2,1/3、2,2/3、2,3/3，前面的數表示憑證順序；后面的分數的分母表示該號憑證共有 3 張，分子表示 3 張憑證中的第一張、第二張、第三張。

（6）簡明扼要。記帳憑證的摘要欄是填寫經濟業務簡要說明的，摘要的含義是摘錄經濟業務的概要，用最簡潔的語言說明經濟業務的實質。摘要要求能正確反應經濟業務的主要內容，既要防止簡而不明，又要防止過於繁瑣。應能使閱讀者通過摘要就能瞭解該項經濟業務的性質、特徵，判斷出會計分錄的正確與否，一般不需要再去翻閱原始憑證或詢問有關人員。

（7）分錄正確。會計分錄是記帳憑證中重要的組成部分。在記帳憑證中，要正確編製會計分錄並保持借貸平衡，就必須根據國家統一會計制度的規定和經濟業務的內容，正確使用會計科目。應填明總帳科目和明細科目，以便於登記總帳和明細分類帳。會計科目的對應關係要填寫清楚，應先借后貸。填入金額數字后，要在記帳憑證的合計行計算填寫合計金額。記帳憑證中借、貸方的金額必須相等，合計數必須計算正確。

（8）填錯更改。填製記帳憑證時如果發生錯誤，應當重新填製。已經登記入帳的記帳憑證在當年內發生錯誤的，如果是使用的會計科目或記帳憑證方向有錯誤，可以用紅字金額填製一張與原始憑證內容相同的記帳憑證，在摘要欄註明「註銷某月某日某號憑證」字樣，同時再用藍字重新填製一張正確的記帳憑證，在摘要欄註明「更正某月某日某號憑證」字樣；如果會計科目和記帳方向都沒有錯誤，只是金額錯誤，可以按正確數字和錯誤數字之間的差額，另編一張調整的記帳憑證，調增金額用藍數字，調減金額用紅數字。

（9）記帳憑證中，文字、數字和貨幣符號的書寫要求，與原始憑證相同。實行會計電算化的單位，其機制記帳憑證應當符合對記帳憑證的基本要求，打印出來的機制憑證上，要加蓋製單人員、審核人員、記帳人員和會計主管人員印章或者簽字，以明確責任。

2. 記帳憑證的填製方法

單式記帳憑證，就是在一張憑證上只填列一個會計科目。一項經濟業務的會計分錄涉及幾個會計科目，就填幾張記帳憑證。為了保持會計科目間的對應關係，便於核對，在填製一個會計分錄時編一個總號，再按憑證張數編幾個分號。例如，第4筆經濟業務涉及3個會計科目，編號則為4,1/3、4,2/3、4,3/3。單式記帳憑證中，填列借方帳戶名稱的稱為借項記帳憑證，填列貸方帳戶名稱的稱為貸項記帳憑證。為了便於區別，兩者常用不同的顏色印製。

復式記帳憑證就是在一張記帳憑證上記載一筆完整的經濟業務所涉及的全部會計科目。為了清晰地反應經濟業務的來龍去脈，不應將不同的經濟業務合併填製。

(1) 收款憑證的填製。收款憑證是根據現金、銀行存款增加的經濟業務填製的。填製收款憑證的要求如下：

①由出納人員根據審核無誤的原始憑證填製，程序是先收款，后填憑證。
②在憑證左上方的「借方科目」處填寫「庫存現金」或「銀行存款」。
③填寫日期（實際收款的日期）和憑證編號。
④在憑證內填寫經濟業務的摘要。
⑤在憑證內「貸方科目」欄填寫與「庫存現金」或「銀行存款」對應的貸方科目。
⑥在「金額」欄填寫金額。
⑦在憑證的右側填寫所附原始憑證的張數。
⑧在憑證的下方由相關責任人簽字、蓋章。

(2) 付款憑證的填製。付款憑證是根據現金、銀行存款減少的經濟業務填製的。填製付款憑證的要求如下：

①由出納人員根據審核無誤的原始憑證填製，程序是先付款，后填憑證。
②在憑證左上方的「貸方科目」處填寫「庫存現金」或「銀行存款」。
③填寫日期（實際付款的日期）和憑證編號。
④在憑證內填寫經濟業務的摘要。
⑤在憑證內「借方科目」欄填寫與「庫存現金」或「銀行存款」對應的借方科目。
⑥在「金額」欄填寫金額。
⑦在憑證的右側填寫所附原始憑證的張數。
⑧在憑證的下方由相關責任人簽字、蓋章。

(3) 轉帳憑證的填製。轉帳憑證是根據與現金、銀行存款無關的經濟業務填製的。填製轉帳憑證的要求如下：

①由會計人員根據審核無誤的原始憑證填製。
②填寫日期（一般情況下按收到原始憑證的日期填寫；如果某類原始憑證有幾份，涉及不同日期，可以按填製轉帳憑證的日期填寫）和憑證編號。
③在憑證內填寫經濟業務的摘要。
④在憑證內填寫經濟業務涉及的全部會計科目，順序是先借后貸。

⑤在「金額」欄填寫金額。

⑥在憑證的右側填寫所附原始憑證的張數。

⑦在憑證的下方由相關責任人簽字、蓋章。

（4）通用記帳憑證的填製。通用記帳憑證的名稱為「記帳憑證」。它集收款、付款和轉帳憑證於一身，通用於收款、付款和轉帳等各種類型的經濟業務。其填製方法與轉帳憑證相同。

下面分別舉例說明收款憑證、付款憑證、轉帳憑證和通用記帳憑證的填製。

【例 18-1】某企業 201×年 10 月 2 日收到藍天公司償還前欠貨款 30,000 元，存入銀行。根據經濟業務的原始憑證填製的收款憑證如表 18-1 所示：

表 18-1　　　　　　　　　　　　收款憑證

借方科目：銀行存款　　　　201×年 10 月 02 日　　　　銀收字第 1 號

摘要	貸方總帳科目	明細科目	借或貸	金額 千 百 十 萬 千 百 十 元 角 分
收到藍天公司前欠貨款	應收帳款	藍天公司		3 0 0 0 0 0 0
合計				¥ 3 0 0 0 0 0 0

附單據壹張

財務主管：×××　　記帳：×××　　出納：×××　　審核：×××　　製單：×××

【例 18-2】某企業 201×年 10 月 15 日提取現金 39,600 元。根據這項經濟業務的原始憑證填製的付款憑證如表 18-2 所示：

表 18-2　　　　　　　　　　　　付款憑證

貸方科目：銀行存款　　　　201×年 10 月 15 日　　　　銀付字第 1 號

摘要	借方總帳科目	明細科目	借或貸	金額 千 百 十 萬 千 百 十 元 角 分
提取現金	庫存現金			3 9 6 0 0 0 0
合計				¥ 3 9 6 0 0 0 0

附單據壹張

財務主管：×××　　記帳：×××　　出納：×××　　審核：×××　　製單：×××

【例 18-3】 某企業 201×年 10 月 30 日銷售甲產品 30,000 元（增值稅暫不考慮）衝減美華公司的預收款。根據該項經濟業務的原始憑證填製的轉帳憑證如表 18-3 所示：

表 18-3

轉帳憑證

201×年 10 日 30 日　　　　　　　　　　　　　轉字第 1 號

摘要	總帳科目	明細科目	√	借方金額 千百十萬千百十元角分	√	貸方金額 千百十萬千百十元角分	
衝預收款	預收帳款	美華公司		3 0 0 0 0 0 0			附單據壹張
	主營業務收入	甲產品				3 0 0 0 0 0 0	
合　　計				¥ 3 0 0 0 0 0 0		¥ 3 0 0 0 0 0 0	

【例 18-4】 某企業 201×年 10 月 30 日分配本月工資總額 50,000 元，生產工人工資按實用工時分配，甲產品實用工時 20,000 小時，乙產品實用工時 30,000 小時（見表 18-4）。

表 18-4

通用憑證

201×年 10 日 30 日　　　　　　　　　　　　　總字第 11 號

摘要	總帳科目	明細科目	√	借方金額 千百十萬千百十元角分	√	貸方金額 千百十萬千百十元角分	
分配工資	生產成本	甲產品		2 0 0 0 0 0 0			附單據貳張
	生產成本	乙產品		3 0 0 0 0 0 0			
	應付職工薪酬					5 0 0 0 0 0 0	
合　　計				¥ 5 0 0 0 0 0 0		¥ 5 0 0 0 0 0 0	

（二）記帳憑證的審核

記帳憑證編製以後，必須由專人進行審核，借以監督經濟業務的真實性、合法性和合理性，並檢查記帳憑證的編製是否符合要求。特別要審核最初證明經濟業務實際發生、完成的原始憑證。因此，對記帳憑證的審核是一項嚴肅細緻、政策性很強的工作。只有做好這項工作才能正確地發揮會計反應和監督的作用。記帳憑證審核的基本內容包括以下幾項：

1. 內容是否真實

審核記帳憑證是否有原始憑證為依據，所附原始憑證的內容是否與記帳憑證的內容一致，記帳憑證匯總表的內容與其所依據的記帳憑證的內容是否一致等。

2. 項目是否齊全

審核記帳憑證各項目的填寫是否齊全，如日期、憑證編號、摘要、金額、所附原始憑證張數及有關人員簽章等。

3. 科目是否準確

審核記帳憑證的應借、應貸科目是否正確，是否有明確的帳戶對應關係，所使用的會計科目是否符合國家統一的會計制度的規定等。

4. 金額是否正確

審核記帳憑證所記錄的金額與原始憑證的有關金額是否一致、計算是否正確，記帳憑證匯總表的金額與記帳憑證的金額合計是否相符等。

5. 書寫是否規範

審核記帳憑證中的記錄是否文字工整、數字清晰，是否按規定進行更正等。

在審核過程中，如果發現不符合要求的地方，應要求有關人員採取正確的方法進行更正。只有經過審核無誤的記帳憑證，才能作為登記帳簿的依據。

作業與思考

一、單項選擇題

1. 在原始憑證上書寫阿拉伯數字，錯誤的做法是（   ）。
    A. 金額數字前書寫貨幣幣種符號
    B. 幣種符號與金額數字之間要留有空白
    C. 幣種符號與金額數字之間不得留有空白
    D. 數字前寫有幣種符號的，數字后不再寫貨幣單位
2. 不符合原始憑證基本要求的是（   ）。
    A. 從個人取得的原始憑證，必須有填製人員的簽名蓋章
    B. 原始憑證不得塗改、刮擦、挖補
    C. 上級批准的經濟合同，應作為原始憑證
    D. 大寫和小寫金額必須相等
3. 在審核原始憑證時，對於內容不完整、填寫有錯誤或手續不完備的原始憑證，應該（   ）。
    A. 拒絕辦理，並向本單位負責人報告
    B. 予以抵制，對經辦人員進行批評
    C. 由會計人員重新編製或予以更正
    D. 予以退回，要求更正、補充，以至重新編製
4. 原始憑證有錯誤的，正確的處理方法是（   ）。

A. 向單位負責人報告　　　　B. 退回，不予接受
C. 由出具單位重開或更正　　D. 本單位代為更正

5. 不符合原始憑證基本要求的是（　　）。
   A. 從個人取得的原始憑證，必須有填製人員的簽名蓋章
   B. 原始憑證不得塗改、刮擦、挖補
   C. 上級批准的經濟合同，應作為原始憑證
   D. 大寫和小寫金額必須相等

6. 某單位會計部門第 8 號經濟業務的一筆分錄需填製兩張記帳憑證，則這兩張憑證的編號為（　　）。
   A. 8, 9
   B. 9,1/2, 9,2/2
   C. 8,1/2, 8,2/2
   D. 8,1/2, 9,2/2

7. A 公司於 2003 年 10 月 12 日開出一張現金支票，對出票日期正確填寫方法是（　　）。
   A. 貳零零叁年壹拾月拾貳日
   B. 貳零零叁年零壹拾月壹拾貳日
   C. 貳零零叁年拾月壹拾貳日
   D. 貳零零叁年零拾月壹拾貳日

8. 為了分清會計事項處理的先後順序，便於記帳憑證與會計帳簿之間的核對，確保記帳憑證的完整無缺，填製記帳憑證時，應當（　　）。
   A. 依據真實　　B. 日期正確　　C. 連續編號　　D. 簡明扼要

二、多項選擇題

1. 原始憑證的基本內容中包括（　　）。
   A. 原始憑證的名稱　　　B. 接受原始憑證的單位名稱
   C. 經濟業務的性質　　　D. 原始憑證的附件

2. 原始憑證的填製要求包括（　　）。
   A. 記錄真實　　B. 內容完整　　C. 填製及時　　D. 書寫清楚

3. 對原始憑證審核的內容包括（　　）。
   A. 審核真實性　　　B. 審核合理性
   C. 審核及時性　　　D. 審核完整性

4. 記帳憑證必須具備的基本內容有（　　）。
   A. 記帳憑證的名稱　　　B. 填製日期和編號
   C. 經濟業務的簡要說明　D. 會計分錄

5. 對記帳憑證審核的要求有（　　）。
   A. 內容是否真實　　　B. 書寫是否正確
   C. 科目是否正確　　　D. 金額是否正確

6. 在原始憑證上書寫阿拉伯數字，正確的是（　　）。
   A. 金額數字一律填寫到角、分

B. 無角分的，角位和分位可寫「00」或者符號「—」
　　C. 有角無分的，分位應當寫「0」
　　D. 有角無分的，分位也可以用符號「—」代替
7. 下列說法正確的是（　　）。
　　A. 記帳憑證上的日期指的是經濟業務發生的日期
　　B. 對於涉及「庫存現金」和「銀行存款」之間的經濟業務，一般只編製收款憑證
　　C. 出納人員不能直接依據有關收、付款業務的原始憑證辦理收、付款業務
　　D. 出納人員必須根據經會計主管或其指定人員審核無誤的收、付款憑證辦理收、付款業務
8. 對原始憑證發生的錯誤，正確的更正方法是（　　）。
　　A. 由出具單位重開或更正
　　B. 由本單位的會計人員代為更正
　　C. 金額發生錯誤的，可由出具單位在原始憑證上更正
　　D. 金額發生錯誤的，應當由出具單位重開

三、判斷題

1. 原始憑證上面可以不寫明填製日期和接受憑證的單位名稱。（　　）
2. 有關現金、銀行存款收支業務的憑證，如果填寫錯誤，不能在憑證上更改，應加蓋作廢戳記，重新填寫，以免錯收錯付。（　　）
3. 自製原始憑證的填製，都應由會計人員填寫，以保證原始憑證填製的正確性。（　　）
4. 原始憑證金額有錯誤的，應當由出具單位重開或更正，更正處應當加蓋出具單位印章。（　　）
5. 各種憑證若填寫錯誤，不得隨意塗改、刮擦、挖補。（　　）
6. 原始憑證必須按規定的格式和內容逐項填寫齊全，同時必須由經辦業務的部門和人員簽字蓋章。（　　）
7. 會計憑證上填寫的「人民幣」字樣或符號「￥」與漢字大寫數字金額或阿拉伯金額數字之間應留有空白。（　　）
8. 記帳憑證填製完經濟業務事項后，如有空行，應當自金額欄最後一筆金額數字下的空行處至合計數上的空行處劃線註銷。（　　）
9. 對於真實、合法、合理但內容不夠完善、填寫有錯誤的原始憑證，應退回給有關經辦人員，由其負責將有關憑證補充完整、更正錯誤或重開后，再辦理正式會計手續。（　　）
10. 原始憑證是會計核算的原始資料和重要依據，是登記會計帳簿的直接依據。（　　）

四、業務題

藍天公司 2015 年 5 月 1 日~31 日發生的部分經濟業務及有關的原始憑證如下：要求根據原始憑證填製記帳憑證。

練習 1：5 月 1 日，藍天公司從銀行提取現金 2,000 元，以備零星開支（見圖 18-1）。

中國工商銀行現金支票存根

支票號碼　　2009623
科　　目　　銀行存款
對方科目　　庫存現金
出票日期　　2015 年 5 月 1 日

收款人	李華
金　額	¥2,000.00
用　途	備用金
備　註	

單位主管：王強　　　會計：張凡

圖 18-1　現金支票存根

練習 2：5 月 8 日，藍天公司從鞍山鋼鐵廠購入 40#圓鋼一批，價款 200,000 元，增值稅額 34,000 元，圓鋼已驗收入庫（見圖 18-2、表 18-5、表 18-6）。

表 18-5　　　　　　　　　　**增值稅專用發票**

開票日期：2015 年 5 月 8 日　　　　　　　　　No 003626

購貨單位	名　稱	藍天公司	納稅人登記號	54347896001
	地址 電話	王家里 36 號	開戶銀行及帳號	工商銀行王家里辦事處 265489111

商品或勞務名稱	計量單位	數量	單價	金　額 (千百十萬千百十元角分)	稅率(%)	稅　額 (千百十萬千百十元角分)
40#圓鋼		200	1,000	2 0 0 0 0 0 0 0	17	3 4 0 0 0 0 0
合　計				¥2 0 0 0 0 0 0 0		¥3 4 0 0 0 0 0
價稅合計（大寫）	×仟×佰貳拾叄萬肆仟元整					

銷貨單位	名　稱	鞍山鋼鐵廠	納稅登記號	25669856002
	地址 電話	長安路 23 號	開戶銀行及帳號	工商銀行長安路辦事處 236987444

第二聯　發票聯　購貨方記帳

收款人：許力　　　開票單位：鞍山鋼鐵廠　　　結算方式：轉帳

中國工商銀行轉帳支票存根

支票號碼　　2009623
科　　　目　　銀行存款
對方科目　　材料採購
出票日期　　2015 年 5 月 8 日

收款人	鞍山鋼鐵廠
金　額	￥234,000.00
用　途	購貨
備　註	

單位主管：王強　　　　會計：張凡

圖 18-2　轉帳支票存根

表 18-6

材料收料單

藍天公司　　　　2015 年 5 月 8 日　　　　　　　　單位：元

材料名稱	規格	單位	數量	單價	金額	發貨單位	
圓鋼	40#	噸	200	1,000	200,000.00	鞍山鋼鐵廠	
						合同號	450

財務主管：張潔霞　　供應科長：陳偉建　　驗收：王學　　採購員：李一

練習 3：5 月 10 日，藍天公司以現金購買辦公用品（見表 18-7）。

表 18-7

××市商業零售企業統一發票

購貨單位：藍天公司　　2015 年 5 月 10 日　　　　　　　No236548

品名	規格	單位	數量	單價	金額 十萬 千 百 十 元 角 分	
打印紙		箱	1	300	3 0 0 0 0	第二聯 發票聯
合計金額（大寫）人民幣叁佰元整					￥　　3 0 0 0 0	

單位蓋章：　　　　　　收款人：劉豔　　　　制票人：王欣

練習4：5月20日，藍天公司銷售給明星工廠甲產品一批（見表18-8、表18-9）。

表18-8　　××省增值稅專用發票

開票日期：2015年5月20日　　　　　　　No.003625

購貨單位	名　稱	明星工廠	納稅人登記號	26968354441
	地址 電話	南湖路10號	開戶銀行及帳號	工商銀行建安支行 698541233

商品或勞務名稱	計量單位	數量	單價	金額（千百十萬千百十元角分）	稅率（%）	稅額（千百十萬千百十元角分）
甲產品	臺	200	2,000	4 0 0 0 0 0 0 0	17	6 8 0 0 0 0 0
合　計				¥ 4 0 0 0 0 0 0 0		¥ 6 8 0 0 0 0 0

價稅合計（大寫）	×仟×佰肆拾陸萬捌仟零佰零拾零元零角零分	¥468,000.00

銷貨單位	名　稱	藍天公司	納稅登記號	54347896001
	地址 電話	王家里36號	開戶銀行及帳號	工商銀行王家里辦事處 265489111

收款人：李華　　　　　開票單位：　　　　　　　結算方式：轉帳

第四聯　銷貨方記帳

表18-9　　中國工商銀行進帳單（收帳通知）

2015年5月20日　　　　　　　　　　第12號

收款人	全　稱	藍天公司	付款人	全　稱	明星工廠
	帳　號	265489111		帳　號	698541233
	開戶銀行	工商銀行王家里辦事處		開戶銀行	工商銀行建安支行

人民幣（大寫）肆拾陸萬捌仟元整	千百十萬千百十元角分
	¥ 4 6 8 0 0 0 0 0

票據種類	轉帳支票	收款人開戶銀行蓋章
票據張數	1張	

單位主管　　會計　　復核　　記帳

此聯是銀行交給收款人的回單

練習 5：5 月 25 日，銷售部業務員劉成到上海參加商品展覽會借差旅費出 3,000 元（見表 18-10）。

表 18-10

借 款 單

2015 年 5 月 25 日

借款人	劉成	部門	銷售	職務	業務員
借款事由	參加商品展覽會				
借款金額	人民幣（大寫）伍仟元整				¥3,000.00
出納	××		經手	××	

練習 6：5 月 28 日，藍天公司簽發轉帳支票支付車間機器設備的修理費 1,500 元（見表 18-11、圖 18-3）。

表 18-11　　　　　　　　　××市工業企業銷售統一發票

單位：藍天公司　　　　　2015 年 5 月 28 日　　　　　　№5698723

品　名	規格	單位	數量	單價	金　額 十萬千百十元角分
修理費		工時	30	50.00	1 5 0 0 0 0
合計金額（大寫）人民幣壹仟伍佰元整					¥ 1 5 0 0 0 0

第二聯　報銷憑證

單位蓋章：　　　　　　收款人：李梅　　　　制票人：王齊

中國工商銀行轉帳支票存根

支票號碼　　3026587
科　　目　　銀行存款
對方科目　　製造費用
出票日期　　2014 年 5 月 28 日

收款人　　宏發修理廠
金　額　　¥1,500.00
用　途　　機床修理費
備　註

單位主管：王強　　　會計：張凡

圖 18-3　轉帳支票存根

第 2 節　登記帳簿

一、會計帳簿的設置和登記

按照用途的不同，會計帳簿分為日記帳、分類帳和備查帳。其中，備查帳是一種輔助帳簿，是對某些在日記帳和分類帳中未能記載的會計事項進行補充登記的帳簿。它不是根據會計憑證登記，也沒有固定的格式，因此本書只介紹日記帳和分類帳的格式和登記方法。

（一）日記帳的格式和登記方法

日記帳包括普通日記帳和特種日記帳，常見的特種日記帳有現金日記帳、銀行存款日記帳和轉帳日記帳。普通日記帳和轉帳日記帳一般採用兩欄式，由於它們很少使用，因此主要介紹現金日記帳、銀行存款日記帳的格式和登記方法。

現金日記帳、銀行存款日記帳的格式有三欄式和多欄式兩種。

1. 三欄式

在三欄式日記帳中設「借方金額」「貸方金額」和「余額」三個基本的金額欄目，一般將其分別稱為「收入」「支出」和「結余」三個基本欄目。在金額欄與摘要欄之間常常插入「對方科目」專欄（見表18-12）。

表 18-12　　　　　三欄式現金（銀行存款）日記帳格式
現金（銀行存款）日記帳

第　　頁

年		憑證		摘要	對方科目	借方金額	貸方金額	余額
月	日	字	號					

2. 多欄式

在多欄式日記帳中也包括三欄式中的「收入（借方）」「支出（貸方）」「余額」三個欄目，與三欄式日記帳的區別是「對方科目」並不是設置在金額欄與摘要欄之間，而是設置在「收入（借方）」「支出（貸方）」欄內（見表18-13）。

說明：在實際工作中，如果要設多欄式現金日記帳，一般常把現金收入業務和支出業務分設「現金收入日記帳」和「現金支出日記帳」兩本帳。其中，現金收入日記

帳按對應的貸方科目設置專欄，另設「支出合計」欄和「結余」欄；現金支出日記帳則只按支出的對方科目設專欄，不設「收入合計」欄和「結余」欄。

表 18-13　　　　　　　多欄式現金（銀行存款）日記帳格式

現金（銀行存款）日記帳

第　　頁

年		憑證		摘要	結算憑證		收入			支出			余額
月	日	字	號		種類	號數	應貸科目		合計	應借科目		合計	

3. 登記方法

（1）先根據有關現金收入業務的記帳憑證登記現金收入日記帳，根據有關現金支出業務的記帳憑證登記現金支出日記帳。每日營業終了，根據現金支出日記帳結計的支出合計數，一筆轉入現金收入日記帳的「支出合計」欄中，並結出當日余額。

（2）另外，還需要掌握下列內容：

①日期欄登記的是記帳憑證的日期，即編製記帳憑證的日期，而不是登記入帳的日期。

②要做到日清月結。「日清」的含義是每日終了，應分別計算現金收入和支出的合計數並結出帳面余額，同時將余額與出納員的庫存現金核對；應分別計算銀行存款的收入和支出的合計數，計算出余額。「月結」的含義是月終要計算出現金收、付和結存的合計數，計算出銀行存款全月收入、支出的合計數。

（二）分類帳的格式和登記方法

1. 總分類帳的格式和登記方法

（1）格式：總分類帳最常用的格式為三欄式，設置「借方金額」「貸方金額」和「余額」三個基本金額欄目（見表 18-14）。

表 18-14　　　　　　　　　　　總分類帳格式
　　　　　　　　　　　　　　　　　總分類帳

帳戶名稱：　　　　　　　　　　　　　　　　　　　　　　　　　　　　第　　頁

年		憑證		摘要	借方金額	貸方金額	借或貸	余額
月	日	字	號					

　　（2）登記方法：總分類帳由相關會計人員根據審核無誤的記帳憑證逐筆登記，或通過一定的方式分次或者月終一次匯總登記。總分類帳的登記方法取決於所採用的帳務處理程序，會計主體採用的帳務處理程序不同，登記總分類帳的方法也就不同。它可以根據記帳憑證逐筆登記，也可以根據經過匯總的科目匯總表或匯總記帳憑證等登記。

　　2. 明細分類帳的格式和登記方法

　　（1）明細分類帳的格式。明細分類帳的格式主要有三種：三欄式、多欄式、數量金額式。

　　①三欄式明細分類帳。三欄式明細分類帳採用借方、貸方以及余額的三欄式格式，這種格式適用於那些只需要進行金額核算而不需要進行數量核算的會計帳戶，如「應收帳款」「應付帳款」等會計帳戶。三欄式明細分類帳格式如表 18-15 所示：

表 18-15　　　　　　　　　三欄式明細分類帳格式
　　　　　　　　　　　（總帳帳戶名稱）明細分類帳

明細科目：　　　　　　　　　　　　　　　　　　　　　　　　　　　　第　　頁

年		憑證		摘要	借方金額	貸方金額	借或貸	余額
月	日	字	號					

　　②多欄式明細分類帳。多欄式明細分類帳是為減少記帳工作量和便於分析而設置的。多欄式明細分類帳要求在一張帳頁內，記錄某一帳戶所屬的明細科目內容，並按該總帳帳戶的各明細項目設置專欄，用來登記明細項目較多、借貸方向單一的經濟業務。這種格式適用於只記金額、不記數量的情況，但需要瞭解各明細項目具體構成內

容的收入、費用、利潤等會計帳戶，如「管理費用」「銷售費用」「製造費用」「生產成本」「本年利潤」等會計帳戶。其中，費用明細帳一般按照借方設置專欄，若發生需要衝減有關費用的事項，可在明細帳中用紅字在借方進行登記。收入明細帳一般按照貸方設置專欄，若發生需要衝減有關收入的事項，可在明細帳中用紅字在貸方進行登記。利潤明細帳一般按照借方和貸方分別設置專欄。以管理費用明細帳為例，多欄式明細分類帳格式一般如表 18-16 所示：

表 18-16　　　　　　　　　多欄式明細分類帳格式
　　　　　　　　　　　　　管理費用明細分類帳

　　　　　　　　　　　　　　　　　　　　　　　　　　　第　　頁

年		憑證		摘要	辦公費	差旅費	招待費	其他	合計
月	日	字	號						

③數量金額式明細分類帳。數量金額式明細分類帳的帳頁在借方（收入）、貸方（支出）以及余額（結存）欄內，又分別設置數量、單價和金額三小欄，還在表格上段設置了一些必要的項目。這種格式適用於既要進行金額核算又要進行數量核算的會計帳戶，如「原材料」「庫存商品」等會計帳戶。數量金額式明細分類帳格式如表 18-17 所示：

表 18-17　　　　　　　　　數量金額式明細分類帳格式
　　　　　　　　　　　　（總帳帳戶名稱）明細分類帳

類別：　　　　　　　　　　　　　　　　　　　　　　　　編號：
品名或規格：　　　　　　　　　　　　　　　　　　　　　存放地點：
儲備定額：　　　　　　　　　　　　　　　　　　　　　　計量單位：

年		憑證		摘要	收入			發出			結存		
月	日	字	號		數量	單價	金額	數量	單價	金額	數量	單價	金額

（2）明細分類帳的登記。明細分類帳分為三欄式明細分類帳、多欄式明細分類帳和數量金額式明細分類帳三種，登記方法基本相同，只不過各自側重記錄的會計信息

不同而已。各種明細帳的登記方法，應根據各會計主體經濟業務量的大小、會計人員的多少、經濟業務的內容以及經營管理的具體需要而定。

明細分類帳通常由相關會計人員，根據有關原始憑證、原始憑證匯總表或者記帳憑證逐筆進行登記，也可以根據上述憑證逐日或者定期匯總登記。

二、錯帳更正方法

在記帳過程中，難免會有錯誤，首先要會發現錯誤，其次對於出現的錯誤要用會計的方法進行更正。

（一）會計錯帳的查找方法

1. 除二法

記帳時很容易發生借貸方記反，簡稱「反向」。它有一個特定的規律就是錯帳差數一定是偶數，只要將差數用二除得到的商就是錯帳數。因此，稱這種查帳方法稱為除二法，這是一種最常見且簡便的查錯帳方法。

例如，某月資產負債表借貸的兩方余額不平衡，其錯帳差數是 3,232.24 元，這個差數是偶數，它就存在「反向」的可能。那麼我們可以 3,232.24÷2＝1,616.12 元，這樣只要去查找 1,616.12 元這筆帳是否記帳反向就是了。如錯誤差數是奇數，那就沒有記帳反向的可能，就不適用於「除二法」來查。

2. 除九法

在日常記帳中常會發生前後兩個數字顛倒、三個數字前後顛倒和數字移位。它們的共同特點是錯帳差數一定是九的倍數和差數每個數字之和也是九的倍數。因此，這類情況均可應用「除九法」來查找。

例如，將 81 誤記為 18，則差數是 63，以 63÷9＝7，那麼錯數前後兩數之差肯定是 7，這樣只要查 70、81、92 及其「倒數」就是了，無須在與此無關的數字中去查找。

3. 差數法

差數法是根據錯帳差數直接查找的方法。這種錯誤是因記帳疏忽而漏記或重記一筆帳，只要直接查找到差數的帳就查到了。這類錯帳最容易發生在本期內同樣數字的帳發生了若干筆，這就容易發生漏記或重記。

例如，錯帳差數是 1,000 元，本期內發生 1,000 元的帳有 10 筆，這就可以重複查找 1,000 元的帳是否漏記或重記了。

4. 尾數法

對於發生的角、分的差錯可以只查找小數部分，以提高查找差錯的效率。

例如，試算平衡時，發現借方合計比貸方多 0.26 元，可查找是否有尾數是 0.26 元的業務有誤的情況。

（二）會計錯帳的更正方法

1. 劃線更正法

劃線更正法適用於在結帳之前發現帳簿記錄有文字或數字錯誤，而記帳憑證沒有

錯誤。

更正時，可在錯誤的文字或數字上劃一條紅線。在紅線的上方填寫正確的文字或數字，並由記帳人員在更正處蓋章，以明確責任。應注意：更正時不得只劃銷個別數字，錯誤的數字必須全部劃銷，並保持原有數字清晰可辨，以便審查。例如，將3,656.00 元誤寫為 6,356.00 元，應先在 6,356.00 上劃一條紅線以示註銷，然后在其上方空白處填寫正確的數字，而不能只將前兩位數字更正為「36」。

2. 紅字更正法

紅字更正法適用於記帳后發現記帳憑證中的應借、應貸會計科目有錯誤，或者記帳后會計科目無誤，只是所記金額大於應記金額，從而引起記帳錯誤。

（1）第一種會計科目錯誤的更正的方法是用紅字填寫一張與原記帳憑證完全相同的記帳憑證，以示註銷原記帳憑證，然后用藍字填寫一張正確的記帳憑證，並據以記帳。

例如，用現金支付車間辦公費用 2,000 元，會計人員已編製記帳憑證並過帳。

借：管理費用　　　　　　　　　　　　　　　　　　　　　　　2,000
　　貸：庫存現金　　　　　　　　　　　　　　　　　　　　　　　2,000

顯然，記帳憑證編製會計科目發生了錯誤，對於這樣的錯誤，應採用紅字更正法進行更正，過程如下：

第一，先編製一張紅字記帳憑證，以衝銷原帳簿記錄。

更正時按原記帳憑證用紅字編製一張記帳憑證如下：

借：管理費用　　　　　　　　　　　　　　　　　　　　　　　|2,000|
　　貸：庫存現金　　　　　　　　　　　　　　　　　　　　　　　|2,000|

用紅字進行過帳，其中帶方框數字表示用紅字書寫（下同）。

第二，編製一張正確的記帳憑證並記帳，會計分錄如下：

借：製造費用　　　　　　　　　　　　　　　　　　　　　　　2,000
　　貸：庫存現金　　　　　　　　　　　　　　　　　　　　　　　2,000

應注意的是：不能編製相反的會計分錄來更正上述錯誤，以免產生發生額虛增現象。因此，上例不能編製如下分錄：

借：庫存現金　　　　　　　　　　　　　　　　　　　　　　　2,000
　　貸：管理費用　　　　　　　　　　　　　　　　　　　　　　　2,000

（2）第二種需要採用紅字更正法的是按多記的金額用紅字編製一張與原記帳憑證應借、應貸科目完全相同的記帳憑證，以衝銷多記的金額，並據以記帳。

例如，取備用金 6,000 元，會計人員已編製記帳憑證並過帳。

借：庫存現金　　　　　　　　　　　　　　　　　　　　　　　60,000
　　貸：銀行存款　　　　　　　　　　　　　　　　　　　　　　　60,000

顯然，記帳憑證編製時金額多記了，對於這樣的錯誤，應採用紅字更正法進行更

正，過程如下：

第一，先編製一張紅字記帳憑證，會計分錄如下：

借：庫存現金　　　　　　　　　　　　　　　54,000

　　貸：銀行存款　　　　　　　　　　　　　　　54,000

第二，用紅字進行過帳。同樣不能編製反向會計分錄來更正上述錯誤。

3. 補充登記法

補充登記法也稱藍字更正法，適用於記帳后發現記帳憑證和帳簿記錄中應借、應貸會計科目無誤，只是所記金額小於應記金額。

更正時，按少記的金額編製一張與原記帳憑證應借、應貸科目完全相同的記帳憑證，以補充少記的金額，並據以記帳。

例如，取備用金 6,000 元，會計人員已編製記帳憑證並過帳。

借：庫存現金　　　　　　　　　　　　　　　600

　　貸：銀行存款　　　　　　　　　　　　　　　600

顯然，記帳憑證編製時，金額少記了，對於這樣的錯誤，應採用補充登記法進行更正，過程如下：

編製一張藍字記帳憑證，將少記的金額補上。

借：庫存現金　　　　　　　　　　　　　　　5,400

　　貸：銀行存款　　　　　　　　　　　　　　　5,400

然后，用藍字進行過帳。

三、對帳和結帳

（一）對帳

對帳是為了保證帳簿記錄的正確性，如實地反應和監督經濟活動，為編製會計報表提供真實可靠的數據資料而進行的有關帳項的核對工作。

對帳包括三個方面的基本內容：帳證核對、帳帳核對、帳實核對。

1. 帳證核對

帳證核對是指帳簿記錄與記帳憑證及其所附原始憑證的核對，目的是保證帳證相符。主要是帳簿記錄與原始憑證、記帳憑證的時間、憑證字號、記帳內容、記帳金額及記帳方向等的核對。

2. 帳帳核對

帳帳核對是指不同帳簿之間的核對，目的是保證帳帳相符。其具體內容如下：

（1）所有總帳帳戶借方發生額合計與貸方發生額合計是否相符。

（2）所有總帳帳戶借方余額合計與貸方余額合計是否相符。

（3）有關總帳帳戶余額與其所屬明細分類帳余額合計是否相符。

（4）現金日記帳和銀行存款日記帳的余額與其總帳余額是否相符。

(5) 會計部門有關財產物資明細余額與財產物資保管、使用部門的登記簿所記錄的內容和金額是否相等。

3. 帳實核對

帳實核對是指各項財產物資帳面余額與實有數額之間的核對。帳實核對的目的是保證帳實相符。帳實核對主要是核對以下內容：

(1) 現金日記帳帳面余額與庫存現金數額是否相符。
(2) 銀行存款日記帳帳面余額與銀行對帳單余額是否相符。
(3) 有關債權債務明細帳帳面余額與對方單位的帳面記錄是否相符。
(4) 各項財產物資明細帳余額與財產物資的實存數額是否相符。

(二) 結帳

結帳是指將帳簿記錄定期結算清楚的帳務工作。在一定時期終了時，即在月末、季末或年末時，為了編製會計報表，需要進行結帳。企業因撤銷、合併、重組等而辦理帳務交換時，也需要辦理結帳。結帳需要結算各種收入、費用帳戶，並據以計算確定本期利潤；同時，結算各種資產、負債和所有者權益帳戶，分別結出本期發生額合計和余額。

1. 結帳的程序

(1) 將本期發生的經濟業務全部登記入帳，並保證其正確性。結帳工作既不能提前，也不能延遲。

(2) 根據權責發生制的要求，調整有關帳項，合理確定本期應計的收入和應計的費用。本期內所有的轉帳業務，應編製記帳憑證記入有關帳簿，以調整帳簿記錄。例如，製造費用的分配、完工產品成本的結轉等都應編製記帳憑證，並登記入帳。

(3) 將有關收入、費用轉入「本年利潤」帳戶。結平所有損益類帳戶，如將「主營業務收入」「主營業務成本」結轉至「本年利潤」。

(4) 結算出資產、負債和所有者權益帳戶的本期發生額和余額，並結轉下期。

2. 結帳的方法

(1) 對不需要按月結計本期發生額的帳戶，如各項應收、應付款明細帳和各項財產物資明細帳等，每次記帳以後，都要隨時結出余額，每月最後一筆余額即為月末余額。也就是說，月末余額就是本月最後一筆經濟業務記錄的同一行內余額。月末結帳時，只需要在最後一筆經濟業務記錄下通欄劃紅單線，不需要再結計一次余額。

(2) 現金、銀行存款日記帳和需要按月結計發生額的收入、費用等明細帳，每月結帳時，要在最後一筆經濟業務記錄下面通欄劃紅線，結出本月發生額和余額，在摘要欄內註明「本月合計」字樣，在下面通欄劃紅單線。

(3) 需要結計本年累計發生額的某些明細帳戶，每月結帳時，應在「本月合計」行下結出自年初起至本月末止的累計發生額，登記在月份發生額下面，在摘要欄內註明「本年累計」字樣，並在下面通欄劃紅單線。12月末的「本年累計」就是全年累計發生額，全年累計發生額下通欄劃紅雙線。

（4）總帳帳戶平時只需要結出月末餘額。年終結帳時，為了總括地反應全年各項資金運動情況的全貌，核對帳目，要將所有總帳帳戶結出全年發生額和年末餘額，在摘要欄內註明「本年合計」字樣，並在合計數下通欄劃紅雙線。年度終了結帳時，有餘額的帳戶，要將其餘額結轉下年。即將有餘額的帳戶的餘額直接記入新帳餘額欄內，不需要編製記帳憑證。也不必將餘額再記入本年帳戶的借方或貸方，使本年有餘額的帳戶餘額變為零。

作業與思考

一、單項選擇題

1. 下列應該使用多欄式帳簿的是（　　）。
   A. 應收帳款明細帳　　　　　B. 管理費用明細帳
   C. 庫存商品　　　　　　　　D. 原材料

2. 收入費用明細帳一般適用（　　）。
   A. 多欄式明細帳　　　　　　B. 三欄式明細帳
   C. 數量金額式明細帳　　　　D. 平行式明細帳

3. 登記帳簿的依據是（　　）。
   A. 經濟合同　　　　　　　　B. 原始憑證
   C. 審核無誤的記帳憑證　　　D. 會計分錄

4. 數量金額式明細帳一般適用於（　　）。
   A.「應收帳款」帳戶　　　　 B.「庫存商品」帳戶
   C.「製造費用」帳戶　　　　 D.「固定資產」帳戶

5. 發現記帳憑證所用帳戶正確，但所填金額大於應記金額，並已過帳，應採用（　　）更正錯帳。
   A. 紅字更正法　　　　　　　B. 補充登記法
   C. 劃線更正法　　　　　　　D. 平行登記法

6. 登記日記帳的方式是按照經濟業務發生的時間先後順序進行（　　）。
   A. 逐日逐筆登記　　　　　　B. 逐日匯總登記
   C. 逐筆定期登記　　　　　　D. 定期匯總登記

7. 記帳以後，如發現記帳錯誤是由於記帳憑證所列會計科目有誤引起的，應採用（　　）進行錯帳更正。
   A. 劃線更正法　　　　　　　B. 紅字更正法
   C. 補充更正法　　　　　　　D. 轉帳更正法

8. 目前實際工作中使用的現金日記帳、銀行存款日記帳屬於（　　）。

　　　　A. 特種日記帳　　　　　　　B. 普通日記帳
　　　　C. 專欄日記帳　　　　　　　D. 分錄簿
　9. 會計人員在填製記帳憑證時，將 650 元錯記為 560 元，並且已登記入帳，月末結帳時發現此筆錯帳，更正時應採用的便捷方法是（　　　）。
　　　　A. 劃線更正法　　　　　　　B. 紅字更正法
　　　　C. 補充登記法　　　　　　　D. 核對帳目的方法
　10. 登記帳簿時，正確的做法是（　　　）。
　　　　A. 文字或數字的書寫必須占滿格
　　　　B. 書寫可以使用藍黑墨水、圓珠筆或鉛筆
　　　　C. 用紅字沖銷錯誤記錄
　　　　D. 發生的空行、空頁一定要補充書寫

二、多項選擇題

1. 在帳簿記錄中，紅筆只能適用於（　　　）。
　　　A. 錯帳更正　　　B. 沖帳　　　C. 結帳　　　D. 登帳
2. 對帳包括的主要內容有（　　　）。
　　　A. 帳帳核對　　　B. 帳證核對　　　C. 帳表核對　　　D. 帳實核對
3. 三欄式明細帳格式適用於（　　　）。
　　　A.「應收帳款」明細帳　　　　　B.「生產成本」明細帳
　　　C.「應付帳款」明細帳　　　　　D.「製造費用」明細帳
4.「紅字更正法」適用於（　　　）。
　　　A. 記帳前，發現記帳憑證上的文字或數字有誤
　　　B. 記帳后，發現原記帳憑證上應借、應貸科目填錯
　　　C. 記帳后，發現原記帳憑證上所填金額小於應填金額
　　　D. 記帳后，發現原記帳憑證上所填金額大於應填金額
5. 在下列情況中，可採用劃線更正法的是（　　　）。
　　　A. 在結帳前，發現記帳憑證無誤，但登帳時金額有筆誤
　　　B. 結帳時，計算的期末餘額有錯誤
　　　C. 發現記帳憑證金額錯誤，並已登記入帳
　　　D. 發現記帳憑證金額錯誤，原始憑證無誤，記帳憑證尚未登記入帳

三、判斷題

1. 在結帳前，若發現登記的記帳憑證科目有錯誤，必須用劃線更正法予更正。
　　　　　　　　　　　　　　　　　　　　　　　　　　　　　　　（　　　）
2. 總分類帳和明細分類帳都是根據記帳憑證逐筆登記的。　　　（　　　）
3. 在結帳前若發現帳簿記錄有錯而記帳憑證無錯，即過帳筆誤或帳簿數字計算有

錯誤，可用劃線更正法進行更正。   (   )
　4. 帳簿可以定期為編製會計報表提供資料。   (   )
　5. 記帳憑證借貸科目用錯，並已登記入帳，可用劃線更正法。   (   )
　6. 現金日記帳應由出納人員根據審核無誤的有關收、付款憑證序時逐筆登記。
                                                              (   )
　7. 企業銀行存款日記帳與銀行對帳單核對，是屬於帳帳核對的內容。   (   )
　8. 總帳只進行金額核算，提供價值指標，不提供實物指標；明細帳有的只提供價值指標，有的既提供價值指標，又提供實物指標。   (   )

四、簡答題

　1. 錯帳的更正方法有哪些？各自適用於什麼條件？
　2. 簡述對帳工作的基本內容。

五、業務題

練習錯帳的更正方法。

資料：東方公司 2015 年 8 月發生以下錯帳：

（1）8 日，管理人員張一出差，預借差旅費 1,000 元，用現金支付，原記帳憑證的會計分錄為：

　借：管理費用　　　　　　　　　　　　　　　　1,000
　　貸：庫存現金　　　　　　　　　　　　　　　　　　　1,000
並已登記入帳。

（2）18 日，該公司用銀行存款支付前欠 A 公司貨款 11,700 元，原記帳憑證會計分錄為：

　借：應付帳款——A 公司　　　　　　　　　　　11,700
　　貸：銀行存款　　　　　　　　　　　　　　　　　　　11,700
會計人員在登記「應付帳款」帳戶時，將「11,700」元誤寫為「1,170」元。

（3）30 日，該公司計算本月應納所得稅 34,000 元，原記帳憑證會計分錄為：
　借：所得稅費用　　　　　　　　　　　　　　　3,400
　　貸：應交稅費　　　　　　　　　　　　　　　　　　　3,400
並已登記入帳。

要求：（1）說明以上錯帳應採用的更正方法。
　　　（2）對錯帳進行更正。

第 3 節　編製報表

一、資產負債表的編製

（一）資產負債表的編製原理

資產負債表的編製原理是「資產＝負債＋所有者權益」會計恒等式。資產負債表既是一張平衡報表，反應資產總計（左方）與負債及所有者權益總計（右方）相等；又是一張靜態報表，反應企業在某一時點的財務狀況，如月末或年末。通過在資產負債表上設立「年初數」和「期末數」欄，也能反應出企業財務狀況的變動情況。

財務報表的編製基本上都是通過對日常會計核算記錄的數據加以歸集、整理來實現的。為了提供比較信息，資產負債表的各項目均需填列「年初余額」和「期末余額」兩欄數字。其中，「年初余額」欄內各項目的數字，可根據上年年末資產負債表「期末余額」欄相應項目的數字填列。如果本年度資產負債表規定的各個項目的名稱和內容與上年度不相一致，應當對上年年末資產負債表各個項目的名稱和數字按照本年度的規定進行調整。

資產負債表各項目的填列方法如下：

（1）「貨幣資金」項目反應企業庫存現金、銀行結算戶存款、外埠存款、銀行匯票存款、銀行本票存款、信用卡存款、信用證保證金存款等的合計數。本項目應根據「庫存現金」「銀行存款」「其他貨幣資金」科目的期末余額合計數填列。

（2）「交易性金融資產」項目反應企業為交易目的所持有的債券投資、股票投資、基金投資等交易性金融資產的公允價值。本項目應根據「交易性金融資產」科目的期末余額填列。

（3）「應收票據」項目反應企業收到的未到期收款也未向銀行貼現的應收票據，包括商業承兌匯票和銀行承兌匯票。本項目應根據「應收票據」科目的期末余額填列。已向銀行貼現和已背書轉讓的應收票據不包括在本項目內，其中已貼現的商業承兌匯票應在會計報表附註中單獨披露。

（4）「應收帳款」項目反應企業因銷售商品、產品和提供勞務等而應向購買單位收取的各種款項，減去已計提的壞帳準備后的淨額。本項目應根據「應收帳款」科目所屬各明細科目的期末借方余額合計數，減去「壞帳準備」科目中有關應收帳款計提的壞帳準備期末余額后的金額填列。如「應收帳款」科目所屬明細科目期末有貸方余額，應在資產負債表「預收帳款」項目內填列。

（5）「應收股利」項目反應企業因股權投資而應收取的現金股利，企業應收其他單位的利潤也包括在本項目內。本項目應根據「應收股利」科目的期末余額填列。

（6）「應收利息」項目反應企業因債權投資而應收取的利息。企業購入到期還本付

息債券應收的利息，不包括在本項目內。本項目應根據「應收利息」科目的期末餘額填列。

（7）「其他應收款」項目反應企業對其他單位和個人的應收和暫付的款項，減去已計提的壞帳準備后的淨額。本項目應根據「其他應收款」科目的期末餘額，減去「壞帳準備」科目中有關其他應收款計提的壞帳準備期末餘額后的金額填列。

（8）「預付款項」項目反應企業預付給供應單位的款項。本項目應根據「預付帳款」科目所屬各明細科目的期末借方餘額合計填列。如「預付帳款」科目所屬有關明細科目期末有貸方餘額的，應在資產負債表「應付帳款」項目內填列。如「應付帳款」科目所屬明細科目有借方餘額的，也應包括在本項目內。

（9）「存貨」項目反應企業期末在庫、在途和在加工中的各項存貨的可變現淨值，包括各種材料、商品、在產品、半成品、包裝物、低值易耗品、分期收款發出商品、委託代銷商品、受託代銷商品等。本項目應根據「物資採購」「原材料」「低值易耗品」「自製半成品」「庫存商品」「包裝物」「分期收款發出商品」「委託加工物資」「委託代銷商品」「受託代銷商品」「生產成本」等科目的期末餘額合計減去「代銷商品款」「存貨跌價準備」科目期末餘額后的金額填列。材料採用計劃成本核算以及庫存商品採用計劃成本或售價核算的企業，還應按加或減材料成本差異、商品進銷差價后的金額填列。

（10）「一年內到期的非流動資產」項目反應企業將於一年內到期的非流動資產。本項目應根據有關科目的期末餘額分析計算填列。

（11）「其他流動資產」項目反應企業除以上流動資產項目外的其他流動資產，本項目應根據有關科目的期末餘額填列。如其他流動資產價值較大的，應在會計報表附註中披露其內容和金額。

（12）「可供出售金融資產」項目反應企業持有的劃分為可供出售金融資產的證券。本項目根據「可供出售金融資產」科目的期末餘額填列。

（13）「持有至到期投資」項目反應企業持有的劃分為持有至到期投資的證券。本項目應根據「持有至到期投資」科目的期末餘額減去「持有至到期投資減值準備」科目的期末餘額后填列。

（14）「投資性房地產」項目反應企業持有的投資性房地產。本項目應根據「投資性房地產」科目的期末餘額減去「投資性房地產累計折舊」「投資性房地產減值準備」所屬有關明細科目期末餘額后的金額分析計算填列。

（15）「長期股權投資」項目反應企業不準備在 1 年內（含 1 年）變現的各種股權性質的投資的可收回金額。本項目應根據「長期股權投資」科目的期末餘額減去「長期投資減值準備」科目中有關股權投資減值準備期末餘額后的金額填列。

（16）「長期應收款」項目反應企業持有的長期應收款的可收回金額。本項目應根據「長期應收款」科目的期末餘額減去「壞帳準備」科目所屬相關明細科目期末餘額再減去「未確認融資收益」科目期末餘額后的金額分析計算填列。

（17）「固定資產」項目反應企業的固定資產可收回金額。本項目應根據「固定資產」科目的期末余額減去「累計折舊」「固定資產減值準備」科目期末余額后的金額填列。

（18）「在建工程」項目反應企業期末各項未完工程的實際支出，包括交付安裝的設備價值、未完建築安裝工程已經耗用的材料、工資和費用支出、預付出包工程的價款、已經建築安轉完畢但尚未交付使用的工程等的可收回金額。本項目應根據「在建工程」科目的期末余額填列。

（19）「工程物資」項目反應企業各項工程尚未使用的工程物資的實際成本。本項目應根據「工程物資」科目的期末余額填列。

（20）「在建工程」項目反應企業期末各項未完工程的實際支出，包括交付安裝的設備價值、未完建築安裝工程已經耗用的材料、工資和費用支出、預付出包工程的價款、已經建築安裝完畢但尚未交付使用的工程等的可收回金額。本項目應根據「在建工程」科目的期末余額減去「在建工程減值準備」科目期末余額后的金額填列。

（21）「固定資產清理」項目反應企業因出售、毀損、報廢等原因轉入清理但尚未清理完畢的固定資產的帳面價值以及固定資產清理過程中所發生的清理費用和變價收入等各項金額的差額。本項目應根據「固定資產清理」科目的期末借方余額填列，如「固定資產清理」科目期末為貸方余額，以「－」號填列。

（22）「無形資產」項目反應企業各項無形資產的期末可收回金額。本項目應根據「無形資產」科目的期末余額減去「累計攤銷」「無形資產減值準備」科目期末余額后的金額填列。

（23）「遞延所得稅資產」項目反應企業確認的遞延所得稅資產。本項目應根據「遞延所得稅資產」科目期末余額分析填列。

（24）「其他非流動資產」項目反應企業除以上資產以外的其他長期資產。本項目應根據有關科目的期末余額填列。如其他長期資產價值較大的，應在會計報表附註中披露其內容和金額。

（25）「短期借款」項目反應企業借入尚未歸還的 1 年期以下（含 1 年）的借款。本項目應根據「短期借款」科目的期末余額填列。

（26）「交易性金融負債」項目反應企業為交易而發生的金融負債，包括以公允價值計量且其變動計入當期損益的金融負債。本項目應根據「交易性金融負債」等科目的期末余額分析填列。

（27）「應付票據」項目反應企業為了抵付貨款等而開出、承兌的尚未到期付款的應付票據，包括銀行承兌匯票和商業承兌匯票。本項目應根據「應付票據」科目的期末余額填列。

（28）「應付帳款」項目反應企業購買原材料、商品和接受勞務供應等而應付給供應單位的款項。本項目應根據「應付帳款」科目所屬各有關明細科目的期末貸方余額

合計填列。如「應付帳款」科目所屬各明細科目期末有借方余額，應在資產負債表「預付帳款」項目內填列。

(29)「預收款項」項目反應企業預收購買單位的帳款。本項目應根據「預收帳款」科目所屬各有關明細科目的期末貸方余額合計填列。如「預收帳款」科目所屬有關明細科目有借方余額的，應在資產負債表「應收帳款」項目內填列；如「應收帳款」科目所屬明細科目有貸方余額的，也應包括在本項目內。

(30)「應付職工薪酬」項目反應企業應付未付的職工薪酬。本項目應根據「應付職工薪酬」科目期末貸方余額填列。如「應付職工薪酬」科目期末為借方余額，以「-」號填列。

(31)「應交稅費」項目反應企業期末未納、多納或未抵扣的各種稅費。本項目應根據「應交稅費」科目的期末貸方余額填列。如「應交稅費」科目期末為借方余額，以「-」號填列。

(32)「應付利息」項目反應企業應付未付的利息。本項目應根據「應付利息」科目的期末貸方余額填列。

(33)「應付股利」項目反應企業尚未支付的現金股利。本項目應根據「應付股利」科目的期末余額填列。

(34)「其他應付款」項目反應企業所有應付和暫收其他單位和個人的款項。本項目應根據「其他應付款」科目的期末余額填列。

(35)「預計負債」項目反應企業預計負債的期末余額。本項目應根據「預計負債」科目的期末余額填列。

(36)「一年內到期的非流動負債」項目反應企業承擔的將於一年內到期的非流動負債。本項目應根據有關非流動負債科目的期末余額分析計算填列。

(37)「其他流動負債」項目反應企業除以上流動負債以外的其他流動負債。本項目應根據有關科目的期末余額填列，如「待轉資產價值」科目的期末余額可在本項目內反應。其他流動負債價值較大的，應在會計報表附註中披露其內容及金額。

(38)「長期借款」項目反應企業借入尚未歸還的1年期以上（不含1年）的借款本息。本項目應根據「長期借款」科目的期末余額填列。

(39)「應付債券」項目反應企業發行的尚未償還的各種長期債券的本息。本項目應根據「應付債券」科目的期末余額填列。

(40)「長期應付款」項目反應企業除長期借款和應付債券以外的其他各種長期應付款。本項目應根據「長期應付款」科目的期末余額，減去「未確認融資費用」科目期末余額后的金額填列。

(41)「遞延所得稅負債」項目反應企業確認的遞延所得稅負債。本項目應根據「遞延所得稅負債」科目期末余額分析填列

(42)「其他流動負債」項目反應企業除以上負非流動債項目以外的其他非流動負

債。本項目應根據有關科目的期末余額填列。如其他非流動負債價值較大的，應在會計報表附註中披露其內容和金額。

（43）「實收資本（或股本）」項目反應企業各投資者實際投入的資本（或股本）總額。本項目應根據「實收資本」（或「股本」）科目的期末余額填列。

（44）「資本公積」項目反應企業資本公積的期末余額。本項目應根據「資本公積」科目的期末余額填列。

（45）「盈余公積」項目反應企業盈余公積的期末余額。本項目應根據「盈余公積」科目的期末余額填列。

（46）「未分配利潤」項目，反應企業尚未分配的利潤。本項目應根據「本年利潤」科目和「利潤分配」科目的余額計算填列。未彌補的虧損，在本項目內以「－」號填列。

（二）資產負債表的編製舉例

從上述具體項目的填列方法分析，可將其歸納為以下四種：

1. 根據總帳帳戶期末余額直接填列

資產負債表中大部分項目的「期末余額」可以根據有關總帳帳戶的期末余額直接填列，如「交易性金融資產」「應收票據」「固定資產清理」「工程物資」「遞延所得稅資產」「短期借款」「交易性金融負債」「應付票據」「應付職工薪酬」「應交稅費」「遞延所得稅負債」「預計負債」「實收資本」「資本公積」「盈余公積」等項目。這些項目中，「應交稅費」等負債項目，如果其相應帳戶出現借方余額，應以「－」號填列；「固定資產清理」等資產項目，如果其相應的帳戶出現貸方余額，也應以「－」號填列。

2. 根據總帳帳戶期末余額計算填列

資產負債表中一部分項目的「期末余額」需要根據有關總帳帳戶的期末余額計算填列。

（1）「貨幣資金」項目應根據「庫存現金」「銀行存款」和「其他貨幣資金」等帳戶的期末余額合計填列。

（2）「未分配利潤」項目應根據「本年利潤」帳戶和「利潤分配」帳戶的期末余額計算填列。如為未彌補虧損，則在本項目內以「－」號填列，年末結帳后，「本年利潤」帳戶已無余額，「未分配利潤」項目應根據「利潤分配」帳戶的年末余額直接填列，貸方余額以正數填列，如為借方余額，應以「－」號填列。

（3）「存貨」項目應根據「材料採購（或在途物資）」「原材料」「週轉材料」「庫存商品」「委託加工物資」「生產成本」等帳戶的期末余額之和減去「存貨跌價準備」帳戶期末余額后的金額填列。

（4）「固定資產」項目應根據「固定資產」帳戶的期末余額減去「累計折舊」「固定資產減值準備」帳戶期末余額后的淨額填列。

(5)「無形資產」項目應根據「無形資產」帳戶的期末余額減去「累計攤銷」「無形資產減值準備」帳戶期末余額后的淨額填列。

(6)「在建工程」「長期股權投資」和「持有至到期投資」項目均應根據其相應總帳帳戶的期末余額減去其相應減值準備后的淨額填列。

(7)「長期待攤費用」項目應根據「長期待攤費用」帳戶期末余額扣除其中將於一年內攤銷的數額后的金額填列。將於一年內攤銷的數額填列在「一年內到期的非流動資產」項目內。

(8)「長期借款」和「應付債券」項目應根據「長期借款」和「應付債券」帳戶的期末余額扣除其中在資產負債表日起一年內到期、企業不能自主地將清償義務展期的部分后的金額填列。在資產負債表日起一年內到期、企業不能自主地將清償義務展期的部分在流動負債類的「一年內到期的非流動負債」項目內反應。

3. 根據明細帳戶期末余額分析計算填列

資產負債表中一部分項目的「期末余額」需要根據有關明細帳戶的期末余額分析計算填列。

(1)「應收帳款」項目應根據「應收帳款」帳戶和「預收帳款」帳戶所屬明細帳戶的期末借方余額合計數減去「壞帳準備」帳戶中有關應收帳款計提的壞帳準備期末余額后的金額填列。

(2)「預付款項」項目應根據「預付帳款」帳戶和「應付帳款」帳戶所屬明細帳戶的期末借方余額合計數減去「壞帳準備」帳戶中有關預付款項計提的壞帳準備期末余額后的金額填列。

(3)「應付帳款」項目應根據「應付帳款」帳戶和「預付帳款」帳戶所屬明細帳戶的期末貸方余額合計數填列。

(4)「預收款項」項目應根據「預收帳款」帳戶和「應收帳款」帳戶所屬明細帳戶的期末貸方余額合計數填列。

(5)「應收票據」「應收股利」「應收利息」「其他應收款」項目應根據各相應帳戶的期末余額減去「壞帳準備」帳戶中相應各項目計提的壞帳準備期末余額后的金額填列。

4. 資產負債表附註的內容

資產負債表附註的內容根據實際需要和有關備查帳簿等的記錄分析填列。如或有負債披露方面,按照備查帳簿中記錄的商業承兌匯票貼現情況,填列「已貼現的商業承兌匯票」項目。

下面舉例說明一般企業資產負債表某些項目的編製方法。

【例 18-5】甲公司 2015 年年末有關科目資料如表 18-18 所示:

表 18-18　　　　　　　甲公司 2015 年 12 月 31 日有關帳戶余額表

帳戶名稱	借方余額	貸方余額	帳戶名稱	借方余額	貸方余額
庫存現金	70,000		短期借款		235,000
銀行存款	250,000		應付票據		220,000
其他貨幣資金	205,000		應付帳款		500,000
交易性金融資產	25,000		預收帳款		20,000
應收票據	35,000		應付職工薪酬		135,000
應收股利	35,000		應付股利		120,000
應收利息	10,000		應交稅費		45,000
應收帳款	356,000		其他應付款		35,000
壞帳準備		6,000	長期借款		500,000
預付帳款	60,000		實收資本		1,500,000
其他應收款	10,000		資本公積		89,000
原材料	350,000		盈餘公積		256,000
庫存商品	165,000		利潤分配		125,000
生產成本	185,000				
可供出售金融資產	350,000				
長期股權投資	140,000				
長期股權投資減值準備		20,000			
固定資產	2,000,000				
累計折舊		650,000			
在建工程	120,000				
無形資產	90,000				
	4,456,000	676,000			3,780,000

說明：以上資料中有三個帳戶，經查明應在列表時按規定予以調整：在「應收帳款」帳戶中有明細帳貸方余額 10,000 元；在「應付帳款」帳戶中有明細帳借方余額 20,000 元；在「預付帳款」帳戶中有明細帳貸方余額 5,000 元。

現將上述資料經歸納分析后填入資產負債表如下：

（1）將「庫存現金」「銀行存款」「其他貨幣資金」科目余額合併列入貨幣資金項目（70,000+250,000+205,000=525,000），共計 525,000 元。

（2）將「壞帳準備」項目 6,000 元從「應收帳款」項目中減去；將應收帳款明細帳中的貸方余額 10,000 元列入「預收帳款」項目。計算結果，「應收帳款」項目的帳面價值為 360,000 元（356,000－6,000＋10,000＝360,000）；「預收帳款」項目為 30,000 元（20,000＋10,000＝30,000）。

（3）將應付帳款明細帳中的借方余額 20,000 元列入「預付帳款」項目；將預付帳款帳戶明細帳中的貸方余額 5,000 元列入「應付帳款」項目。計算結果，「預付帳款」項目的余額為 85,000 元（60,000＋20,000＋5,000＝85,000），「應付帳款」項目的余額為 525,000 元（500,000＋20,000＋5,000＝525,000）。

（4）將「原材料」「庫存商品」「生產成本」及其他存貨帳戶余額合併為「存貨」

項目（350,000+165,000+185,000=700,000），共計 700,000 元。

（5）從「長期股權投資」帳戶中減去「長期股權投資減值準備」20,000 元，「長期股權投資」項目的余額為 120,000 元（140,000-20,000=120,000）。

（6）其余各項目按帳戶余額表數字直接填入報表。

現試編該甲公司資產負債表如表 18-19 所示：

表 18-19　　　　　　　　　　　　　　資產負債表

編製單位：甲公司　　　　　2015 年 12 月 31 日　　　　　　　　　　單位：元

資產	期末余額	年初余額	負債和所有者權益	期末余額	年初余額
流動資產：	（略）		流動負債：	（略）	
貨幣資金	525,000		短期借款	235,000	
交易性金融資產	25,000		交易性金融負債	0	
應收票據	35,000		應付票據	220,000	
應收帳款	360,000		應付帳款	525,000	
預付帳款	85,000		預收帳款	30,000	
應收利息	10,000		應付職工薪酬	135,000	
應收股利	35,000		應交稅費	45,000	
其他應收款	10,000		應付利息	0	
存貨	700,000		應付股利	120,000	
一年內到期的非流動資產	0		其他應付款	35,000	
其他流動資產	0		一年內到期的非流動負債	0	
流動資產合計	1,785,000		其他流動負債	0	
非流動資產：			流動負債合計	1,345,000	
可供出售金融資產	350,000		非流動負債：		
持有至到期投資	0		長期借款	500,000	
長期應收款	0		應付債券		
長期股權投資	120,000		長期應付款		
投資性房地產	0		專項應付款		
固定資產	1,350,000		預計負債		
在建工程	120,000		遞延所得稅負債		
工程物資	0		其他非流動負債		
固定資產清理	0		非流動負債合計	500,000	
無形資產	90,000		負債合計	1,845,000	
商譽	0		所有者權益：		
長期待攤費用	0		實收資本	1,500,000	
遞延所得稅資產	0		資本公積	89,000	
其他非流動資產	0		盈余公積	256,000	
非流動資產合計	2,030,000		未分配利潤	125,000	
			所有者權益合計	1,970,000	
資產總計	3,815,000		負債及所有者權益總計	3,815,000	

二、利潤表的編製

在生產經營中，企業不斷地發生各種費用支出，同時取得各種收入，收入減去費用，剩餘的部分就是企業的盈利；取得的收入和發生的相關費用的對比情況就是企業的經營成果。如果企業經營不當，發生的生產經營費用超過取得的收入，企業就發生了虧損；反之企業就能取得一定的利潤。會計部門應定期（一般按月份）核算企業的經營成果，並將核算結果編製成報表，這就形成了利潤表。

利潤表編製的原理是「收入－費用＝利潤」的會計平衡公式和收入與費用的配比原則。

（一）我國企業利潤表的主要編製步驟和內容

第一步，以營業收入為基礎，減去營業成本、營業稅金及附加、銷售費用、管理費用、財務費用、資產減值損失，加上公允價值變動收益（減去公允價值變動損失）和投資收益（減去投資損失），計算出營業利潤。

第二步，以營業利潤為基礎，加上營業外收入，減去營業外支出，計算出利潤總額。

第三步，以利潤總額為基礎，減去所得稅費用，計算出淨利潤（或淨虧損）。

（二）利潤表中「本期金額」「上期金額」

根據《企業財務會計報告條例》的規定，年度、半年度會計報表至少應當反應兩個年度或者相關兩個期間的比較數據。

利潤表中各項目均需填列「上期金額」和「本期金額」兩欄。其中「上期金額」欄內各項數字應根據上年該期利潤表的「本期金額」欄內所列數字填列；「本期金額」欄內各期數字，除「基本每股收益」和「稀釋每股收益」項目外，應當按照相關科目的發生額分析填列。

（三）利潤表中具體各項目的填列方法

利潤表中的各個項目都是根據有關會計科目記錄的本期實際發生數和累計發生數分別填列的。

（1）「營業收入」項目反應企業經營活動所取得的收入總額。本項目應根據「主營業務收入」「其他業務收入」等科目的發生額分析填列。

（2）「營業成本」項目反應企業經營活動發生的實際成本。本項目應根據「主營業務成本」「其他業務成本」等科目的發生額分析填列。

（3）「營業稅金及附加」項目反應企業經營活動應負擔的營業稅、消費稅、城市維護建設稅、資源稅、土地增值稅和教育費附加等。本項目應根據「營業稅金及附加」科目的發生額分析填列。

（4）「銷售費用」項目反應企業在銷售商品和商品流通企業在購入商品等過程中發生的費用。本項目應根據「營業費用」科目的發生額分析填列。

（5）「管理費用」項目反應企業發生的管理費用。本項目應根據「管理費用」科

目的發生額分析填列。

（6）「財務費用」項目反應企業發生的財務費用。本項目應根據「財務費用」科目的發生額分析填列。

（7）「資產減值損失」項目反應企業確認的資產減值損失。本項目應根據「資產減值損失」科目的發生額分析填列。

（8）「公允價值變動損益」項目反應企業確認的交易性金融資產或交易性金融負債的公允價值變動額。本項目應根據「公允價值變動損益」科目的發生額分析填列。

（9）「投資收益」項目反應企業以各種方式對外投資所取得的收益。本項目應根據「投資收益」科目的發生額分析填列；如為投資損失，以「-」號填列。

（10）「營業外收入」項目和「營業外支出」項目反應企業發生的與其生產經營無直接關係的各項收入和支出。這兩個項目應分別根據「營業外收入」科目和「營業外支出」科目的發生額分析填列。

（11）「利潤總額」項目反應企業實現的利潤總額。如為虧損總額，以「-」號填列。

（12）「所得稅費用」項目反應企業按規定從本期損益中減去的所得稅。本項目應根據「所得稅費用」科目的發生額分析填列。

（13）「淨利潤」項目反應企業實現的淨利潤。如為淨虧損，以「-」號填列。

報表中的「本月數」應根據各有關會計科目的本期發生額直接填列；「本年累計數」反應各項目自年初起到本報告期止的累計發生額，應根據上月「利潤表」的累計數加上本月「利潤表」的本月數之和填列。年度「利潤表」的「本月數」欄改為「上年數」欄時，應根據上年「利潤表」的數字填列。如果上年「利潤表」和本年「利潤表」的項目名稱和內容不相一致，應將上年的報表項目名稱和數字按本年度的規定進行調整，然后填入「上年數」欄。

（四）利潤表編製方法舉例

從上述具體項目的填列方法分析，利潤表的填列方法可歸納為以下兩種：

（1）根據帳戶的發生額分析填列。利潤表中的大部分項目都可以根據帳戶的發生額分析填列，如銷售費用、營業稅金及附加、管理費用、財務費用、營業外收入、營業外支出、所得稅費用等。

（2）根據報表項目之間的關係計算填列。利潤表中的某些項目需要根據項目之間的關係計算填列，如營業利潤、利潤總額、淨利潤等。

下面舉例說明一般企業利潤表的編製方法。

【例 18-6】甲公司 2015 年度利潤表有關科目的累計發生額，如表 18-20 所示：

表 18-20　　　　　　　　　利潤表有關科目累計發生額

甲公司　　　　　　　　　　　2015 年　　　　　　　　　　　　　　　單位：元

科目名稱	借方發生額	貸方發生額
主營業務收入		12,500,000
其他業務收入		230,000
投資收益		3,200,000
營業外收入		2,850,000
主營業務成本	8,500,000	
營業稅金及附加	550,000	
其他業務成本	0	
銷售費用	200,000	
管理費用	1,050,000	
財務費用	1,000,000	
資產減值損失	20,000	
營業外支出	2,000,000	
所得稅費用	1,800,000	

根據以上帳戶記錄，編製甲公司 2015 年度利潤表，如表 18-21 所示：

表 18-21　　　　　　　　　　　利潤表

編報單位：甲公司　　　　　　2015 年 12 月　　　　　　　　　　　單位：元

項目	本年累計數	上年數
一、營業收入	12,730,000	（略）
減：營業成本	8,500,000	
營業稅金及附加	550,000	
銷售費用	200,000	
管理費用	1,050,000	
財務費用	1,000,000	
資產減值損失	20,000	
加：公允價值變動收益（損失以「-」號填列）	0	
投資收益（損失以「-」號填列）	3,200,000	
其中：對聯營企業和合併企業的投資收益	0	
二、營業利潤（虧損以「-」號填列）	4,610,000	
加：營業外收入	2,850,000	
減：營業外支出	2,000,000	
其中：非流動資產處置損失	0	
三、利潤總額（淨虧損以「-」號填列）	5,460,000	
減：所得稅費用	1,800,000	
四、淨利潤	5,280,000	
五、每股收益	（略）	
（一）基本每股收益	（略）	
（二）稀釋每股收益	（略）	

作業與思考

一、甲公司201×年12月31日有關帳戶的余額如表18-22所示：

表18-22　　　　甲公司201×年12月31日有關帳戶余額　　　　單位：元

帳戶名稱	年初數	期末數
庫存現金	5,000	6,000
銀行存款	22,300	21,000
交易性金融資產	100,000	125,000
應收帳款	70,000	92,100
壞帳準備	4,200	6,447
原材料	125,000	132,000
低值易耗品	8,210	9,431
自製半成品	250,000	325,000
固定資產	318,400	572,000
累計折舊	38,208	62,920
短期借款	75,121	159,562
應付帳款	85,100	100,000
應付股利	121,300	157,000
實收資本	474,981	687,402
盈余公積	10,000	11,200
利潤分配——未分配利潤	90,000	98,000

要求：根據上列資料編製資產負債表（見表18-23）。

表 18-23　　　　　　　　　　**資產負債表（簡表）**

編製單位：甲公司　　　　　　　201× 年 12 月 31 日　　　　　　　　單位：元

資產	期末數	負債和所有者權益	期末數
流動資產：		流動負債：	
貨幣資金		短期借款	
交易性金融資產		應付帳款	
應收帳款		預收帳款	
預付帳款		應付利息	
存貨		一年內到期的非流動負債	
其他應收款		流動負債合計	
一年內到期非流動資產		長期借款	
流動資產合計		負債合計	
長期股權投資		所有者權益：	
固定資產		實收資本	
非流動資產合計		資本公積	
		盈餘公積	
		未分配利潤	
		所有者權益合計	
資產合計		負債和所有者權益合計	

二、甲公司損益類科目201×年累計發生淨額（如表18-24所示）：

表18-24　　　　　　甲公司201×年損益類科目累計發生淨額　　　　　單位：元

科目名稱	借方發生額	貸方發生額
主營業務收入		1,250,000
主營業務成本	750,000	
營業稅金及附加	2,000	
銷售費用	20,000	
管理費用	157,100	
財務費用	41,500	
資產減值損失	30,900	
投資收益		31,500
營業外收入		50,000
營業外支出	19,700	
所得稅費用	85,300	

要求：根據上列資料編製利潤表（見表18-25）。

表18-25　　　　　　　　　　　利　潤　表
編製單位：甲公司　　　　　　　　　　201×年　　　　　　　　　　　　單位：元

項　　目	本期金額	上期金額（略）
一、營業收入		
減：營業成本		
營業稅金及附加		
銷售費用		
管理費用		
財務費用		
資產減值損失		
加：公允價值變動收益（損失以「-」號填列）		
投資收益（損失以「-」號填列）		
二、營業利潤（虧損以「-」號填列）		
加：營業外收入		
減：營業外支出		
三、利潤總額（虧損總額以「-」號填列）		
減：所得稅費用		
四、淨利潤（淨虧損以「-」號填列）		
五、每股收益		
（一）基本每股收益		
（二）稀釋每股收益		

國家圖書館出版品預行編目(CIP)資料

基礎會計學 / 杜娟 主編. -- 第一版.
-- 臺北市：崧博出版：財經錢線文化發行，2018.11
　面　；　公分

ISBN 978-957-735-631-4(平裝)

1. 會計學

495.1　　　107017685

書　　名：基礎會計學
作　　者：杜娟 主編
發行人：黃振庭
出版者：崧博出版事業有限公司
發行者：財經錢線文化事業有限公司
E-mail：sonbookservice@gmail.com
粉絲頁　　　　　　網　址：
地　　址：台北市中正區延平南路六十一號五樓一室
8F.-815, No.61, Sec. 1, Chongqing S. Rd., Zhongzheng Dist., Taipei City 100, Taiwan (R.O.C.)
電　　話：(02)2370-3310　傳　真：(02) 2370-3210
總經銷：紅螞蟻圖書有限公司
地　　址：台北市內湖區舊宗路二段 121 巷 19 號
電　　話：02-2795-3656　傳真：02-2795-4100　網址：
印　　刷：京峯彩色印刷有限公司（京峰數位）

　　本書版權為西南財經大學出版社所有授權崧博出版事業有限公司獨家發行電子書及繁體書繁體版。若有其他相關權利及授權需求請與本公司聯繫。

定價：450 元
發行日期：2018 年 11 月第一版
◎ 本書以POD印製發行